机电类中、高等职业技术院校实习通用教材

金属切削加工基本技能实训教程

（车·钳·铣）

主编　马　慧　赵建国　马伟民

机 械 工 业 出 版 社

本教程是机电类中、高等职业技术院校金属切削加工的实习教材，主要内容有：第一部分车削加工，包括车削基本知识、车床的基本操作、车床的润滑和保养、测量、工件的安装、车刀的刃磨、车削端面、车削外圆、车削台阶、加工孔、倒角及切断加工、车削台阶孔、车削曲面、车削螺纹等。第二部分钳工工艺，包括台虎钳的操作方法、划线、锯削、锉削、孔加工、攻螺纹和套螺纹、矫正、钳工综合操作。第三部分铣削加工，包括铣削的基本知识，铣床的主要部件及操纵机构、更换铣刀、工件的安装、铣削平面、铣削台阶和沟槽、铣削曲面、铣削特种沟槽。第四部分是实训工件图。本教程同时也可作为技术工人自学用书。

图书在版编目（CIP）数据

金属切削加工基本技能实训教程．车、钳、铣/马慧等主编．—北京：机械工业出版社，2005.9（2016.1 重印）
机电类中、高等职业技术院校实习通用教材
ISBN 978-7-111-17527-8

Ⅰ.金… Ⅱ.马… Ⅲ.金属切削-加工工艺-职业学校-教材 Ⅳ.TG5

中国版本图书馆 CIP 数据核字（2005）第 115321 号

机械工业出版社（北京市百万庄大街 22 号 邮政编码 100037）
责任编辑：朱 华 版式设计：冉晓华 责任校对：魏俊云
责任印制：乔 宇
北京京丰印刷厂印刷
2016 年 1 月第 1 版 · 第 8 次印刷
184mm×260mm · 13.25 印张 · 328 千字
标准书号：ISBN 978-7-111-17527-8
定价：21.00 元

凡购本书，如有缺页、倒页、脱页，由本社发行部调换

电话服务
社服务中心：（010）88361066
销 售 一 部：（010）68326294
销 售 二 部：（010）88379649
读者购书热线：（010）88379203

网络服务
门户网：http：//www.cmpbook.com
教材网：http：//www.cmpedu.com

前　言

随着我国制造业飞速发展的需要，技能型人才越来越得到重视，快速培养技能型人才已经迫在眉睫。目前职业技术院校在实习教学中，还存在着有关教材不配套和使用的教材不太实用的现状。为了配合中、高等职业技术教育的需要，在教学实践中尽快培养学生具有较强的动手能力，我们参考日本丰田教学模式编写了本教程，其目的是为了使学生在理论学习的基础上，进一步提高技能训练和实际操作方面的能力。

1. 本教程使用对象

本教程是在学生学习完相关专业基础理论课程（机械制图、极限与配合、金属材料、金属切削机床及切削原理等）的基础上，根据中、高等职业技术院校的培养目标，实训大纲及教学目的要求和特点编写的。本教程的主要特点是在以实习操作为重点的前提下，穿插一点相关的基础理论知识。操作过程及步骤以工序的形式体现，根据参考示意图，结合说明及相关的知识点，加深理解。本教程突出重点、要点，形象生动真实，突出了一个“新”字。

2. 本教程编写特点

为了使学生在训练过程中，图例与实物对照清晰明了，我们将一些图例的说明采用了照片的形式，改变了以往的全部由简图形式说明的方法。选择的课题由简到繁，由浅入深，难度适中，围绕课题内容及教学要求，提出相关知识点和要点，有助于学生的自学和教师指导。教师可在教学中，根据各自的教学习惯，以教程为主线提出其他要求。

3. 本教程使用说明

本教程对车削、铣削和钳工三部分中相同的知识点，只在每个部分中作了介绍，避免重复，如量具及使用方法主要在车削部分介绍，在铣削和钳工中用到时，应参考有关内容。

4. 本教程编写组成员

本教程由马慧（教授）、赵建国（高级讲师）、马伟民（教授）主编；由杨绍海（高级技师）、崔立刚（高级技师）主审。本教程的编写分工：绪论部分由马慧编写；车削部分由马慧、姚宝峰（高级技师）编写；铣削部分由赵建国、石满龙（高级技师）编写，钳工部分由马伟民、胡景利（高级技师）编写；实训工件图部分由马慧制图；全书由马慧统稿。

本教程主要以基本技能操作为重点，适用于机电类中、高等职业技术院校的实习教学。对教程中的课题，各学校可根据自己的教学实习计划及学时参考选作。本教程还可用于企业技术工人的培训和自学。由于时间仓促，作者水平有限，书中难免有缺点和错误，敬请使用本教程的广大师生和读者批评指正。

编　者

目　录

绪　论

机械制造的全部生产过程，是按照一定的顺序进行的。从原材料的准备开始，直至最后装配成完整的产品。它具体包括：原材料的运输和储存、生产的准备工作（设计出图样和制定生产计划等）、毛坯制造（锻造、铸造或焊接等）、零件加工、热处理、产品装配以及油漆、包装等各个方面。

一个机械制造工厂为了完成整个生产过程，除了要设置有关部门和车间外，还要配备各种生产管理人员和技术工人。技术工人直接从事车间的生产劳动。随工作性质和任务的不同，设有铸工、锻工、车工、钳工、铣工、磨工等许多工种。每一个工种的技术工人都必须掌握各自工种的操作技能和相关理论知识。

一、基本概念

1. 生产过程和工艺过程

(1) 生产过程　将原材料转变为成品的全过程，称为生产过程。生产过程包括：生产技术准备、毛坯的制造、零件的加工和热处理、装配、检验和试车以及各种生产服务。

(2) 工艺过程　改变生产对象的形状、尺寸，相对位置和性质，使其成为成品或半成品的过程，称为工艺过程。它包括：毛坯制造、机械加工、热处理和装配等过程。

2. 机械加工工艺过程

利用机械力对各种工件进行的加工过程，称为机械加工工艺过程。它主要使材料或毛坯改变形状、尺寸和表面质量，使之成为零件的过程。

机械加工工艺过程的组成

(1) 工序　一个或一组工人，在一个工作地对同一个或同时对几个工件所连续完成的那部分工艺过程，称为工序。

(2) 安装　工件经一次装夹后所完成的那一部工序，称为安装。

(3) 工步　在加工表面和加工工具不变的情况下，所连续完成的那部分工序，称为工步。

(4) 工作行程　刀具以加工进给速度相对工件所完成一次进给运动的工步部分，称为工作行程。工作行程也叫进给，俗称走刀，当加工余量很多时，不能一次切除，则分几个工作行程来切除。

(5) 工位　为了完成一定的工序部分，一次装夹工件后，工件与夹具或设备的可动部分，一起相对刀具及设备的固定部分所占据的一个位置，称为工位。

(6) 生产类型　生产类型是企业生产专业化程度的分类，一般分为大量生产、成批生产和单件生产三种类型。它对生产过程和生产组织起决定性作用。

(7) 工艺规程　规定产品或零件制造工艺过程和操作方法等的工艺文件，称为工艺规程。也就是把零件的工艺过程和某工序等内容用文件的形式确定下来。

3. 定位基准的选择

用来确定生产对象上几何要素间的几何关系所依据的那些点、线、面，称为基准。根据它来确定其他点、线、面的距离和位置。

基准分为设计基准和工艺基准两大类。

1）设计基准：设计图样上所采用的基准，称为设计基准。设计基准一般是零件图上标注尺寸的起点或对称点，以及基准符号的线和面。如回转类零件的轴线、中心线、对称面、主要端面、底面等都是设计基准。如齿轮的轴线或孔中心线、矩形零件和箱体零件的底面等。

2）工艺基准：在工艺过程中所采用的基准，称为工艺基准。其中包括：定位基准、测量基准和装配基准等。

①定位基准：在加工中用作定位的基准，称为定位基准。如齿轮的内孔，零件的底平面等。

②测量基准：测量时所采用的基准，称为测量基准。测量基准是标注尺寸的起点或对称点，所以测量基准往往就是设计基准。

③装配基准：装配时用来确定零件或部件在产品中相对位置所采用的基准，称为装配基准。如圆柱齿轮的内孔是装配基准。

4. 定位基准的选择原则

选择定位基准是加工前的一个重要内容，定位基准选择得正确与否，对加工质量和加工时的难易程度有很大的影响，这也必然会影响到产品的质量和加工成本。

(1) 粗基准的选择　以毛坯上未经加工的表面做基准，这种定位基准称为粗基准。

(2) 精基准的选择　以加工过的表面作为定位基准，称为精基准。精基准的选择原则如下：

1）采用基准重合的原则。就是尽量采用设计基准、装配基准和测量基准作为定位基准。如齿轮的孔及其中心是设计基准，在加工时采用孔来定位，又是定位基准，即设计基准与定位基准重合，同时也是装配基准。这是因为这些基准有一个共同的作用，就是满足零件的用途要求。

2）采用基准统一的原则。当零件上有几个相互位置精度要求高、关系比较复杂的表面，而且这些表面不能在一次装夹中加工出来时，应在加工过程的各次装夹中采用同一个定位基准。另外，在加工过程中，采用同一个基准，可使各道工序的夹具结构基本相同，或采用同一夹具，以减少制造夹具的费用。

3）定位基准应能保证工件在定位时具有良好的稳定性，以及尽量使夹具的结构简单。

4）定位基准应保证工件在受夹紧力和切削力等外力作用时产生的变形最小。

在实际工作中，选择定位基准时，对上面的几项原则，有时会产生矛盾。如选择精基准的第一条中，为了使夹具结构简单而放弃基准重合的原则。因此选择定位基准必须根据具体情况，作仔细地分析和比较，选择最合理的定位基准。

5. 基准不重合时尺寸换算

(1) 尺寸链的基本概念　在机器装配或零件加工过程中，由尺寸形成封闭的尺寸组，称为尺寸链。

(2) 尺寸链的组成　尺寸链中的每一个尺寸，称为尺寸链的环。在装配过程或加工过程中最后形成的一环，称为封闭环。封闭环的尺寸是在加工时间接获得的，它的尺寸受其他环的影响，故公差往往是最大的，封闭环又称终结环。尺寸链中对封闭环有影响的全部环，称为组成环。这些环中任一环的变动必然引起封闭环的变动。组成环的尺寸，在加工过程中是直接获得的。图 0 -1a 所示的台阶件，在铣床上加工时，以平面 3 为定位基准，铣平面 1，直接获得尺寸 A_1；再以平面 3 为基准,铣台阶面 2，直接获得尺寸 A_2，最后也就是间接地获得了尺寸 A_0。这时 A_1 和 A_2 是组成环，A_0 是封闭环（图 0-1b）。此时，A_1 和 A_2 是图样上所要求的尺寸，是直接获得的。而 A_0 是多少，在图样上没有要求，所以在铣削时不需要进行计算，这是因为定位基准与设计基准重合。在定位基准与设计基准不重合时，一般都需要进行尺寸换算。

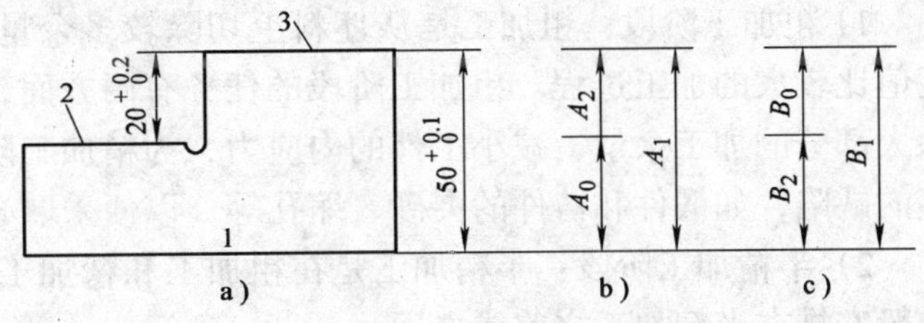

图 0-1　台阶形工件

以平面 3 为定位基准，装夹时很不方便，故一般都以平面 1 为定位基准，先铣平面 3，直接获得尺寸 B_1；再铣台阶面 2，直接获得尺寸 B_2，最后间接地获得尺寸 B_0（图 0-1c）。这时，组成环 B_2 是直接获得的，尺寸应控制在什么范围内，则需要计算。

(3) 尺寸链的计算　在加工中，尺寸链的计算主要是在定位基准与设计基准不重合的情况下进行的，如图 0-1 的情况就需要进行计算。尺寸链的计算方法有多种，现简单介绍以极限法进行计算。

1）封闭环的基本尺寸等于所有增环的基本尺寸之和，减去所有减环的基本尺寸之和。图 0-1c 的尺寸链为

$B_0 = B_1 - B_2$　　　　$B_2 = 50\text{mm} - 20\text{mm} = 30\text{mm}$

2）封闭环的最大极限尺寸等于所有增环的最大极限尺寸之和，减去所有减环的最小极限尺寸之和，图 0-1c 的尺寸链为

$B_{0\max} = B_{1\max} - B_{2\min}$　　　　$B_{2\min} = 50.10\text{mm} - 20.20\text{mm} = 29.90\text{mm}$

3）封闭环的最小极限尺寸有增环最小极限尺寸之和，减去所有减环的最大极限尺寸之和，图 0-1c 的尺寸链为

$B_{0\min} = B_{1\min} - B_{2\max}$　　　　$B_{2\max} = 50\text{mm} - 20\text{mm} = 30\text{mm}$

4）封闭环的公差等于所有组成环的公差之和。图 0-1c 的尺寸链为

$T_{B0} = T_{B1} + T_{B2}$　　　　$I_{B2} = 0.2\text{mm} - 0.1\text{mm} = 0.1\text{mm}$

$B_2 = 30^{\ 0}_{-0.10}\text{mm}$，即在加工台阶面 2 时，应把切削刃至底面 1 之间的尺寸控制在 29.90 ~ 30mm 之间。

6. 工艺过程的安排

在安排某一方案的工艺过程时，应按下列几个方面的原则进行：

(1) 表面加工方案的选择　零件表面的加工方法，首先取决于加工表面的加工精度和表面粗糙度。例如对公差等级为 IT9 ~ IT7、表面粗糙度值为 $R_a12.5 \sim 1.6\mu m$ 的不淬硬的表面，可采用先粗加工后精加工方法；精度为 IT8 ~ IT7、表面粗糙度为 $R_a3.2 \sim 0.8\mu m$ 的不淬硬的内孔，可采用粗镗-半精镗-精镗方法；当加工表面的加工精度和表面质量要求高时，最后可采用磨削或超精加工等方法。大量生产时，孔可采用拉削来获得。因此，选择加工方案时，生产类型也是考虑的主要内容之一。

（2）划分加工阶段　对重要的零件，为了保证其加工质量和合理使用设备，加工过程一般应划分为三个阶段，即粗加工阶段、半精加工阶段和精加工阶段。

1）粗加工阶段：粗加工是从坯料上切除较多余量，所能达到的精度比较低、表面粗糙度值比较大的加工过程。粗加工阶段的任务有两方面，一方面是以尽可能高的切削效率，切除大部分的加工余量，减小工件的内应力，为精加工阶段作好准备。另一方面可及时发现毛坯的缺陷，如锻件和铸件的夹砂、缩孔等，以便采取必要的措施。

2）半精加工阶段：半精加工是在粗加工和精加工之间所进行的加工过程。热处理工序一般安排在半精加工之前或之后。

3）精加工阶段：精加工是从工件上切除较少余量，所得精度比较高、表面粗糙度值比较小的加工过程。精加工阶段的任务是，使零件的形状尺寸基本上达到图样要求。若某些表面的精度要求很高，则还需要进行精细的光整加工，此时在精加工时还应放一些余量。

并非所有零件都经过三个加工阶段，例如对加工精度和质量要求不高、工件刚度足够、毛坯质量高和加工余量小的工件，则不需要划分加工阶段。尤其在单件生产时，可在一个工序内完成。另外，对一些重型、毛坯余量很大的工件，则在粗加工之前还需要增加荒加工工序。而对加工精度要求很高、表面粗糙度值要求很小的工件，则在精加工后还要经过超精加工或光整加工，才能达到要求。

（3）划分加工阶段的目的

1）保证加工质量：工件在粗加工时切除多余的余量，切削力和夹紧力都很大，产生的热量多温度高，容易产生变形。而工件在切除较多的表面余量后，内部的应力将重新分布，也会使工件产生变形。因此，在粗加工后，经过时效处理，让其充分变形后，再进行半精加工和精加工。由于精加工时切除余量很小，切削力和夹紧力均较小，故不致引起工件变形。通过半精加工和精加工，可纠正工件的加工误差，减小加工面的表面粗糙度值，以保证加工质量，并有利于在粗、精加工之间，安排热处理工序。

2）合理使用设备：加工过程划分阶段后，粗加工可采用功率大、刚性好和精度较低的机床加工，对工艺装备的要求也不高，并以较大的切削用量切削，以充分发挥设备的潜力，提高生产率。精加工时，则采用精度高的机床和工艺装备，以确保工件的加工精度。精加工和粗加工分开，对保持设备的精度也非常有利。

7. 加工顺序先后的安排

1）按“先基准后其他”的顺序，应先加工作为精基准的表面，以利于后几道工序的定位正确。

2）按“先粗后精”的顺序，先把各加工面进行粗加工，然后再半精加工和精加工。

3）按“先主后次”的顺序，先对精度要求高的表面作粗加工和半精加工。对易出现废品的工序，精加工和光整加工可适当提前。但在一般情况下，主要表面的精加工和光整加工，应放在最后进行，以免在加工其他表面时引起变形和损伤。

4）对零件上刚度低、强度差的表面，以及对装夹有影响的表面，应后加工，目的是在加工其他表面时有较好的刚度。因此，为了增加工加工时的刚度而设置的工艺性肋，以及装夹用的搭子，应最后切除。

8. 工序的集中和分散

工序的集中和工序的分散是拟定工艺路线的两种不同原则。

(1) 工序集中　工序集中是在加工零件的每道工序中，尽可能多加工几个表面。故工序比较少，每一工序的加工内容比较多。工序集中到最少时，一个零件的全部加工在一个工序内完成。工序集中有以下几个特点：

1) 工序集中时，工件的装夹次数可减少，在一次装夹中加工较多的表面，易于保证这些表面间的相对位置精度，并减少拆装时间。

2) 有利于采用高生产率的设备，如数控机床等，以提高生产率。

3) 减少了工序数目，缩短了工艺路线，从而简化了生产计划和组织工作，缩短了生产周期。

4) 减少了设备数量、场地、搬运时间，也减少了工人人数，但对操作工人的技术水平一般要求较高。

(2) 工序分散　工序分散是将各表面的加工分得很细，工序多，每个工序的加工内容少，甚至每道工序只加工某个表面。工序分散有以下特点：

1) 一般都可利用普通机床和通用的工艺设备。

2) 生产工人掌握容易，产品变换也容易。

3) 有利于选择最合理的切削用量，减少基本时间。

4) 大量生产时采用的流水线式生产方式，就是采用工序分散法。这种生产方式，所用的专用设备结构可非常简单，调整和操作也很简单。

工序集中法和工序分散法各有其特点，就是在一个工艺过程中，可能某几个工序用高生产率机床加工以集中，而某几个工步则分散成几个工序，采用流水线式生产方法进行加工。

9. 加工余量

合理的加工余量对保证加工质量、提高生产率、节约材料和减少加工费用、降低零件成本，都有着极其重要的意义。加工余量主要有加工总余量和工序余量两种。

(1) 工序余量　工序余量是指相邻两工序的工序尺寸之差，也就是指某一表面在一道工序中所切除表层的厚度。工序余量不应小于上道工序留下的表面粗糙度值以及表面缺陷和变形层深度之和。另外，还要考虑零件的弯曲和轴线偏移等形位误差引起的误差。

工序余量公差又称为工序尺寸的公差，一般都单向地注向金属层内部，即按“向体”原则标注。即对被包容面，如工件的厚度和轴等，工序尺寸就是最大尺寸；对于包容面，如槽和孔等，则工序尺寸就是最小尺寸。

(2) 加工总余量　加工总余量又称毛坯余量，是指毛坯尺寸与零件图的设计尺寸之差。加工总余量是工序余量的总和。

加工总余量的公差就是毛坯公差，一般用双向公差表示。毛坯余量愈少，则毛坯公差也应愈小，毛坯制造的要求愈高但毛坯余量和公差过大，会使切削加工的费用增加，毛坯材料的消耗增加。另外，由于零件加工的第一道工序是利用粗基准定位的，毛坯公差过大，往往只能采用低生产率（划线找正方法）的定位和装夹方法。因此在大批量生产和采用专用夹具装夹时，必须设法减少毛坯余量和公差，来提高生产率、减少材料消耗和降低成本。

加工余量可分为单边余量和对称余量两种。在加工旋转表面及对称表面时，加工余量一般以对称余量计算，其他大都以单边余量计算。

在工厂里，加工余量一般是根据查表法，并结合经验估计来确定。

二、基本要求

由于车削、钳加工、铣削是金属切削加工中技术性很强，又是机械行业较重要的工种。因此，要求学员在学习时，要以技能训练为主线，坚持理论联系实际，通过技能训练加深对理论知识的理解、消化、巩固和提高。

学员在通过实习训练后，要能够懂得典型车床、铣床的结构、传动原理、操作方法、维护保养和安全知识。要能够合理地选择和使用夹具、刀具、量具和切削用量。但凡技能性的功夫，一般在学习过程中都要提高“悟”性。学员经过一段时间训练，掌握了各种基本操作技能后，要能够制定出中等复杂程度零件的工艺过程。

本教程主要是针对初学者编写的，在基本技能操作方面起指导作用。对技能水平的提高，还要在此基础上进一步训练，熟悉操作步骤，掌握操作技巧，达到中、高级技能水平的要求。为了更好地掌握基本技能，要求学员在学习中，要认真观察、模仿、理解老师的示范操作，并按要求反复进行练习，达到掌握各项操作技能的目的。

第一部分 车削加工

机械加工过程中的大部分回转类零件（如轴、套、盘、盖类零件）的切削加工，都是在车床上完成的。车削的基本内容有：车削外圆、车削端面、切槽和切断、钻中心孔、钻孔、镗孔、铰孔、车削各种螺纹、车削内外圆锥面、车削特形面、滚花以及盘绕弹簧等，如图 1-1 所示。本部分主要介绍车削加工的基本知识、操作规程以及基本车削方法等。

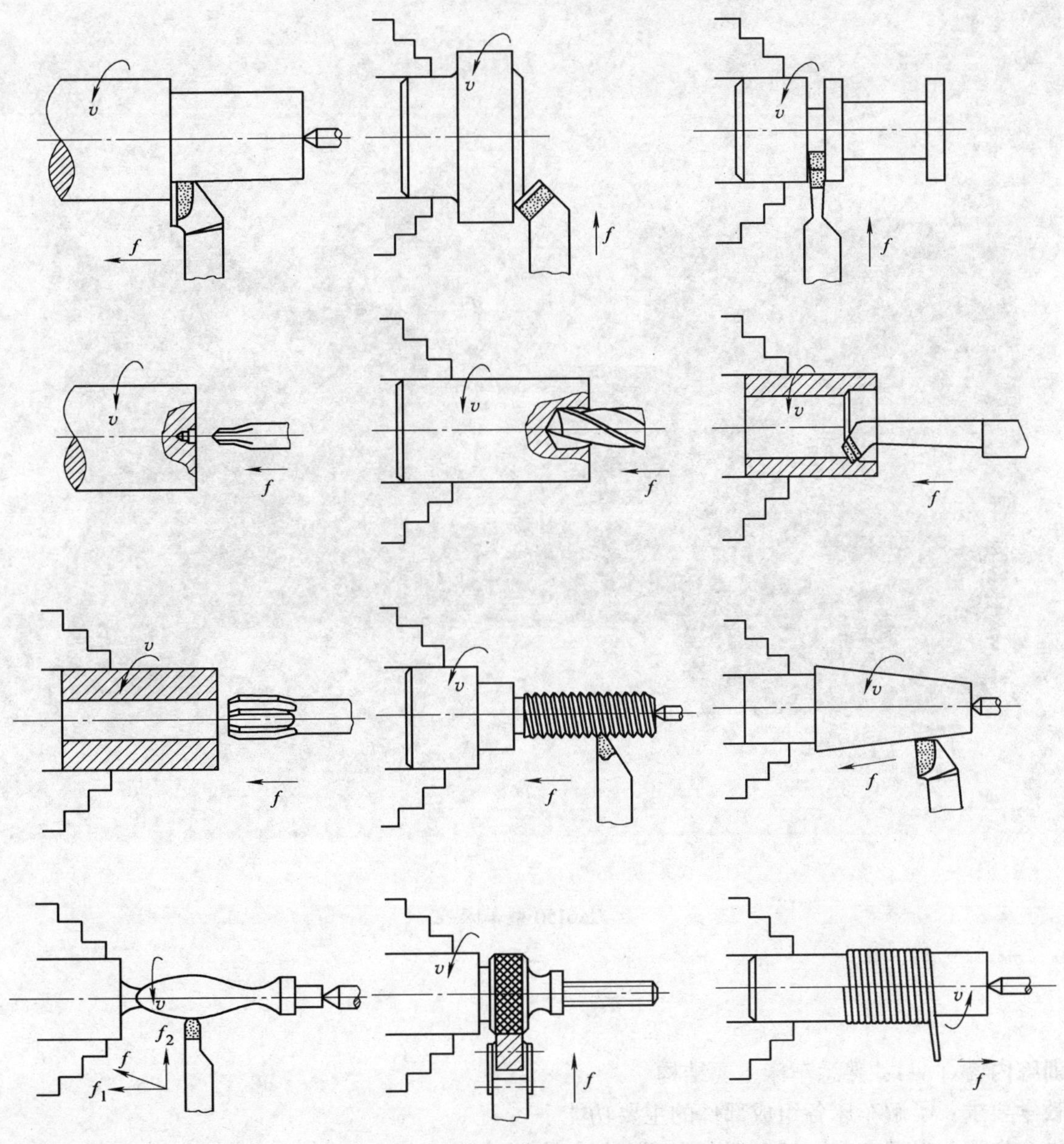

图 1-1 车削工作的基本内容

课题一　车削的基本知识

在机械制造业中，车床在金属切削机床的配置中几乎占50%，应用非常广泛。

一、车床主要部件及附件简介

车床主要由床身、主轴箱、交换齿轮箱、进给箱、溜板箱、滑板和床鞍、刀架、尾座及冷却、照明等部分组成，见CA6150型车床照片图。

CA6150型车床

训练内容（一）：熟悉车床主要结构

教学要求：了解车床各组成部件的主要功能

作业步骤：对照车床了解下列各主要部件的作用

名称	车床部件图例	部件说明
主轴箱		● 主轴箱俗称床头箱 ● 主轴箱支撑并传动主轴带动工件作旋转运动 ● 主轴箱内装有齿轮、轴等传动件，组成变速传动机构 ● 变换主轴箱的手柄位置，可使主轴得到多种转速 ● 主轴可以通过卡盘等卡具装夹工件，并带动工件旋转，以实现车削加工
交换齿轮箱		● 交换齿轮箱 ● 交换齿轮箱把主轴箱的转动传递给进给箱 ● 更换箱内的齿轮，配合进给箱内的变速机构，可以得到车削各种螺距螺纹的进给运动 ● 满足车削时对不同纵、横向进给量的需求
进给箱		● 进给箱俗称走刀箱 ● 进给箱是进给传动系统的变速机构 ● 进给箱把变换齿轮箱传递来的运动，经过变速后传递给丝杠，以实现车削各种螺纹 ● 进给箱把交换齿轮箱传递来的运动，传递给光杠，以实现机动进给

（续）

名称	车床部件图例	部件说明
溜板箱		● 溜板箱接受光杠或丝杠传递的运动 ● 溜板箱主要驱动床鞍和中、小滑板及刀架实现车刀的纵、横向进给运动 ● 溜板箱上装有一些手柄及按钮，可以很方便地操纵车床来选择诸如机动、手动、车螺纹及快速移动等运动方式
刀架部分		● 刀架部分由中、小滑板、床鞍与刀架体共同组成 ● 刀架主要用于安装车刀并带动车刀作纵向、横向或斜向运动
尾座		● 尾座安装在床身导轨上 ● 沿车床导轨纵向移动，以调整其工件位置 ● 尾座主要装后顶尖，以支撑较长工件 ● 可安装钻头、铰刀等进行孔加工

为了完成车削工作，车床有主运动和进给运动两部分相互配合，主运动由主轴变速箱传给主轴的运动，主要是完成工件的旋转运动。进给运动由进给箱来实现刀架及刀具的各方向运动，车床的传动系统示意图如图 1-2 所示。

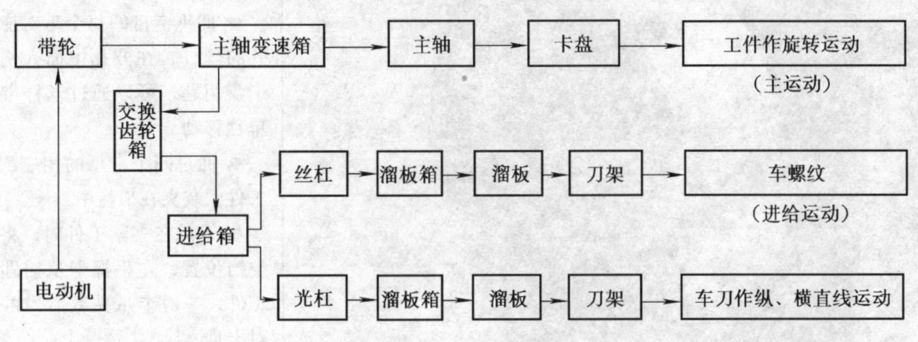

图 1-2　车床的传动系统示意图

二、车床附件简介

常用的车床附件有三爪自定心卡盘、四爪卡盘等。

训练内容（二）：熟悉车床附件

教学要求：掌握车床各主要附件的功能

作业步骤：对照车床了解、掌握下列各附件的主要作用

名称	车床附件图	附件说明
三爪自定心卡盘		● 三爪自定心卡盘主要用以装夹工件，并带动工件随主轴一起旋转，实现主运动 ● 三爪自定心卡盘的三个爪是同步运动的，能自动定心，一般不需要找正 ● 三爪卡盘规格有 150mm、200mm、250mm ● 一般用于精度要求不高，形状规则的中、小工件的安装

（续）

名称	车床附件图	附件说明
四爪单动卡盘		● 四爪单动卡盘有四个各自独立的卡爪 ● 四爪卡盘的每个爪对应一个带方孔的丝杆，在方孔中插入钥匙，转动卡盘钥匙，可以通过丝杆带动卡盘爪单独移动 ● 通过四个卡爪的相应配合，可将工件，装夹在卡盘中 ● 卡爪在夹紧工件时，将主轴调至空挡位置，左手握卡爪钥匙，右手握工件，一对卡爪夹紧后，再夹紧另一对卡爪

三、车削运动和切削用量的基本概念

1. 车削运动

车削工件时，必须使工件和刀具作相对运动。根据运动的性质和作用，车削运动主要分为工件的旋转运动（主运动）和车刀的直线（或曲线）运动（进给运动）。

（1）主运动　直接切除工件上的切削层，并使之变成切屑以形成新表面的运动称为主运动。车削时，工件的旋转运动就是主运动（图 1-3）。

（2）进给运动　使工件上多余材料不断被切除的运动叫进给运动。进给运动又分为纵向进给运动和横向进给运动。如车削外圆时，车刀的运动是纵向进给运动。车削端面、切断、车槽时，车刀的运动是横向进给运动（图 1-4）。

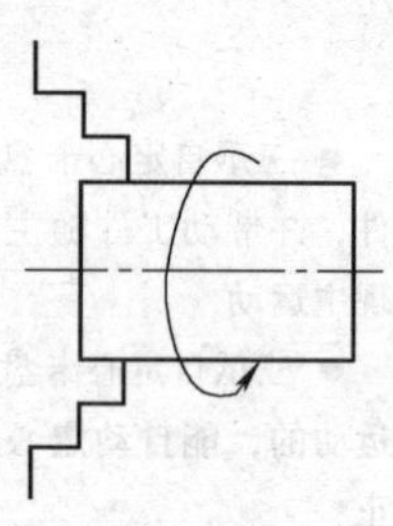

图 1-3　主运动

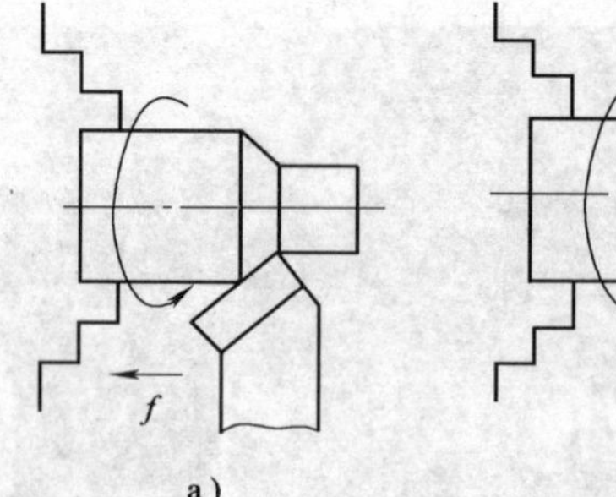

图 1-4　进给运动

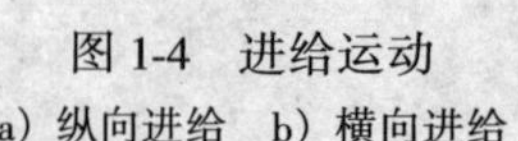

a）纵向进给　b）横向进给

2. 车削时工件上形成的表面

车削时，工件上有三个不断变化的表面（图 1-5）

（1）已加工表面　已切除多余金属层而形成的新表面。

（2）过渡表面　车刀切削刃在工件上形成的表面。

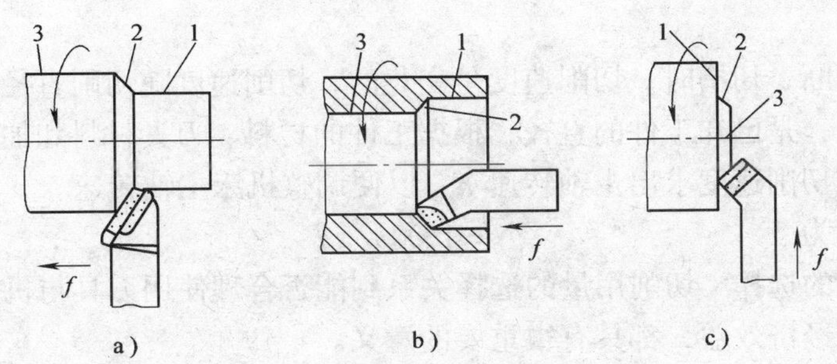

图 1-5 工件上三个表面

a）车外圆 b）车孔 c）车端面

1—已加工表面 2—过渡表面 3—待加工表面

（3）待加工表面 工件上有待切除多余金属层的表面。

3. 切削用量的基本概念

切削用量是度量主运动和进给运动大小的参数。它包括背吃刀量、进给量和切削速度。

（1）背吃刀量 a_p 车削工件上已加工表面与待加工表面之间的垂直距离叫背吃刀量，见图 1-6。

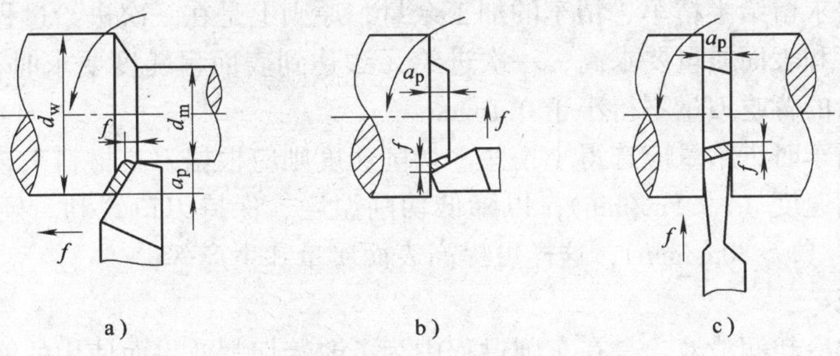

图 1-6 背吃刀量和进给量

a）车外圆 b）车端面 c）切断

（2）进给量 f 工件每转一圈，车刀沿进给方向移动的距离叫进给量。它是衡量进给运动大小的参数。

进给量分纵向进给量和横向进给量。沿床身导轨方向的进给量是纵向进给量，沿垂直于床身导轨方向的进给量是横向进给量，见图 1-6。

（3）切削速度 v_c 是切削刃选定点相对于工件的主运动的瞬间速度，它是衡量主运动大小的参数。切削速度的计算公式为

$$v = n\pi d/1000$$

式中 v——切削速度（m/min）；

n——车床主轴转速（r/min）；

d——工件待加工表面直径（mm）。

车削时，当转速 n 值一定，工件上不同直径处的切削速度不相同，在计算时应取最大的切削速度。为此，车削外圆时应以工件待加工直径计算；车削内孔时，则应以工件已加工

表面直径计算。

车削端面或切断、切槽时，切削速度是变化的，切削速度随切削直径的变化而变化。

在切削加工中，是已知工件的直径，根据工件的材料、刀具材料和加工性质等因素来选择切削速度，再依切削速度求出主轴转速 n，以便调整机床主轴转速。

所以主轴转速为 $N = 1000v/\pi d$

(4) 切削用量的选择　切削用量的选择关系到能否合理使用刀具与机床，对保证加工质量、提高生产率和经济效益，都具有很重要的意义。

合理地选择切削用量是指在工件材料、刀具材料和几何角度及其他切削条件已经确定的情况下，选择切削用量三要素的最优化组合来进行切削加工。

1) 粗车时切削用量的选择。粗车时，加工余量大，主要考虑尽可能提高生产效率和保证必要的刀具寿命。原则上应选用较大的切削用量，但又不能同时将切削用量三要素都增大。合理的选择是：首先选用较大的背吃刀量，以减少进给次数。若余量太大一次无法切除时，可分二次或三次。其次选择较大的进给量。当背吃刀量和进给量确定之后，在保证车刀寿命的前题下，再选择一个相对大而合理的切削速度。

2) 半精车、精车时切削用量的选择。半精车、精车阶段，加工余量小，主要是考虑保证加工精度和表面质量，同时也要考虑提高生产率和保证刀具寿命。

根据工艺要求留给半精车、精车的加工余量，原则上是在一次进给过程中切除。若工件的表面加工精度和表面质量要求高，一次进给无法达到表面粗糙度要求时，应分二次进给，但最后一次进给的背吃刀量不得小于 0.1mm。

半精车、精车时进给量应选得小一些。切削速度则应根据刀具材料来选择。高速钢车刀应选较低的切削速度（$v < 5$m/min），以降低切削温度、保持刃口锐利。硬质合金车刀应选择较高切削速度（$v > 80$m/min），这样可提高表面质量和生产率。

四、切削液

切削液俗称冷却润滑液，是在车削过程中为了改善切削效果而使用的液体。

1. 切削液的作用

(1) 冷却作用　切削液能吸收并带走切削区域大量的切削热，能有效地改善散热条件、降低刀具和工件的温度，从而延长了刀具的使用寿命，防止工件因热变形而产生的误差，为提高加工质量和生产效率创造了极为有利的条件。

(2) 润滑作用　由于切削液能渗透到切屑、刀具与工件的接触面之间，并粘附在金属表面上，而形成一层极薄的润滑膜，则可减小切屑、刀具与工件间的摩擦，降低切削力和切削热，减缓刀具的磨损，因此有利保持车刀刃口锋利，提高工件表面加工质量。对于精加工，加切削液显得更加重要。

(3) 冲洗作用　在车削过程中，加注有一定压力和充足流量的切削液，能有效地冲走粘附在加工表面和刀具上的微小切屑及杂质，减小刀具磨损，提高工件表面质量。

2. 切削液的选用

切削液的种类繁多，性能各异，车削常用的切削液有乳化液和切削油两大类。在车削过程中应根据加工性质、工艺特点、工件和刀具材料等具体条件来合理选用。

(1) 粗加工　为降低切削温度、延长刀具使用寿命，在粗加工中应选择冷却作用为主的乳化液。

(2) 精加工　为了减少切屑、工件与刀具间的摩擦，保证工件的加工精度和表面质量，应选用润滑性能较好的极压切削油或高浓度极压乳化液。

(3) 半封闭式加工　如钻孔、铰孔和深孔加工时，刀具处于半封闭状态，排屑、散热条件均非常差。这样不仅使刀具容易退火、切削刃硬度下降、切削刃磨损严重，而且严重地拉毛了加工表面。为此，选用粘度较小的极压乳化液或极压切削油，并加大切削液的压力和流量，这样，一方面进行冷却、润滑，另一方面可将部分切屑冲刷出来。

3. 使用切削液的注意事项

1）切削一开始，就应供给切削液，并要求连续使用。

2）加切削液的流量应充分，平均流量为 10～20L/min。

3）切削液应浇注在过渡表面、切屑和前刀面接触的区域，因为此处产生的热量最多，最需要冷却润滑。

课题二　车床的基本操作

训练内容：车床各种运动的基本操作

教学要求：1. 掌握车床的起动方法

2. 掌握变速箱的操作方法
3. 掌握进给箱的操作方法
4. 掌握溜板部分的操作方法
5. 掌握刻度盘及分度盘的操作方法
6. 掌握自动进给的操作方法
7. 掌握开合螺母操作方法
8. 掌握刀架的操作方法
9. 掌握尾架的操作方法

操作方法：

内容	操 作 示 范 图	相关知识及要点
车床的起动操作		● 起动前检查 ● 车床各变速手柄处于空挡位置 ● 离合器处于正确位置 ● 操纵杆处于停止状态 ● 合上车床电源总开关，开始操纵车床

（续）

<table>
<tr><th>内容</th><th>操 作 示 范 图</th><th>相关知识及要点</th></tr>
<tr><td rowspan="3">车床的起动操作</td><td></td><td>● 按床鞍上的绿色起动按钮，使电动机起动</td></tr>
<tr><td></td><td>● 主轴长时间停止转动时，按下床鞍上红色按钮，使电动机停止转动
● 下班时，关闭车床电源总开关，并切断车床电源闸刀开关</td></tr>
<tr><td></td><td>● 主轴操作由溜板箱右侧操纵杆手柄控制
● 手柄有上、中、下三个挡位
● 操纵杆手柄向上提起，主轴正转
● 操纵杆手柄在下面挡位时，主轴反转
● 操纵杆手柄在中间挡位时，主轴停止</td></tr>
</table>

（续）

内容	操 作 示 范 图	相关知识及要点
主轴箱的变速操作		● 不同的车床主轴箱变速操作不同，可参考相关的车床说明书 ● 主轴变速用主轴箱正面右侧两个叠套的手柄位置控制 ● 前面手柄有六个挡位，每个挡位上有四级转速，若要选择其中某一转速可通过后面的手柄
		● 后面手柄有两个空挡和四个挡位，只要将手柄位置拨到其所显示的颜色与前面手柄所处挡位上的转速数字所标示的颜色相同的挡位即可
	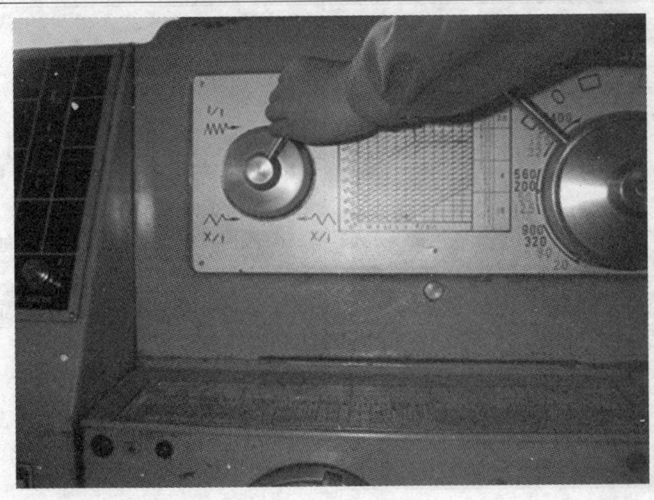	● 主轴箱正面左侧的手柄是换向倍增进给操作手柄 ● 箭头的方向为换向方向 ● 倍增值为 1/1 和 X/1

（续）

内容	操作示范图	相关知识及要点
进给箱的操作		● 进给箱正面左侧有一个手轮，右侧有前后叠装的两个手柄 ● 前面的手柄有 A、B、C、D 四个挡位，是丝杠、光杠变换手柄
		● 后面手柄有Ⅰ、Ⅱ、Ⅲ、Ⅳ四个挡位，用以调整螺距及进给量 ● 实际操作应根据加工要求，查找进给箱油池盖上的螺纹和进给量调配表来确定手轮和手柄的具体位置
溜板部分的操作		● 床鞍的纵向移动（左、右移动）由溜板箱正面的大手轮控制 ● 顺时针转动手轮时，床鞍向右运动 ● 逆时针转动手轮时，床鞍向左运动

（续）

内容	操作示范图	相关知识及要点
溜板部分的操作	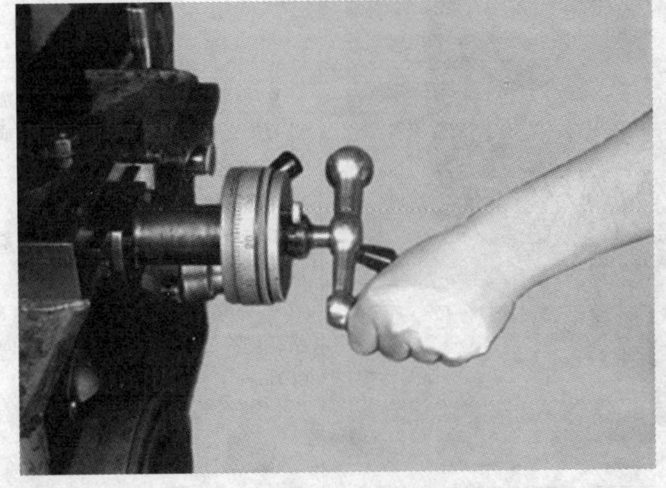	● 中滑板手柄控制中滑板的横向移动和横向进给量 ● 顺时针转动手柄时，中滑板向远离操作者的方向移动（横向进刀） ● 逆时针转动手柄时，中滑板向靠近操作者的方向移动（横向退刀）
		● 小滑板可作短距离的纵向移动 ● 手柄顺时针转动，小滑板向左移动 ● 手柄逆时针转动，小滑板向右移动
刻度盘及分度盘的操作		● 溜板箱正面的大手轮轴上的刻度表示床鞍纵向移动量 ● 刻度盘上分为 300 格，每转过 1 格，表示床鞍纵向移动 1mm ● 中滑板丝杠上的刻度盘分为 100 格，每转过 1 格，表示刀架横向移动 0.05mm

（续）

内容	操作示范图	相关知识及要点
刻度盘及分度盘的操作		● 小滑板上的分度盘在刀架需斜向进刀加工短锥体时，可顺时针或逆时针在90°范围内转过某一角度 ● 使用时，先松开锁紧螺母，转动小滑板至所需要角度后，再锁紧螺母以固定小滑板 ● 小滑板丝杠上的刻度盘分为100格，每转过1格，表示刀架纵向移动0.05mm
自动进给的操作		● 溜板箱右侧有一个带十字槽的扳动手柄，是刀架实现纵、横向机动进给和快速移动的操纵机构 ● 手柄的扳动方向与刀架的运动方向一致 ● 操作时，手柄扳至纵向进给位置，按下快进按钮，床鞍则快速纵向移动 ● 手柄扳至横向进给位置，按下快进按钮，床鞍则快速横向进给
		● 手柄顶部有一个快进按钮，是控制接通快速电动机的按钮 ● 按下此按钮时，快速电动机工作，放开按钮，快速电动机停止转动

（续）

内容	操作示范图	相关知识及要点
开合螺母的操作	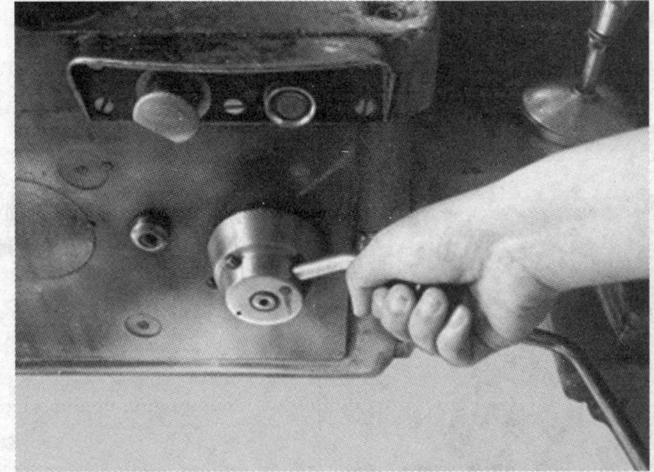	● 溜板箱正面右侧有一开合螺母操作手柄，专门控制丝杠与溜板箱之间的联系 ● 当车削螺纹时，扳下开合螺母操纵手柄，将丝杠运动通过开合螺母的闭合而传递给溜板箱，并使溜板箱按一定的螺距作纵向进给 ● 车完螺纹后，将手柄扳回原来的位置
刀架的操作	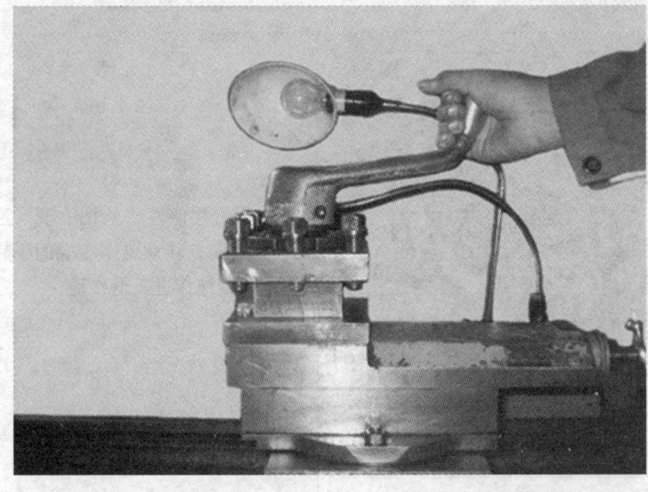	● 刀架的转位和锁紧是用刀架上的手柄控制的 ● 逆时针转动刀架手柄，刀架可以逆时针转动，以调换车刀 ● 顺时针转动刀架手柄时，刀架则被锁紧
尾座的操作	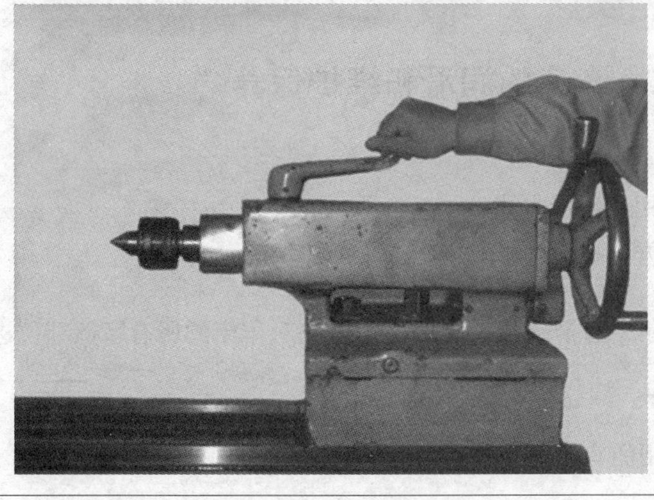	● 尾座可在床身内侧的V形导轨和平导轨上沿纵向移动 ● 尾座上的两个锁紧螺母使尾座固定在床身的任一位置上 ● 尾座架上有左、右两个长把手柄 ● 左边为尾座套筒固定手柄，顺时针扳动手柄，可使尾座套筒固定在某一位置

（续）

内容	操 作 示 范 图	相关知识及要点
尾座的操作		● 右边手柄为尾座快速紧固手柄，逆时针扳动手柄可使尾座快速地固定于床身的某一位置
		● 松开尾座左边长把手柄（逆时针转动手柄），转动尾座右端的手轮，可使尾座套筒作进、退移动

课题三　车床的润滑和维护保养

训练内容： 车床的润滑及维护

教学要求： 1. 掌握车床的润滑作用及润滑方式

2. 掌握车床的日常保养要求

一、车床润滑的作用

为了保证车床的正常运转，减少磨损，延长使用寿命，应对车床的所有摩擦部位进行润滑，并注意日常的维护保养。

二、常用的车床润滑方式

车床的润滑方式有多种，常用的有以下几种：

1）浇油润滑

2）溅油润滑

3）油绳导油润滑

4）弹子油杯注油润滑

5）黄油杯润滑

6）油泵输油润滑

三、车床的日常保养要求

为了保证车床的加工精度、延长使用寿命、保证加工质量、提高生产效率，必须对车床进行合理的维护和保养。

车床的日常维护和保养要求如下：

1）每天工作后，切断电源，对车床各表面、各罩壳、导轨面、光杠、丝杠、各操纵手柄和操作杆进行擦拭，做到无油污、无铁屑车床外表清洁。

2）每周要求保养床身导轨面和中、小滑板导轨面及转动部位的清洁、润滑。要求油眼畅通、油标清晰，清洗油绳和护床油毛毡，保持车床外表清洁和工作场地整洁。

四、车床一级保养要求

通常当车床运行500h后，需要进行一级保养。其保养工作以操作工人为主，在维修工人的配合下进行。保养时，必须先切断电源，然后按下述顺序和要求进行。

1. 主轴箱的保养

1）清洗滤油器、使其无杂物。

2）检查主轴锁紧螺母有无松动，紧定螺钉是否旋紧。

3）调整制动器及离合器摩擦片间隔。

2. 交换齿轮箱的保养

1）清洗齿轮、轴套，并在油杯中注入新油脂。

2）调整齿轮啮合间隙。

3）检查轴套有无晃动现象。

3. 滑板和刀架的保养

拆洗刀架和中、小滑板，洗净擦干后重新组装，并调整中、小滑板与镶条的间隙。

4. 尾座的保养

摇出尾座套筒，并擦净涂油，以保持内外清洁。

5. 润滑系统的保养

1）清洗冷却泵、滤油器和盛液盘。

2）保证油路畅通，油孔、油绳、油毡清洁无铁屑。

3）检查油质，保持良好，油杯齐全，油标清晰。

6. 电器的保养

1）清扫电动机，电气箱上的尘屑。

2）电气装置固定整齐。

7. 外表面的保养

1）车床外表面及各罩盖，保持其内、外清洁，无锈蚀、无油污。

2）清洗三杠（丝杠、光杠、开头杠）。

3）检查并补齐各螺钉、手柄球、手柄。清洗擦净后，各部件进行必要的润滑。

课题四　测量（游标卡尺、千分尺、百分表）

游标卡尺是车床应用最多的通用量具；千分尺是生产中最常用的一种精密量具；百分表主要用于测量工件的形状和位置精度，测量内孔及找正工件在机床上的安装位置。

训练内容：测量（游标卡尺、千分尺、百分表）

教学要求：掌握车床加工中的正确测量方法。

操作示范图	相关知识及要点
	● 两用游标卡尺由尺身 3 和游标 5 组成 ● 旋松螺钉 4，移动游标调节内外量爪开挡大小进行测量 ● 下量爪 1 用来测量工件外径或长度尺寸 ● 上量爪 2 用来测量孔径或槽宽 ● 深度尺 6 用来测量工件的深度 ● 测量前先检查并校对零位 ● 游标卡尺读数精度有 0.02mm 或 0.05mm 两个等级
	● 将主轴齿轮置于中立位置 ● 擦干净工件的测量部位 ● 握住游标卡尺，左手握住尺身的量爪，右手握住游标 ● 夹住要测量的部位，跟测量面成 90°角 ● 读取刻度值 ● 垂直方向看刻度面 ● 在夹住的状态下读取刻度值
读数值为 0.02mm 60mm+0.48mm=60.48mm	● 读数前应先明确所用游标尺的读数精度 ● 读数时，先读出游标零线左边在尺身上的整数毫米值 ● 接着在游标上找到与尺身刻线对齐的刻线，并读出小数值 ● 然后再将上面两项读数加起来 ● 例如：使用读数精度为 0.02mm 的卡尺 尺身上的整数值为 60mm；游标尺上的小数值为 0.48mm；实际测量值为： 60mm + 0.48mm = 60.48mm
	● 用游标卡尺测量轴段尺寸的方法

（续）

操 作 示 范 图	相关知识及要点
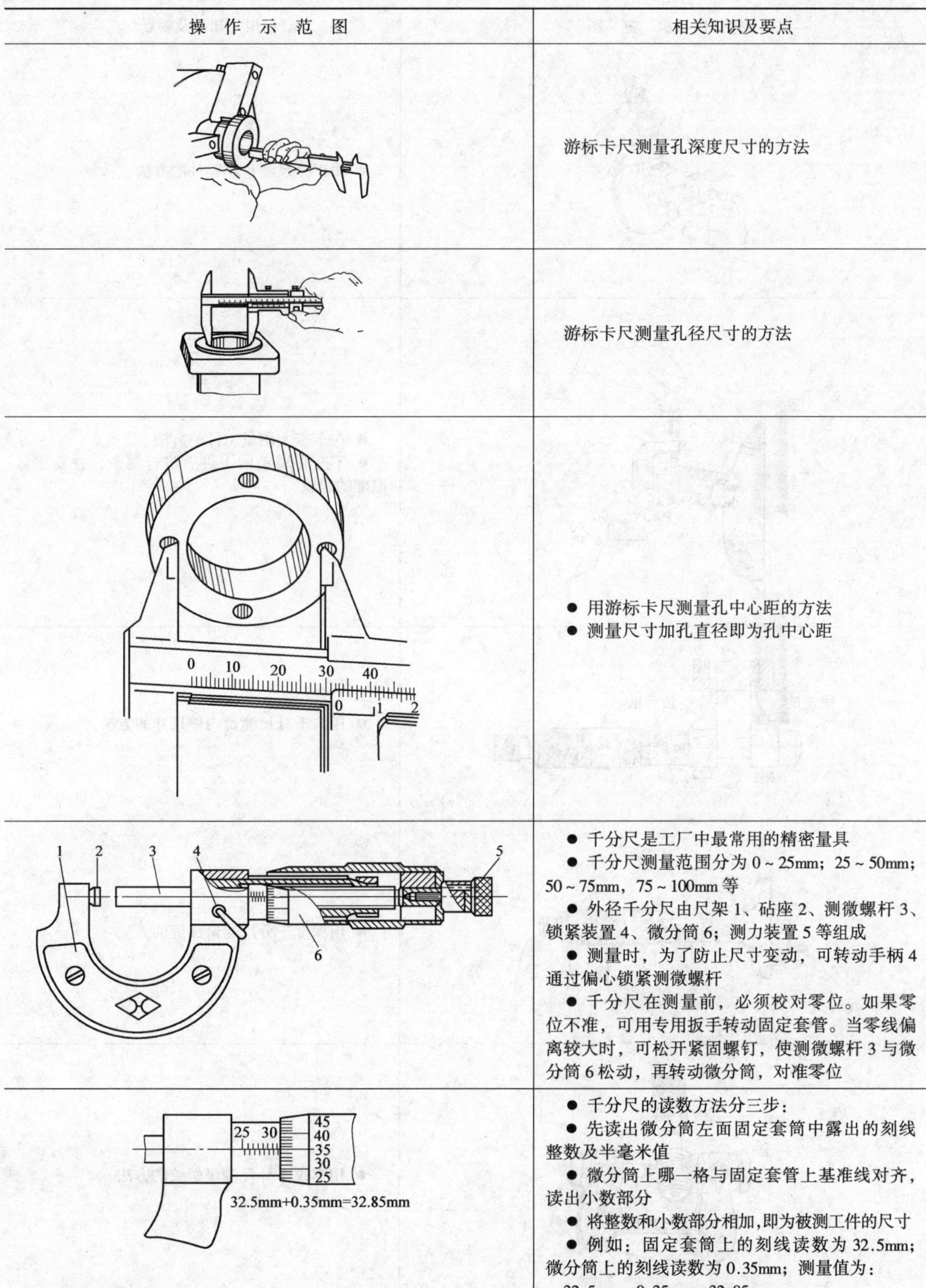	游标卡尺测量孔深度尺寸的方法
	游标卡尺测量孔径尺寸的方法
	● 用游标卡尺测量孔中心距的方法 ● 测量尺寸加孔直径即为孔中心距
	● 千分尺是工厂中最常用的精密量具 ● 千分尺测量范围分为 0～25mm；25～50mm；50～75mm，75～100mm 等 ● 外径千分尺由尺架 1、砧座 2、测微螺杆 3、锁紧装置 4、微分筒 6；测力装置 5 等组成 ● 测量时，为了防止尺寸变动，可转动手柄 4 通过偏心锁紧测微螺杆 ● 千分尺在测量前，必须校对零位。如果零位不准，可用专用扳手转动固定套管。当零线偏离较大时，可松开紧固螺钉，使测微螺杆 3 与微分筒 6 松动，再转动微分筒，对准零位
	● 千分尺的读数方法分三步： ● 先读出微分筒左面固定套筒中露出的刻线整数及半毫米值 ● 微分筒上哪一格与固定套管上基准线对齐，读出小数部分 ● 将整数和小数部分相加，即为被测工件的尺寸 ● 例如：固定套筒上的刻线读数为 32.5mm；微分筒上的刻线读数为 0.35mm；测量值为： 32.5mm + 0.35mm = 32.85mm

（续）

操 作 示 范 图	相关知识及要点
	● 用千分尺测量小零件的方法
	● 在车床上测量工件的方法 ● 不准在转动的工件上进行测量，并要注意温度的影响
固定爪 活动爪	● 用内千分尺测量内壁尺寸的方法
	● 用深度千分尺测量深度的方法
	● 用螺纹千分尺测量螺纹的方法

（续）

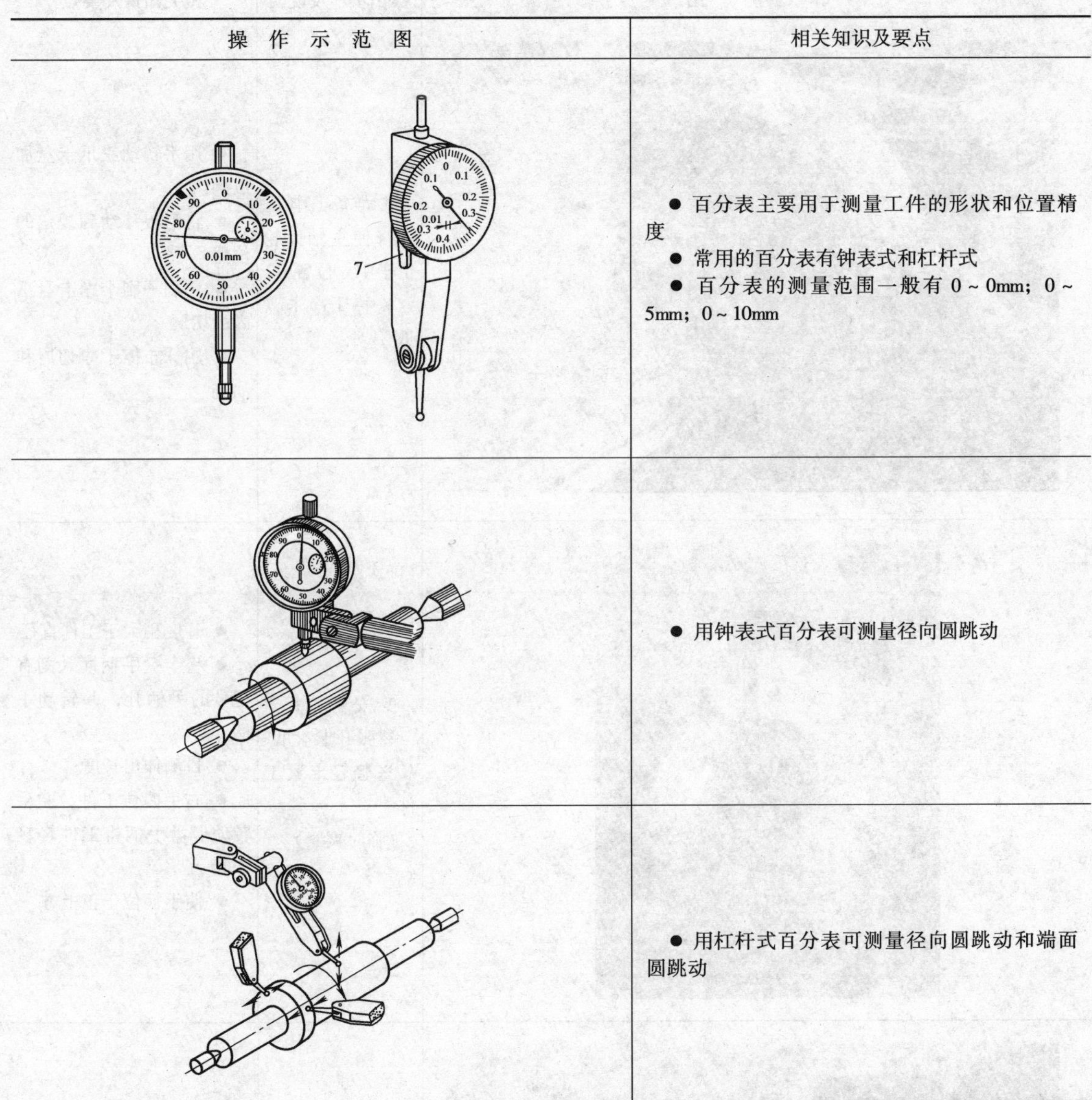

操作示范图	相关知识及要点
	● 百分表主要用于测量工件的形状和位置精度 ● 常用的百分表有钟表式和杠杆式 ● 百分表的测量范围一般有 0 ~ 0mm；0 ~ 5mm；0 ~ 10mm
	● 用钟表式百分表可测量径向圆跳动
	● 用杠杆式百分表可测量径向圆跳动和端面圆跳动

课题五　工件的安装

车削时必须把工件装在车床夹具上，经过校正、夹紧，使它在整个加工过程中始终保持正确的位置。工件安装的速度和精度，直接影响生产效率和工件的质量。由于工件的形状，大小和加工数量的不同，因此采用不同的安装方法。

训练内容： 工件安装和拆下

教学要求： 1. 掌握三爪自定心卡盘的功能及其使用方法

2. 掌握工件的安装和拆下操作

操作步骤：

作　业　图	操作步骤及说明	相关知识及要点
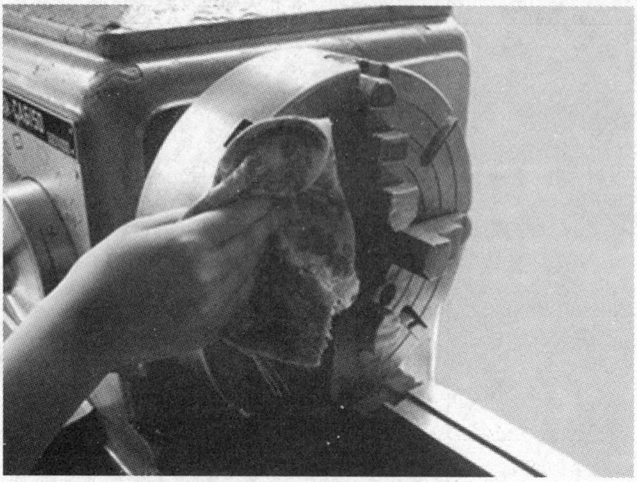	1. 准备工作 ※使主轴齿轮位于中立位置 ※擦干净卡盘爪	● 用手转动三爪卡盘加以确认 ● 将滑板移动到规定的位置 ● 用刷子刷干净卡盘爪内的切屑 ● 用抹布擦干净切屑和油迹
	2. 安装工件 ※张开卡盘爪 ※轻轻卡紧工件 （临时夹紧）	● 开度稍大于工件直径 ● 将卡盘手柄插入刻有记号的手柄孔，并转动手柄 ● 目测伸出长度 ● 右手握住工件，左手转动卡盘手柄将工件轻轻卡紧 ● 使手柄位于正上方
	3. 确定工件位置 ※调整伸出长度	● 使钢直尺接触卡盘的端面，并跟工件相平行以准确测量出长度 ● 将伸出长度调整到规定尺寸

（续）

作　业　图	操作步骤及说明	相关知识及要点
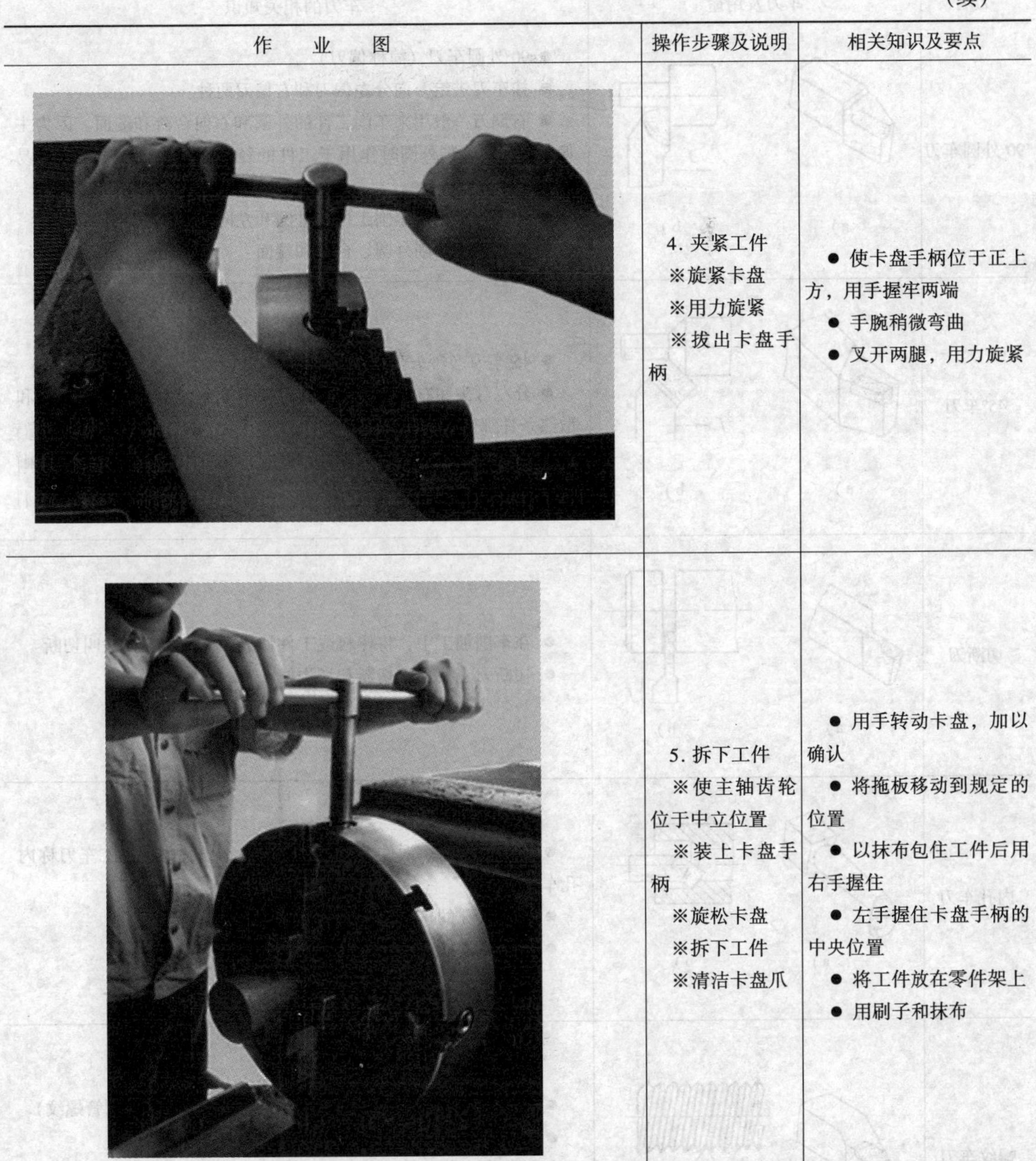	4. 夹紧工件 ※旋紧卡盘 ※用力旋紧 ※拔出卡盘手柄	● 使卡盘手柄位于正上方，用手握牢两端 ● 手腕稍微弯曲 ● 叉开两腿，用力旋紧
	5. 拆下工件 ※使主轴齿轮位于中立位置 ※装上卡盘手柄 ※旋松卡盘 ※拆下工件 ※清洁卡盘爪	● 用手转动卡盘，加以确认 ● 将拖板移动到规定的位置 ● 以抹布包住工件后用右手握住 ● 左手握住卡盘手柄的中央位置 ● 将工件放在零件架上 ● 用刷子和抹布

课题六　车刀及其刃磨

车刀按用途分为外圆车刀、端面车刀、切断刀、镗孔刀、成形车刀和螺纹车刀等。

训练内容（一）：常用车刀及车刀的刃磨

教学要求：认识常用车刀的种类及用途

作业步骤：

刀名	车刀及用途	车刀的相关知识
90°外圆车刀		● 90°外圆车刀（简称偏刀） ● 按车刀进给方向分左偏刀和右偏刀两种。 ● 右偏刀一般用来车削工件的外圆和右向台阶和端面。因为主偏角较大，车削外圆时作用于工件的径向切削力较小，工件不易变形。 ● 左偏刀常用来车削工件的外圆和左向台阶。 ● 主要用于车削外圆、台阶和端面
45°车刀		● 45°车刀（弯头车刀） ● 分左弯头和右弯头车刀，其刀尖角等于90°，所以刀体强度和散热条件都比偏刀好。 ● 一般用来车削工件的端面和倒角，也可用于车削短轴的外圆
切断刀		● 在车削加工中，将棒料或工件切成两段的加工方法叫切断 ● 切断刀主要用于切断和切沟槽
内孔车刀		● 用于加工铸、锻件上的孔或用钻头钻出孔的精加工车刀称内孔车刀 ● 加工通孔的车刀称通孔车刀 ● 加工不通孔的车刀称为不通孔车刀
螺纹车刀		● 常用的螺纹为三角形螺纹（普通螺纹、英制螺纹和管螺纹） ● 螺纹分外螺纹和内螺纹 ● 外螺纹车刀加工外螺纹 ● 内螺纹车刀加工内螺纹

训练内容（二）：车刀的角度及车刀刃磨

教学要求：1. 了解车刀各角度及其作用

2. 掌握车刀刃磨的基本方法

操作步骤：

	图　例	相关知识及要点
车刀的几何角度	1. 前角 p_o—p_o p_o 前角γ_o p_o	● 前角是前刀面与基面之间的夹角 ● 前角增大，可使切削刃锋利、切削力减小、降低表面粗糙度值 ● 前角增大，会使楔角减小，削弱了刀体的强度 ● 前角增大，会使散热体积减小，导致切削区域温度升高
	2. 后角 p_o—p_o 后角α_o p_o p_o	● 后角是后刀面与切削平面之间的夹角 ● 后角的作用是提高工件表面质量，延长刀具的使用寿命 ● 增大后角可使车切削刃口锋利 ● 后角过大，会使楔角变小，减弱车刀的强度 ● 后角过大，散热条件变差
	3. 楔角 p_o—p_o 楔角β_o p_o p_o	● 楔角是前刀面与后刀面之间的夹角
	4. 主偏角 主偏角κ_r	● 主偏角是主切削刃在基面上的投影与进给运动方向间的夹角 ● 主偏角主要影响车刀的散热条件、切削分力的大小和方向的变化 ● 工件刚度差时，应选择较大的主偏角 ● 车削硬度高的工件，应选择较小的主偏角
	5. 副偏角 副偏角κ_r'	● 副偏角是副切削刃在基面上的投影与背离进给运动方向间的夹角 ● 副偏角影响工件的表面的加工质量及车刀的强度 ● 粗车时，副偏角应大些，精车时，副偏角应小些

（续）

	图　　例	相关知识及要点
车刀的几何角度	6. 刀尖角 刀尖角 ε_r	● 刀尖角是主切削刃和副切削刃在基面上投影之间的夹角 ● 主要影响刀尖的强度和散热性能
	7. 刃倾角 K K λ_s	● 刃倾角是主切削刃与基面之间的夹角 ● 主要控制排屑方向 ● 刃倾角有正、负、零之分 ● 刃倾角的选择与工件材料、刀具材料和加工性质有关 ● 粗加工选择负刃倾角 ● 一般工件选择零刃倾角 ● 精加工选择较大刃倾角
车刀刃磨	※以90°硬质合金外圆车刀为例	● 车刀的刃磨分机械刃磨和手工刃磨 ● 机械刃磨效率高、质量好、操作方便 ● 手工刃磨是必须掌握的基本技能 ● 常用的砂轮有氧化铝和碳化硅两类 ● 氧化铝砂轮用来刃磨高速钢车刀 ● 碳化硅砂轮用来刃磨硬质合金车刀 ● 砂轮的粗细以粒度表示
		● 一般先磨去车刀前面、后面上的焊渣，并将车刀底磨平 ● 选择粒度号为F24～F36的氧化铝砂轮 ● 粗磨主后面和副后面的刀杆部分 ● 其后角应比刀片后角大2°～3°，以便刃磨刀片上的主后角 ● 选用粒度号为F24～F36、硬度为中软的氧化铝砂轮 ● 粗磨主后面形成后角和主偏角
		● 粗磨副后面以形成副后角和副偏角 ● 刃磨时，磨出的主后角、副后角应比所要求的后角大2°左右 ● 选用粒度号为F24～F36、硬度为中软的氧化铝砂轮 ● 粗磨前面 ● 以砂轮的端面磨车刀的前面 ● 在磨前面的同时磨出前角

（续）

	图　　例	相关知识及要点
车刀刃磨	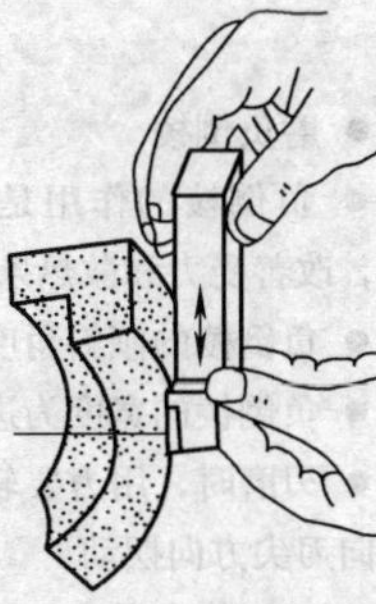	● 磨出断屑槽的目的是当切屑经过断屑槽时，使切屑产生内应力面强迫它变形面折断 ● 常见的断屑槽有圆弧形和直线形二种 ● 圆弧形断屑槽的前角一般较大，适用于切削较软的材料 ● 直线形断屑槽前角较小，适用于切削较硬的材料 ● 断屑槽的宽窄应根据背吃刀量和进给量来确定
	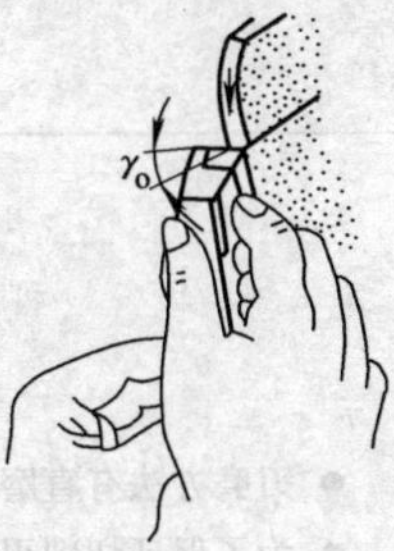	● 刃磨断屑槽应注意以下问题 ● 磨断屑槽的砂轮交角处应经常保持尖锐或具有很小的圆角 ● 刃磨时的起点位置应该跟刀尖、主切削刃离开一小段距离，不能一开始就直接刃磨到主切削刃和刀尖上 ● 刃磨时不能用力过大，车刀应沿刀杆方向上下缓慢移动
	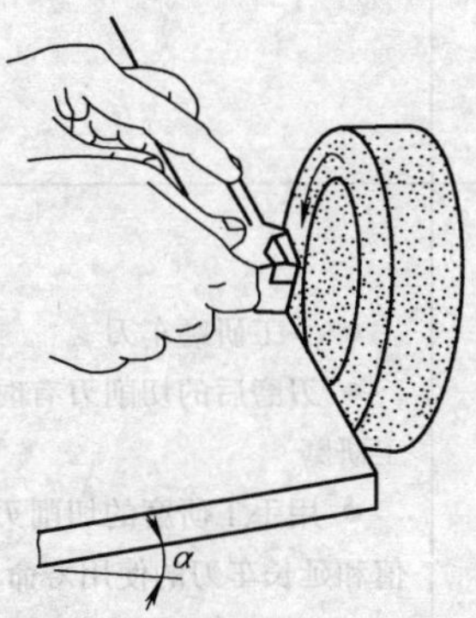	● 精磨主后面，磨出主后角和主偏角 ● 精磨前修整好砂轮，使其平稳旋转 ● 刃磨时，将车刀底平面靠在调整好角度的托架上 ● 选用粒度号为 F180 ~ F200 杯形绿色碳化硅砂轮或金刚石砂轮
	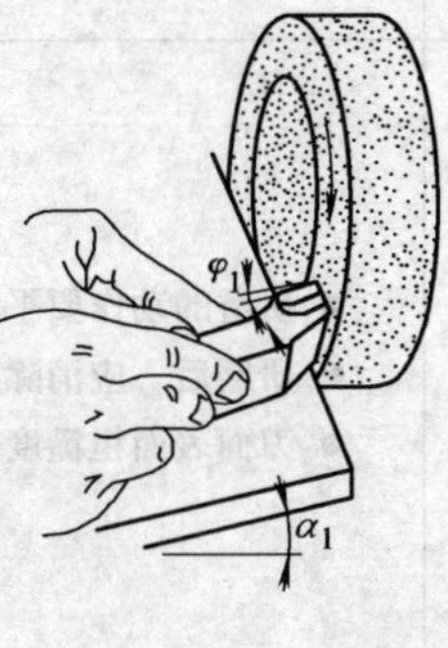	● 精磨副后面，磨出副后角和副偏角 ● 使切削刃轻轻地靠住砂轮的端面上，并沿砂轮端面慢慢地左右移动，使砂轮磨损均匀、车刀刃口平直 ● 选用粒度号为 F180 ~ F200 杯形绿色碳化硅砂轮或金刚石砂轮

（续）

	图　例	相关知识及要点
车刀刃磨	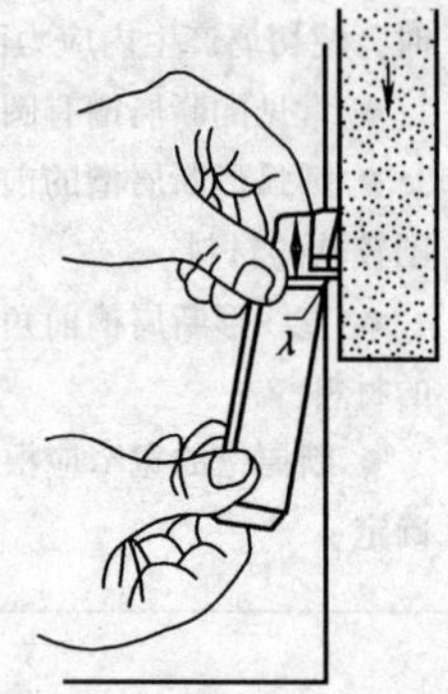	● 磨负倒棱 ● 负倒棱的作用是为了提高主切削刃的强度，改善受力和散热条件 ● 负倒棱的倾斜角度一般为 －5°～－10° ● 负倒棱的宽度为进给量的 0.5～0.8 倍 ● 刃磨时，用力要轻微，要使主切削刃的后端向刀尖方向摆动 ● 选用粒度号为 F180～F200 杯形绿色碳化硅砂轮或金刚石砂轮
	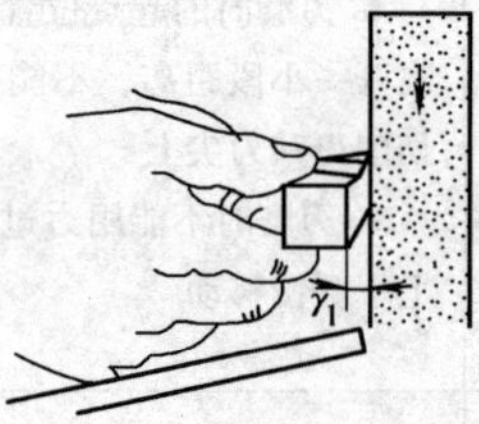	● 刃磨方法有直磨法和横磨法 ● 为了保证切削刃的质量，最好采用直磨法
	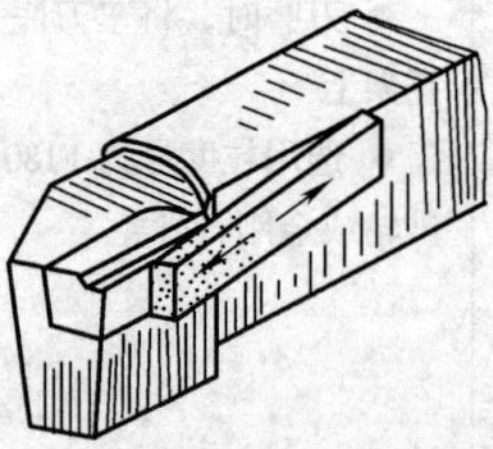	● 手工研磨车刀 ● 刃磨后的切削刃有时不够光洁，还需要手工研磨 ● 用手工研磨的切削刃，可降低表面粗糙度值和延长车刀的使用寿命 ● 研磨时，手持磨石在切削刃上来回移动
	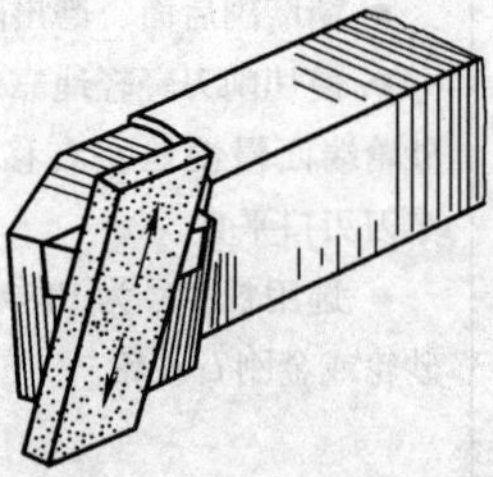	● 研磨的动作要平稳、用力要均匀 ● 研磨后，应消除砂轮上刃磨的残留痕迹 ● 刀面表面粗糙度值应达到 R_a0.4～0.2μm

（续）

	图　　例	相关知识及要点
车刀刃磨	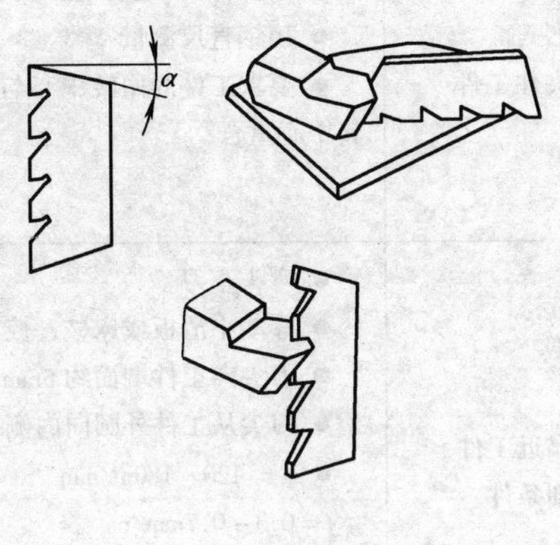	● 车刀角度的测量 ● 刃磨后必须测量角度是否合乎要求 ● 一般先用样板测量车刀的后角 ● 然后检查楔角 ● 如果这两个角度合乎要求时，则前角就正确了
	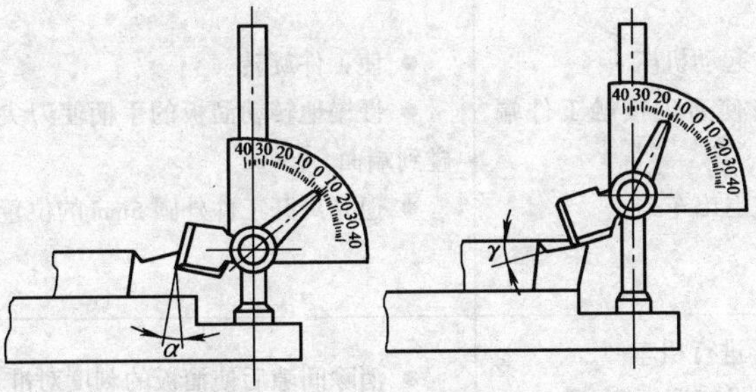	● 对角度要求准确的车刀，可以用车刀量角器进行测量

课题七　车削端面、车削外圆和车削台阶

训练内容（一）：车端面

实测工件图号：C-CD01

操作流程：

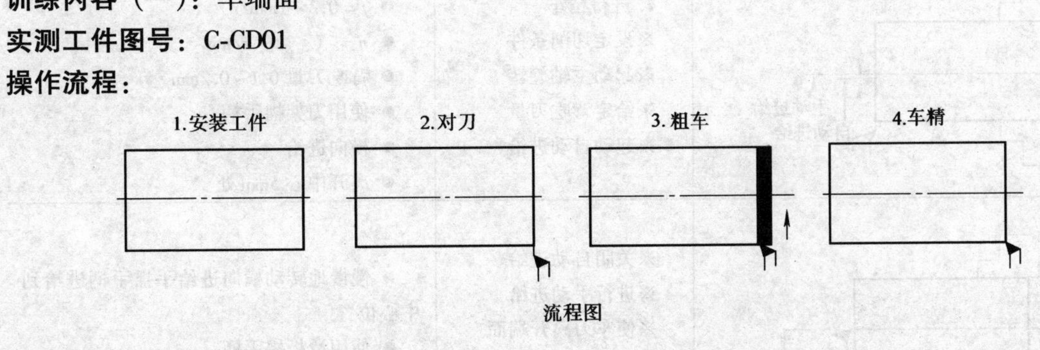

流程图

教学要求：掌握车削端面的正确加工方法。

操作步骤：

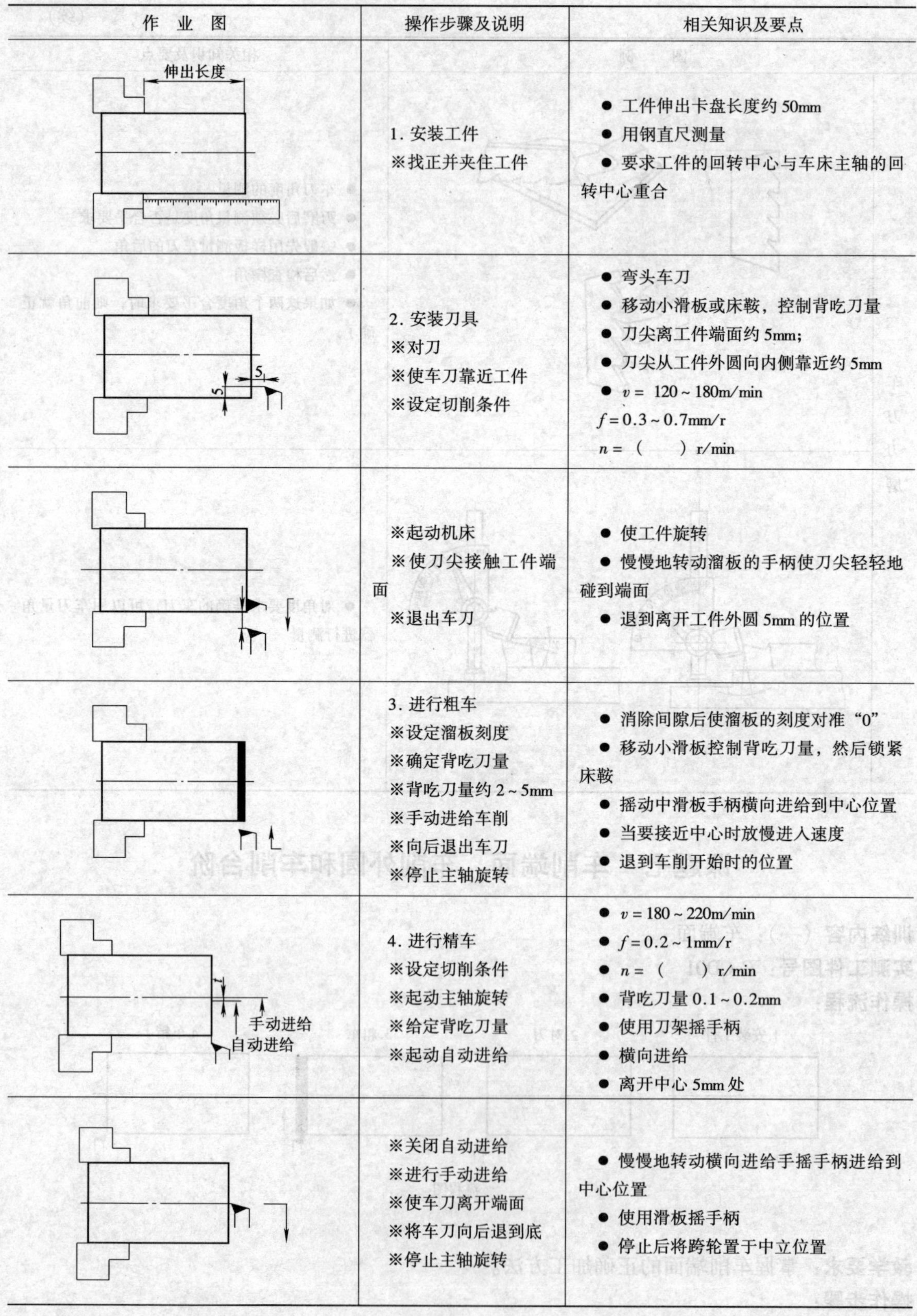

作 业 图	操作步骤及说明	相关知识及要点
	1. 安装工件 ※找正并夹住工件	● 工件伸出卡盘长度约 50mm ● 用钢直尺测量 ● 要求工件的回转中心与车床主轴的回转中心重合
	2. 安装刀具 ※对刀 ※使车刀靠近工件 ※设定切削条件	● 弯头车刀 ● 移动小滑板或床鞍，控制背吃刀量 ● 刀尖离工件端面约 5mm; ● 刀尖从工件外圆向内侧靠近约 5mm ● $v=$ 120 ~ 180m/min $f=0.3\sim0.7$mm/r $n=$ (　　) r/min
	※起动机床 ※使刀尖接触工件端面 ※退出车刀	● 使工件旋转 ● 慢慢地转动溜板的手柄使刀尖轻轻地碰到端面 ● 退到离开工件外圆 5mm 的位置
	3. 进行粗车 ※设定溜板刻度 ※确定背吃刀量 ※背吃刀量约 2 ~ 5mm ※手动进给车削 ※向后退出车刀 ※停止主轴旋转	● 消除间隙后使溜板的刻度对准“0” ● 移动小滑板控制背吃刀量，然后锁紧床鞍 ● 摇动中滑板手柄横向进给到中心位置 ● 当要接近中心时放慢进入速度 ● 退到车削开始时的位置
	4. 进行精车 ※设定切削条件 ※起动主轴旋转 ※给定背吃刀量 ※起动自动进给	● $v=180\sim220$m/min ● $f=0.2\sim1$mm/r ● $n=$ (　　) r/min ● 背吃刀量 0.1 ~ 0.2mm ● 使用刀架摇手柄 ● 横向进给 ● 离开中心 5mm 处
	※关闭自动进给 ※进行手动进给 ※使车刀离开端面 ※将车刀向后退到底 ※停止主轴旋转	● 慢慢地转动横向进给手摇手柄进给到中心位置 ● 使用滑板摇手柄 ● 停止后将跨轮置于中立位置

车端面产生废品的原因和预防措施

废品种类	产 生 原 因	预 防 措 施
端面产生凹面或凸面	1. 用右偏刀从外向心进给时，床鞍没固定好，车刀扎入工件产生凹面	在车削大端面时，必须把床鞍的固定螺钉旋紧
	2. 车刀锋利，小滑板太松或刀架未压紧，使车刀受切削抗力的作用而“让刀”产生凸面	保持车刀锋利；中、小滑板的镶条不应太松；车刀刀架应压紧

训练内容（二）：车削外圆到规定尺寸

实训工件图号：C-CW02

操作流程：

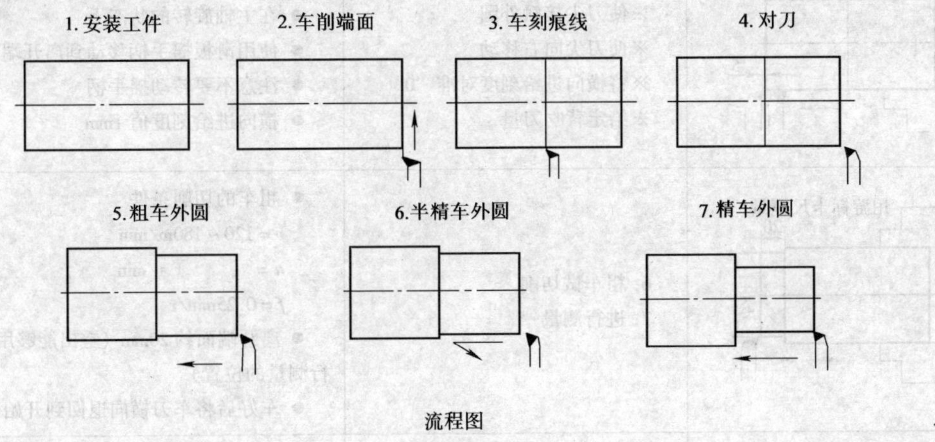

流程图

教学要求：1. 掌握车削外圆到规定尺寸的正确加工方法

2. 能够正确地加工外圆尺寸

操作步骤：

作 业 图	操作步骤及说明	相关知识及要点
伸出长度	1. 安装工件 ※根据图样检查工件加工余量 ※安装工件并校正 2. 安装车刀 ※选择车刀	● 大致确定纵向进给的次数 ● 伸出长度约 50mm ● 用钢直尺测量 ● 选择 90°外圆右偏刀 ● 弯头车刀
	3. 车削端面	● 使用弯头车刀 ● 车削到无径向圆跳动为止 ● $v = 120 \sim 180$m/min $n =$ (　　) r/min $f = 0.25$mm/r ● 粗车用手动进给，一次 2mm ● 精车用自动进给，一次 0.2mm

（续）

作业图	操作步骤及说明	相关知识及要点
10	4. 车痕线	● 使用右偏刀 ● 用目测在离开卡盘爪约 10mm 的位置车刻痕线 ● $v=120\sim180$m/min $n=$（　　）r/min
5	5. 对刀 ※使刀尖接触外圆 ※使刀尖向右移动 ※将横向进给刻度对准“0” ※给定背吃刀量	● 使用横向进给摇手柄使刀尖轻轻碰到外圆 ● 在主轴旋转的状态下 ● 使用滑板摇手柄移动到离开端面约 5mm 处 ● 注意不要转动摇手柄 ● 横向进给刻度值 1mm
用游标卡尺测量 20 $\phi A+1$	6. 粗车试切削 7. 进行测量	● 粗车的切削条件 $v=120\sim180$m/min $n=$（　　）r/min $f=0.25$mm/r ● 离开端面约 20mm（空出能够用游标卡尺进行测量的位置） ● 车好后将车刀横向退回到开始位置
$\phi A+1$	8. 进行粗车削	● 车削到规定尺寸 ϕ A + 1mm（一次背吃刀量不能超过 5mm ● 车到刻痕线为止 ● 车好后将车刀退到车削开始时的位置
用游标卡尺测量 $\phi A+0.3$	9. 半精车试车削 ※改变切削条件 ※给定背吃刀量 ※进行试车削 ※进行测量	● 主轴停止旋转后，设定各手柄 ● $v=180\sim220$m/min $n=$（　　）r/min $f=0.125$mm/r ● 横向进给刻度值 0.5mm 车削到离开端面约 20mm 的位置后，将车刀退到车削开始的位置
$\phi A+0.3$	※给定背吃刀量 10. 半精车 11. 进行测量	● 车削到规定的尺寸 $\phi A+0.31$mm ● 车到台阶处（粗车的位置） ● 车好后将车刀退到车削开始的位置 ● 主轴停止旋转 ● 使用千分尺

（续）

作　业　图	操作步骤及说明	相关知识及要点
用千分尺测量 ϕA	12. 精车试车削 ※给定背吃刀量 ※进行试车削 ※进行测量	● 约 0.1mm ● 将微动轴环的刻度转到便于记忆的位置 ● 车削到离开端面 10mm 处 ● 精车的切削条件 $v = 180 \sim 220$m/min $f = 0.125$mm/r （与半精车相同） ● 使用千分尺
ϕA	13. 精车 ※给定背吃刀量 ※精车削	● 用微动轴环刻度调到公差的中央值 ● 车到台阶部后退出车刀

车外圆产生废品的原因和预防措施

废品种类	产　生　原　因	预　防　措　施
毛坯车不到规定的尺寸	1. 加工余量不够	车削前必须测量一下毛坯是否有足够的加工余量
	2. 工件在卡盘上没有校正	工件装在卡盘上必须校正外圆及端面
	3. 工件弯曲没有矫直	长棒料必须矫直后才能加工
	4. 中心孔位置不正确	用两顶针或一夹一顶装夹工件时，中心孔的位置应保证有加工余量
尺寸精度达不到要求	1. 操作者粗心大意，看错图样或刻度盘使用不当	车削时必须看清图样尺寸要求，正确使用刻度盘，看清刻度盘数值
	2. 车削时盲目吃刀，没有进行试切削	根据加工余量算出背吃刀量，进行试切削，然后修正背吃刀量
	3. 量具本身有误差或测量不正确	量具使用前，必须仔细检查和调整零件，正确掌握测量方法
	4. 由于切削热的影响，使工件尺寸发生变化	不能在工作温度较高时测量。如果测量，应先掌握工件的收缩情况，或者在切削时浇注切削液，降低工件温度
产生锥度	1. 用一夹一顶或两顶针安装工件时，由于后顶针轴线不在主轴的轴线上	粗车时必须首先校正锥度
	2. 用小滑板车外圆时产生锥度，是小滑板的位置不正确，即小滑板的刻线与中滑板上的刻线没有对准“0”线	使用小滑板车外圆时，必须事先检查小滑板上的刻线是否跟中滑板刻线的“0”线对准
	3. 用卡盘安装工件纵走刀车削时，产生锥度是由于车床导轨与主轴轴线不平行	调整车床主轴与床面导轨的平行度
	4. 工件安装时悬臂较长，车削时因径向切削力影响使前端让开，产生锥度	尽量减少工件的伸出长度，或另一端用顶针支顶，增加安装刚性
	5. 刀具中途逐渐磨损	选用合适的刀具材料，或适当降低切削速度

（续）

废品种类	产 生 原 因	预 防 措 施
产生椭圆	1. 车床主轴间隙太大	车削前检查主轴间隙，并调整合适，如主轴因磨损太多而使间隙过大，则需修理主轴和轴承
	2. 毛坯余量不均匀，在切削过程中背吃刀量发生变化	分粗车和精车
	3. 工件用两顶针安装时，中心孔接触不良，或后顶针顶和不紧，以及使用的活顶针产生扭动	工件在两顶针间安装必须松紧适当。发生活顶针产生扭动，须及时修理或更换
	4. 前顶针径向圆跳动量过大	更换前顶针或把前顶针锥面车一刀，然后安装工件
表面粗糙度达不到要求	1. 车床刚度不足，如拖弧镶条过松，传动零件不平衡或主轴太松引起振动	消除或防止由于车床刚度不足而引起的振动
	2. 车刀刚度不足或伸出太长引起振动	增加车刀的刚度和正确安装车刀
	3. 工件刚度不足引起振动	增加工件的安装刚度
	4. 车刀形状不正确，例如选用过小的前角、主偏角和后角	选择合理的车刀角度（如适当增大前角，选择合理的后角） 用磨石研磨切削刃，使其更加光洁
	5. 低速切削时，没有加切削液	低速切削时，应加切削液
	6. 切削用量选择不恰当	进给量不宜太大，精车余量和切削速度选择适当

训练内容（三）：车削台阶

实训工件图号：C-CJT03

操作流程：

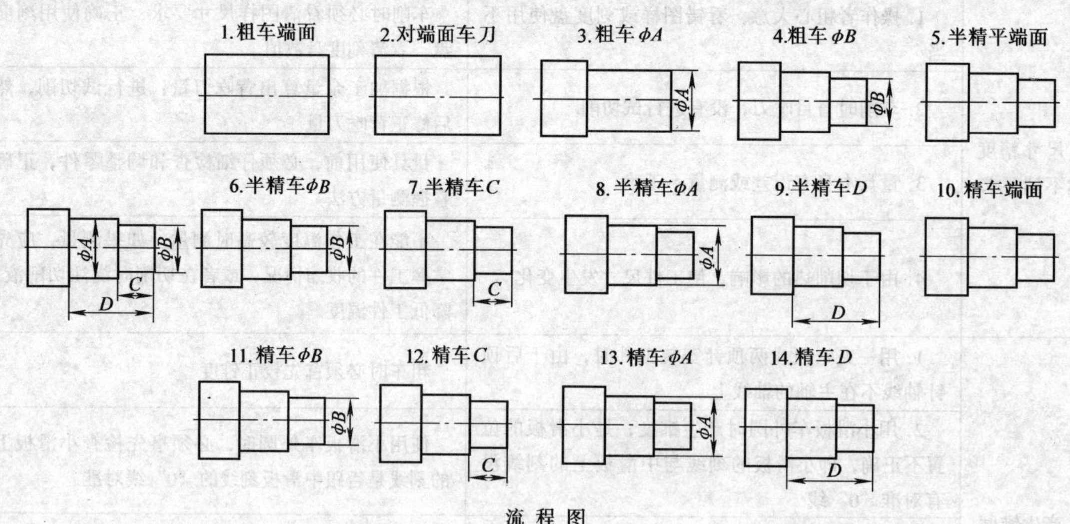

流 程 图

教学要求：1. 掌握车削台阶形外圆的正确加工方法

2. 能够正确地加工台阶外圆到规定尺寸

操作步骤：

作业图	操作步骤及说明	相关知识及要点
	1. 装工件 2. 安装车刀 3. 粗车端面	● 伸出长度约 60mm ● 使用弯头车刀 ● $v = 120 \sim 180$m/min $n =$ (　　) r/min (后面粗车削中的转速都相同) ● 用手动进给，车削到偏摆达到最小程度
	4. 对端面车刀 ※使右偏刀靠近端面	● 起动主轴旋转 ● 使用滑板摇手柄和横向进给摇手柄离开端面约 1mm 离开外圆约 5mm
	※将滑板的刻度对准“0” ※使刀尖轻轻碰到端面 ※横向退出	● 消除拖板摇手柄的间隙 ● 使用刀架摇手柄 ● 使用横向进给摇手柄
	5. 粗车 ϕA	● 试车削（车小外圆 1mm），用游标卡尺测量后再车削到 $\phi A + 1$mm ● $v = 120 \sim 180$m/min $n =$ (　　) r/min $f = 0.25$mm/r ● 车好后将车刀横向退到车削开始的位置
	※当车削余量很大时，可分几次车削	● 一次车削的余量最大为 5mm ● 车好后将车刀接触到 ϕA 外圆
	6. 粗车 ϕB ※加工尺寸为 $\phi B + 1\text{mm} \times C$ ※当车削余量很大时，可分几次车削	● 外圆车削量 = ($\phi A - \phi B$) /2 ● 长度方向的尺寸用滑板刻度调到 C 的规定尺寸 ● 加工要领与加工 ϕA 相同

（续）

作　业　图	操作步骤及说明	相关知识及要点
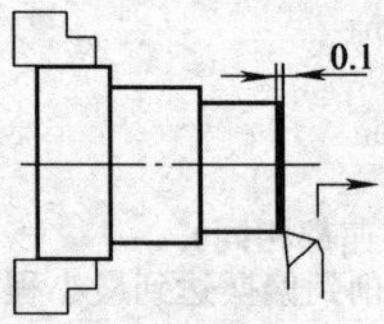 0.1	7. 半精车端面 ※改变切削条件 ※将滑板的刻度对准“0” ※用刀架给定背吃刀量 ※半精车端面	● $v=180\sim220\text{m/min}$ $n=$（　　）r/min $f=0.125\text{mm/r}$ （后面半精加工的切削条件不变） ● 背吃刀量 0.1mm ● 用手动进给 ● 当车削到中心位置时，将车刀向右退出
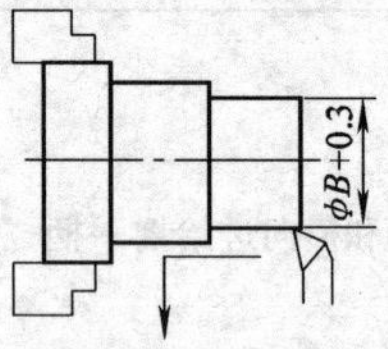 $\phi B+0.3$	8. 半精车 ϕB ※加工尺寸为 $\phi B+0.3\text{mm}$	● 试车削（车小外圆 0.5mm），用游标卡尺测量后再给定背吃刀量 ● 记住横向进给的刻度值 ● 在长度方向，当车到离开台阶前 1～2mm 处应停止自动进给，并改为手动进给一直到车台阶为止 ● 车好后将车刀退出
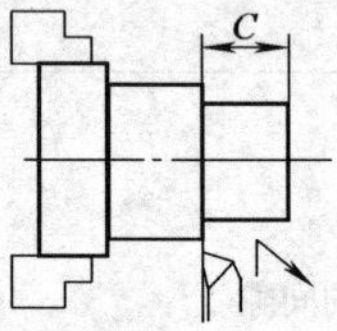 C	9. 半精车第一台阶 ※将滑板设定到 C 规定的尺寸 ※半精车第一台阶的端面 ※加工尺寸为 C	● 用滑板刻度正确地进行设定 ● 用手动进给 ● 以半精车 ϕB 时记住的刻度值进行外圆和端面夹角部的连接 ● 车好后将车刀向右后方向退出（同时转动滑板摇手柄的横向进给摇手柄） ● 按长度方向车削到底
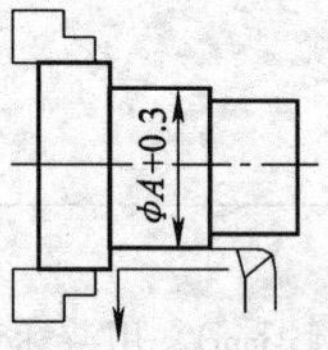 $\phi A+0.3$	10. 半精车 ϕA ※加工尺寸为 $\phi A+0.3\text{mm}$	
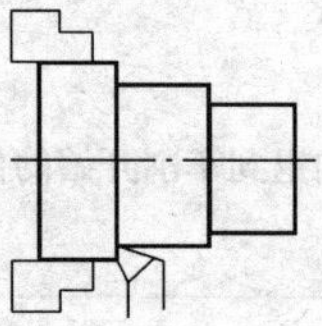	11. 半精车第二台阶端面 1）将滑板设定到端面距离尺寸 D 的位置 2）半精车第二台阶端面	● 用滑板刻度正确地进行设定 ● 用手动进给 ● 以半精车 ϕA 时记住的刻度值进行外圆和端面夹角部的连接 ● 车好后将车刀向右方向退出，同时使用滑板摇手柄和横向进给摇手柄
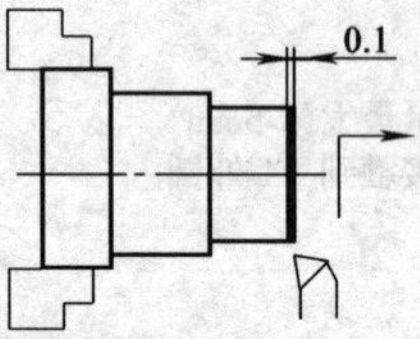 0.1	12. 精车端面 ※将滑板刻度对准“0” ※精车端面	● 用刀架给定背吃刀量 0.1mm ● 自动进给到距离中心前 5mm 的位置 $f=0.125\text{mm/r}$ ● 其余部分用手动进给，车好后将车刀向右退出
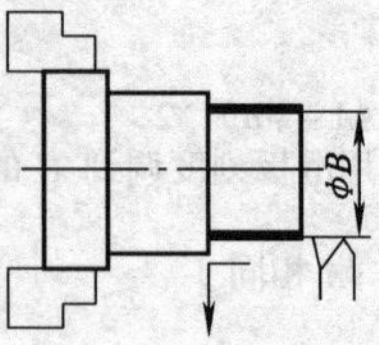 ϕB	13. 精车 ϕB ※加工尺寸为 ϕB	● 试车削小外 0.1mm，用千分尺测量后再车削到所要求的尺寸 ● 记住横向进给的刻度值 ● 长度方向车到底 ● 车好后退出

（续）

作　业　图	操作步骤及说明	相关知识及要点
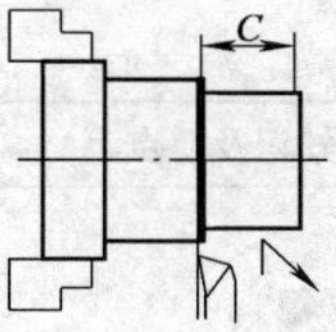	14. 精车第一台阶端面 ※将滑板设定到 C 的规定尺寸 ※精车第一台阶端面 ※加工尺寸为 C	● 用滑动刻度正确地进行设置 ● 以精车 ϕB 时记住的刻度值进行外端面夹角部的连接 ● 车好后将车刀向右后方向退出（同时转动滑板手摇手柄和横向进给手柄）
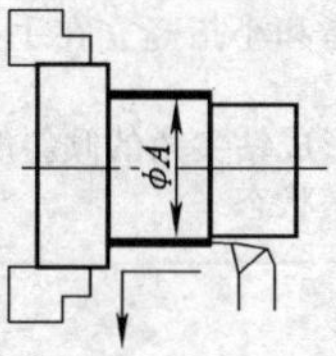	15、精车 ϕA ※试车削（车小 ϕA 约 0.1mm ※测量 ※给定背吃刀量 ※车削	● 正确地设定刻度 ● 用千分尺测量 ● 到所要求的尺寸 ● 一直车到端面 ● 向后退出
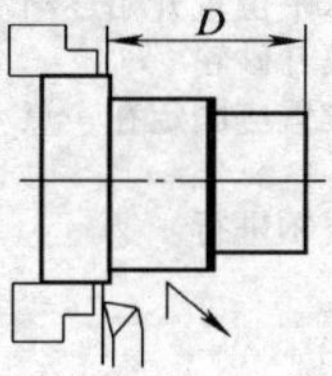	16. 精车第二台阶端面 ※将滑板刻度设定到 D 的规定尺寸 ※精车第二台阶的端面 ※加工尺寸为 D	● 用滑板刻度正确地进行设定 ● 用手动进给 ● 以精车 ϕA 时记住的刻度值进行外圆和端面夹角部的连接 ● 车好后将车刀向右后方向退出（同时转动滑板摇手柄和横向进给摇手柄

车台阶产生废品的原因和预防措施

废品种类	产　生　原　因	预　防　措　施
台阶不垂直	1. 较底的台阶是由于车刀装得歪斜，使得主切削刃与工件轴心线不垂直	装刀时必须使车刀的主切削刃垂直工件的轴心线，车台阶时最后一刀应从里向外车出
	2. 较高的台阶不垂直的原因与端面凹凸的原因一样	
台阶的长度不正确	1. 粗心大意，看错尺寸或事先没有根据图样尺寸进行测量	仔细看清图样尺寸，正确测量工件
	2. 自动进给给没有及时关闭，使车刀进给的长度超越应有的尺寸	注意自动进给及时关闭或提前关闭，再用手动进给到尺寸

课题八　加　工　孔

在实心料上加工精度要求较高的孔时，必须先用钻头钻孔，后作其他加工。对精度要求不高的孔，可直接钻孔后，不作其他加工。

钻头根据构造和用途不同，可分为：扁钻、麻花钻、中心钻、锪孔钻、深孔钻等。钻头一般用高速钢制成，或采用镶硬质合金钻头。

训练内容（一）：钻头的修磨

教学要求： 1. 能够修磨标准角度（118°）的钻头

2. 能够正确地按照规定步骤修磨钻头

操作步骤：

作　业　图	操作步骤及说明	相关知识及要点
	1. 起动双头砂轮机旋转 2. 右手握钻头 3. 左手握住钻头柄部	● 戴保护眼镜 ● 砂轮旋转要平稳 ● 不要站在砂轮的正面 ● 握在离钻头切削刃 10mm 左右的头部 ● 用大拇指和食指夹住 ● 中指、无名指和小指竖立在手指支撑板上起支撑作用 ● 相对于砂轮形成钻尖角的倾斜度 ● 切削刃呈水平状态
	4. 修磨切削刃 ※以右手的食指和大拇指为导向进行修磨 5. 退回到原来的位置 6. 修磨相反侧的切削刃	● 磨出规定的后角 ● 边使左手从水平位置开始逐渐下降 ● 不要让横刃离开砂轮 ● 砂轮的磨削位置应固定在一点 ● 边冷却刃尖 ● 按照前面的要领进行
	7. 检查尖端面、后角、横刃斜角 ※重复前面步骤，直到完全磨好 ※修磨横刃	● 要使钻头的导向部左右对称 ● 横刃斜角磨到 135° ● 要使切削角达到 118° ● 后角磨到 12°～25° ● 左右均等 ● 将横刃宽度磨小到三分之一左右

训练内容（二）：钻孔

操作流程：

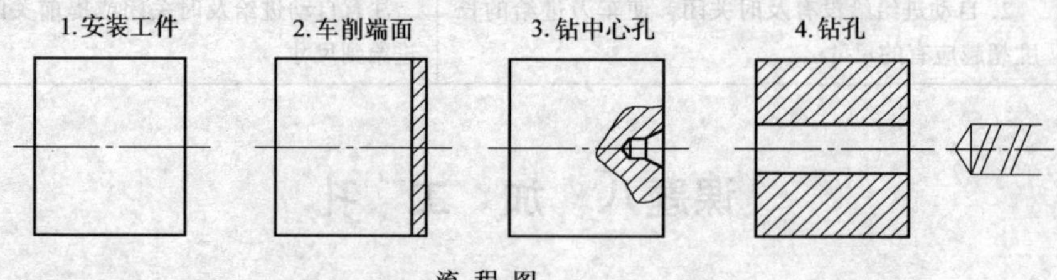

流程图

教学要求： 1. 学会钻头的正确使用方法

2. 掌握钻孔操作方法

操作步骤：

作　业　图	操作步骤及说明	相关知识及要点
10	1. 安装工件	● 伸出长度约 10mm ● 用右手握住工件，边用左手慢慢地旋紧卡盘进行定心
	2. 车削端面 ※粗车端面 ※精车端面 ※将车刀向后退	● 使用弯头车刀 ● $v = 120 \sim 180$m/min $n =$（　）r/min ● 用手动进给 ● 使径向圆跳动达到最小程度 ● $v = 180 \sim 220$m/min $n =$（　）r/min $f = 0.125$mm/r ● 背吃刀量 0.1mm ● 车好端面
≈50 推入 尾座套筒	3. 钻中心孔 ※将中心钻装到钻夹头中夹牢 ※插入车床尾座套筒的锥孔内	● 钻小孔前，一般先用中心钻定心，再用麻花钻钻孔 ● 套筒伸出约 50mm ● 将圆锥部分擦拭干净 ● 用右手握住滚花套
≈20	※使中心钻靠近工件	● 放松固紧手柄 ● 缓慢均匀地摇动尾座手轮，使工件靠近工件 ● 在靠近工件的右端约 20mm 的位置再将尾座固紧
	※钻中心孔 ※将尾座退出	● $n = 1000$r/min ● 钻到中心钻圆锥部分的中央位置 ● 慢慢地转动尾座摇手柄使尾架套筒向前运动直到钻好为止后退到原来的位置，停止主轴 ● 退到床身的右端

（续）

作 业 图	操作步骤及说明	相关知识及要点
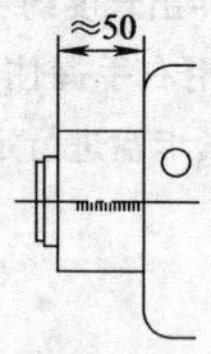 ≈50	※拆下中心钻	● 轻微地固紧尾座 ● 用左手握住滚花套不要让它掉下 ● 不要使尾座套筒缩进过多
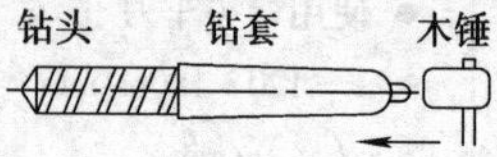 钻头 钻套 木锤	4. 钻孔 ※准备钻头 ※将钻头柄敲入钻套	● 使钻头柄的锥度符合尾座的锥孔 ● 钻头柄的锥度为莫式 N0.2 ● 尾座锥孔为莫式 N0.4 ● 用左手握住钻头和变径套的中间位置，并用木锤敲打 ● 将圆锥部分擦拭干净
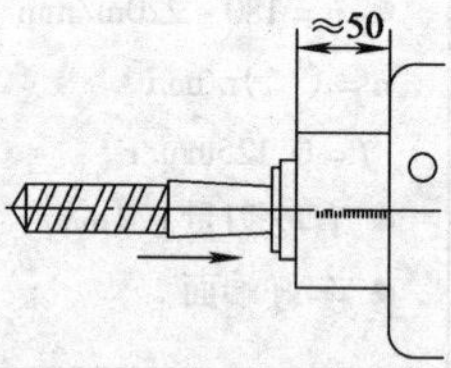 ≈50	※将钻头装入尾座锥套筒内 ※校正钻头与工件旋转轴线重合	● 用擦布包住钻头并用左手握住 ● 使尾座套筒伸出 50mm 左右
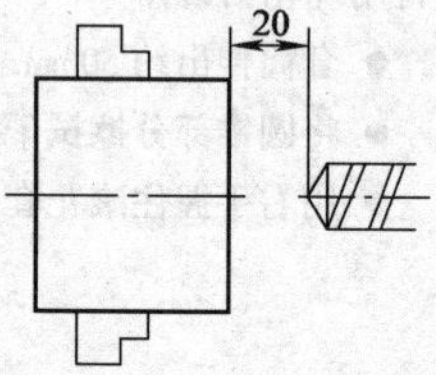 20	※使钻头靠近工件 ※固紧尾座	● 移动到工件前 20m 处 ● 用力固紧
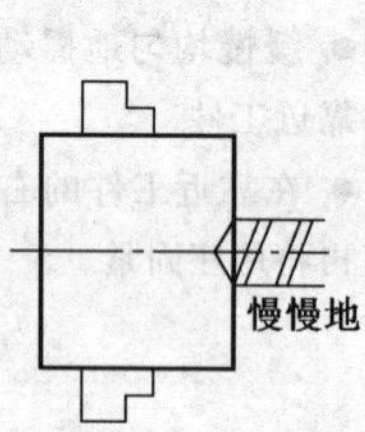 慢慢地	※进行钻孔 ※钻头引向工件端面时，不可用力过大，以防折断钻头 ※导向部分进入后 ※头部穿出后	● $v = 25\text{m/min}$ $n = (\quad)\text{r/min}$ ● 用手动进给并加注切削油 ● $f = 0.1\text{mm/r}$ 8s 转一转 ● $f = 0.05\text{mm/r}$ 16s 转一转 ● 钻通时要慢慢地进给
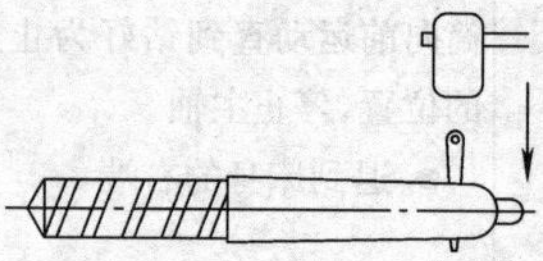	※将钻头退回到原来的位置 ※将尾座退出 5. 拆下钻头 ※拆下钻套	● 退到床身的右侧 ● 轻微地固紧尾座 ● 用左手用力握住钻头和钻套的中间，然后用木锤子将楔块敲入

钻孔时产生废品的原因扩预防措施

废品种类	产生原因	预防措施
孔歪斜	1. 工件端面不平，或轴线不垂直	钻孔前车削平端面，中心不能有凸台
	2. 尾座偏移	调整尾座轴线与主轴轴线同轴
	3. 钻头刚度差，初钻时进给量过大	选用较短的钻头或用中心钻先钻导向孔；初钻时进给量要小，钻削时应经常退出钻头消除切屑后再钻
	4. 钻孔顶角不对称	正确刃磨钻头
	1. 钻头直径不对称	看清图样，仔细检查钻头直径
	2. 钻头主切削刃不对称	仔细刃磨，使两主切削刃对称
	3. 钻头未对准工件中心	检查钻头是否弯曲，钻夹头、钻套是否装夹正确

训练内容（三）：钻孔、镗孔

铸造孔、锻造孔或用钻头钻出来的孔，为了达到所要求的精度和表面粗糙度，还需要镗孔。镗孔是常用的孔加工方法之一，可以作粗加工，也可以作精加工，加工范围很广。

操作流程：

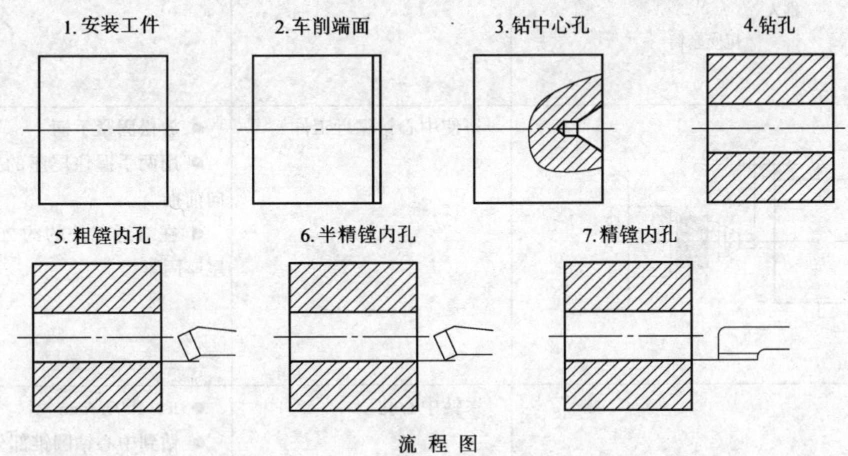

流 程 图

教学要求： 1. 学会钻头、镗孔刀的正确使用方法

2. 能够以正确的工艺过程加工孔

操作步骤：

作 业 图	操作步骤及说明	相关知识及要点
10	1. 安装工件	● 伸出长度约 10mm ● 用右手握住工件，用左手慢慢地旋紧卡盘进行定心

（续）

作　业　图	操作步骤及说明	相关知识及要点
	2. 车端面 ※粗车端面 ※精车端面 ※将车刀向后退出	● 使用弯头车刀 ● $v=120\sim180\text{m/min}$ $n=(\quad)\text{r/min}$ ● 用手动进给 ● 使径向圆跳动达到最小程度 ● $v=180\sim220\text{m/min}$ $n=(\quad)\text{r/min}$ $f=0.25\text{mm/r}$ ● 背吃刀量 0.1mm ● 车好端面
≈50 推入 尾座套筒	3. 钻中心孔 ※将中心钻装入尾座套筒内	● 套筒伸出约 50mm ● 将圆锥部分擦拭干净 ● 用左手握住套筒装入
≈20	※使中心钻靠近工件	● 放松固紧手柄 ● 用两手握住尾座的摇手柄慢慢地向前推 ● 在靠近工件的约 20mm 位置再将尾座固紧
	※钻中心孔 ※将尾座退出 ※拆下中心钻	● $n=1000\text{r/min}$ ● 钻到中心钻圆锥部分的中央位置 ● 慢慢地转动尾座摇手柄使尾座套筒向前运动进直到钻好为止后退到原来的位置，停止主轴 ● 退到床身的右端 ● 用左手握住滚花不要让它掉下 ● 不要将尾座套筒缩进地多
钻头　钻套	4. 钻孔 ※准备钻头 ※将钻头装入钻套	● 使钻头的锥度符合尾座的锥孔 ● 钻头柄的锥度为莫式 NO.2 ● 尾座锥孔为莫式 NO.4 ● 用左手握住钻头和钻套的中间位置，并用木锤子敲打

（续）

作　业　图	操作步骤及说明	相关知识及要点
≈50	※将钻头装到尾座上	● 将圆锥部分擦拭干净 ● 用擦布包住钻头并用左手握住 ● 使尾座套筒伸出 50mm 左右
20	※使钻头靠近工件 ※固紧尾座	● 移动到工件前 20mm 处 ● 用力固紧 ● 钻孔时，用手动进给并加注切削液
慢慢地	※进行钻孔 ※一直到导向部分开始进入 ※导向部分进入后 头部穿出后 ※快要钻通时要慢慢地进给	● $v = 25\text{m/min}$ $n =$（　）r/min ● $f = 0.05\text{mm/r}$ 16s 转一转 ● $f = 0.1\text{mm/r}$ 8s 转一转 ● $f = 0.05\text{mm/r}$ 16s 转一转
钻头　钻套	※将钻头退回到原来的位置 ※将尾座退出 ※拆下钻头 ※拆下钻套	● 退到床身的右端 ● 轻微地固紧尾座 ● 用擦布包住刃部后取下 ● 用左手用力握住钻头和钻套的中间，然后用木锤将楔块敲入
工件的长度 +5~10	5. 粗镗内孔 ※安装镗孔刀（粗镗车刀） ※设定切削条件	● 伸出长度应大于工件长度，但应尽量减小伸出长度 ● 工件的长度 +5～10mm ● $v = 15 \sim 20\text{m/min}$　$n =$（　）r/min $f = 0.125\text{mm/r}$ 粗镗和平精镗相同
10	※对镗孔刀	● 在伸入孔内约 5mm 的位置使刀尖轻轻碰到内壁表面 ● 碰到后将镗刀退出到离端面约 5mm 的位置

(续)

作业图	操作步骤及说明	相关知识及要点
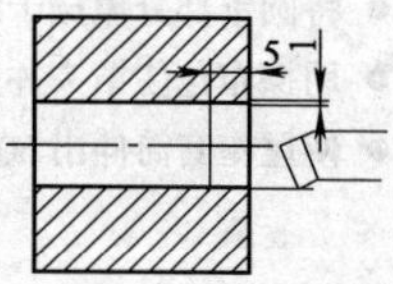	※进行试镗削	● 以1mm的背吃刀量镗削10mm左右的长度后,将镗刀笔直退出
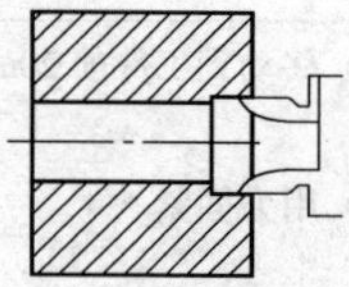	※测量内径	● 用游标卡尺测量最大孔径
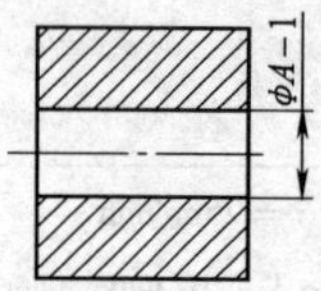	※进行粗镗削	● 镗到规定尺寸 $A-1$mm (一次背吃刀量不要超过4mm) ● 镗好后将镗刀笔直退到镗削开始的位置
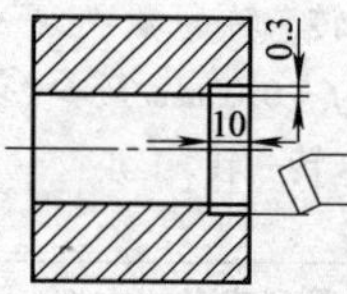	6. 半精镗内孔 ※进行试镗削 ※测量内径	● 以0.3mm的背吃刀量镗削10mm左右的长度后,将镗刀笔直退出 ● 使用内径千分表 ● 用环规设定"0"点 ● 当指针按顺时针方向径向圆跳动到最大位置时,读取指示值 ● 内径愈小则指针按顺时针方向转动的圈数也愈多
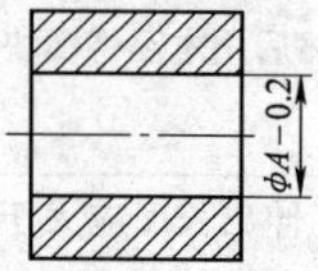	※进行半精镗	● 镗削到 A-0.2mm,镗好后使镗刀离开加工面,然后再退出
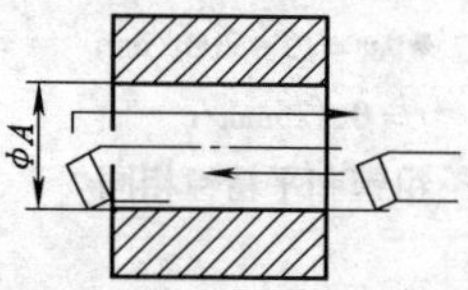	7. 精镗 ※安装精镗刀 ※设定切削条件	● 在主轴停止的状态下调整镗刀的角度,使整个切削刃接触内圆面 ● $v=7\sim10$m/min $n=($　$)$r/min $f=0.25$mm/r
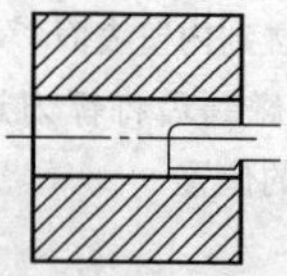	※检查切削刃接触状况	● 使主轴旋转,轻微地碰内圆面直到出现切屑为止 ● 如果不正常应再次进行调整 ● 不要使用切削液

（续）

作　业　图	操作步骤及说明	相关知识及要点
	※进行精镗削	● 背吃刀量0.05mm，仅镗一次 ● 使用切削液 ● 镗好后，记住刻度值，使镗孔刀离开加工面后再退出 ● 防止刮伤表面 ● 使用内径千分表 ● 镗到要求的尺寸 ϕA
	※测量内径 ※进行镗削 例如：加工余量为0.2mm时 第一次：0.05mm 第二次：0.05mm 第三次：0.05mm 第四次：0.03mm 第五次：0.02mm	● 最大背吃刀量不超过0.05mm ● 反复进行镗削 ● 最后一次的背吃刀量应在0.02mm以下，以获得较高的表面粗糙度

镗孔时产生的废品原因及预防措施

废品种类	产生原因	预防措施
尺寸不对	1. 测量不正确	要仔细测量，用游标卡尺测量时，要调整好游标卡尺的松紧，控制好摆动位置，并进行试切
	2. 车刀安装不对，刀柄与孔壁相碰	选择合理的刀柄直径，最好在未开机前，先把车刀在孔内走一遍，检查是否会相碰
	3. 产生积屑瘤，增加刀尖长度，使孔车大	研磨前面，使用切削液，增大前角，选择合理的切削速度
	4. 工件的热胀冷缩	最好使工件冷却下后再精车，加切削液
孔内有锥度	1. 刀具磨损	提高刀具寿命，采用耐磨的硬质合金刀具
	2. 刀柄刚性差，产生“让刀”现象	尽量采用大尺寸的刀柄，减小切削用量
	3. 刀柄与孔壁相碰	正确安装刀具
	4. 车头轴线歪斜	检验机床精度，校正主轴；同线跟床身导轨的平行度
	5. 床身不水平，使床身导轨与主轴轴线不平行	校正机床水平
	6. 床身导轨磨损。由于磨损不均匀，使走刀轨迹与工件轴线不平行	大修车床
内孔不圆	1. 孔壁薄，装夹时产生变形	选择合理和装夹方式
	2. 轴承间隙太大，主轴颈面椭圆	大修机床，并检查主轴的圆柱度
	3. 工件加工余量和材料组织不均匀	增加半精镗，把不均匀的余量车去，使精车余量尽量减小和均匀。对工件毛坯进行回火处理

（续）

废品种类	产生原因	预防措施
内孔不光	1. 车刀磨损	重新刃磨车刀
	2. 车刀刃磨不良，表面粗糙度值大	保证切削刃锋利，研磨车刀前后面
	3. 车刀几何角度不合理，装刀低于中心	合理选择刀具角度，精车装刀时可略高于工件中心
	4. 切削用量选择不当	适当降低切削速度，减小进给量
	5. 刀柄细长，产生振动	加粗刀柄和降低切削速度

课题九　倒角及切断加工

训练内容：钻孔、车端面、倒角和切断

实训工件图号：C-CK04

操作流程：

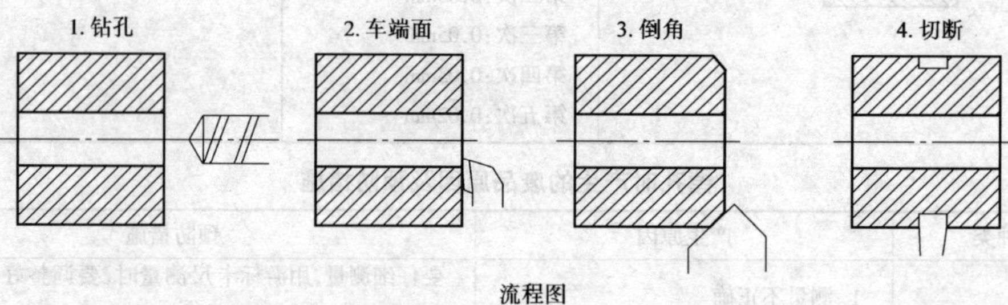

流程图

教学要求：1. 真正能够完成多种要素操作

2. 能够以正确的步骤正确地进行加工

操作步骤：

作　业　图	操作步骤及说明	相关知识及要点
≈2	1. 钻孔 ※安装毛坯 ※安装车刀 ※钻孔 ※使车刀靠近毛坯 ※起动主轴旋转 ※将车刀对合到端面上	● 右手握住毛坯，左手边慢慢地旋卡盘手柄边找中心 ● 参考钻孔操作步骤 ● 使用单刃车刀（高速钢） ● 离端面约 5mm 的位置 ● $v = 25\text{m/min}$ ● 使离刀尖约 2mm 的切削刃轻轻地接触端面的孔侧 ● 使用刀架手柄 ● 检查切削刃是否倾斜

（续）

作 业 图	操作步骤及说明	相关知识及要点
	2. 车端面 ※切入 ※车端面 ※停止主轴旋转	● 0.2mm（用刀架手柄） ● 慢慢地向左移动横向进给手柄，将车刀移向身边 ● 要充分地加切削油 ● 一次不能将端面车得很平滑时，再重复车一次 ● 将拖板移动到右端
	3. 倒角 ※安装车刀 ※起动主轴旋转 ※将车刀对合到边角处 ※倒角（C1）	● 使用倒角刀 ● $v=10\text{m/min}$ ● 使车刀的左侧轻轻地接触毛坯的边角（不要接触太多） ● 将横进给刻度调到"0" ● 用横向进给手柄的刻度进给 2mm ● 慢慢地进给，加切削油 ● 将滑板移到右端面
后角	4. 切断 ※安装车刀 ※检查车刀的后角	● 使用切断刀 ● 使车刀靠近毛坯的端面 ● 不要使刀尖接近毛坯 ● 愈靠近刀柄处间隙愈大
6 ≈1	※确定车刀的位置 ※起动主轴旋转	● 设定到切断位置（离端面 6mm）（使用游标卡尺测量） ● 用刀架手柄进行微调 ● $v=25\text{m/min}$
	※切断 ※在即将切断前（约 2mm），用竹刷子的柄插入以承接工件 ※停止主轴旋转 ※拆下车刀、工件	● 手动进给 ● 充分地加切削轴 ● 切断后，将工件放入油内冷却（不要赤手碰工件） ● 将滑板移动到右端 ● 用抹布擦掉车刀上的油

切断时产生的废品的原因和预防措施

废品种类	产生原因	预防措施
切下的工件长度不对	由于测量不正确	● 正确测量
切下的工件表面凸凹不平	1）切断刀强度不够，主切削刃不平直，吃刀后由于侧向切削力的作用使刀具偏斜，导致切下的工件凸凹不平	● 增加切断刀的强度，刃磨时必须使主切削刃平直
	2）刀尖圆弧刃磨和磨损不一致，使主切削刃受力不均而产生凹凸不平面	● 刃磨时保证两刀尖圆弧对称
	3）切断刀安装不正确	● 正确安装切断刀
	4）刀具角度刃磨不正确，两副偏角过大而且不对称，从而降低刀体强度，产生“让刀”现象	● 正确刃磨切断刀，保证两副偏角对称
表面粗糙度达不到要求	1）两副偏角太小，产生摩擦	● 正确选择两偏角的数值
	2）切削速度选择不当，没有加切削液	● 选择适当的切削速度，并浇注切削液
	3）切削时产生振动	● 采取防振措施
	4）切屑拉毛已加工表面	● 控制切屑的形状和排出方向

课题十　车削台阶孔

训练内容：车带台阶的内孔

实训工件图号：C－CK05

操作流程：

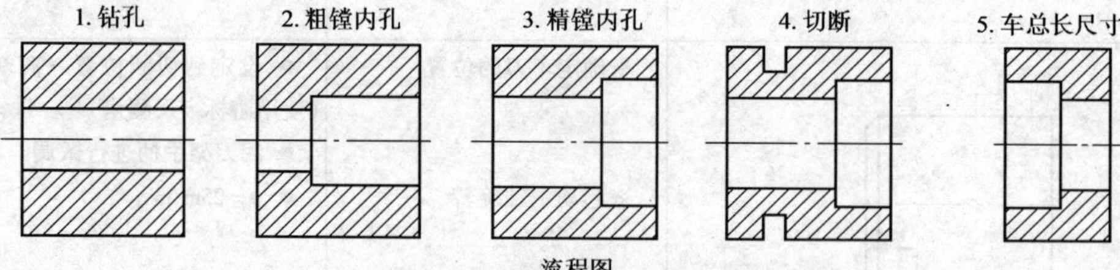

流程图

教学要求：1. 学会钻头、车孔刀（硬质合金）的正确使用方法

2. 能以正确的步骤加工带阶台的内孔

操作步骤：

作　业　图	操作步骤及说明	相关知识及要点
	1. 安装毛坯	● 伸出约 10mm ● 用右手握住毛坯，左手边慢慢地拧卡盘手柄边找正中心

（续）

作　业　图	操作步骤及说明	相关知识及要点
	2. 车端面 ※粗车端面 ※精车端面 ※将车刀退到身边	● 使用弯头尖刀 ● $v=120\sim180$m/min $n=($　$)$r/min 手动进给 ● $v=180\sim220$m/min $n=($　$)$r/min $f=0.125$mm/r ● 端面车好后
≈50 推入 尾座套座	3. 钻中心孔 ※将中心钻装到尾座上	● 将尾座套筒伸出约 50mm 左右 ● 擦干净圆锥面 ● 左手握住滚花部分推入
≈20	※使中心钻靠近毛坯	● 松开尾座 ● 双手握住尾座手柄慢慢地推 ● 在离开毛坯约 20mm 的位置夹紧尾座
	※钻中心孔 ※钻到中心钻圆锥部分的中央位置 ※退出尾座 ※拆下中心钻	● $n=1000$r/min ● 慢慢地转动尾座手柄，使尾座套筒前进，钻好后再将它退回到原来的位置，停止主轴旋转 ● 退到床身的右端 ● 轻轻地夹紧 ● 用左手握住滚花部分不要让它掉下
钻石　钻套　木锤子	4. 钻孔 ※准备钻头 ※将钻头敲入钻套	● 选择好适当的钻套，以符合尾座锥孔的配合要求，钻头柄的锥度为莫式 2 号，尾座锥孔为莫式 4 号 ● 用左手握住钻头和钻套的中间部分，用木锤敲打
≈50	※将钻头装到尾座上	● 擦干净圆锥部分 ● 用抹布包住钻头本体并用左手握住 ● 将套筒伸出约 50mm 左右

（续）

作　业　图	操作步骤及说明	相关知识及要点
20	※使钻头靠近毛坯 ※夹紧尾座	● 离毛坯约 20mm ● 牢固地夹紧
慢慢地	5. 钻孔 ● 手动进给，使用切削液 ※钻到导向部分开始进入位置 ※钻头导向部分进入后 ※钻头头部伸出后	● $v = 25\mathrm{m/min}$ $n =$（　）r/min ● $f = 0.05\mathrm{mm/r}$ 每 16s1r ● $f = 0.1\mathrm{mm/r}$ 每 8s1r ● $f = 0.05\mathrm{mm/r}$ 每 16s1r ※钻通时要慢慢地进给
钻头　钻套	※将钻头退到原来的位置 ※退出刀架 ※拆下钻头 ※拆下钻套	● 退到床身右端 ● 轻轻地夹紧 ● 用抹布包住刃部后握住 ● 用左手握紧钻头和钻套的中间部分，用木锤敲入斜楔以拆下钻头
毛坯长度 +5~10	6. 镗孔 ※安装镗孔刀 ※设定切削条件	● 伸出长度稍大于毛坯的长度（毛坯长度 +5~10mm） ● $v = 15 \sim 20\mathrm{m/min}$ $n =$（　）r/min ● 精镗和半精镗的切削条件相同
	※对合镗孔刀 ※试切削	● 轻轻地接触端面，离内孔的表面约 5mm ● 接触到后，将镗刀退到离端面约 5mm 的外侧位置 ● 以 1mm 的切入量，镗到约 10mm 长度后将镗孔刀笔直退出
	※测量内径	● 用游标卡尺测量孔的最大直径

（续）

作 业 图	操作步骤及说明	相关知识及要点
$\phi A-1$ L	※粗镗 ※$\phi A \times L$	● 镗到规定的尺寸 $\phi A-1$mm（一次的切入量 4mm 以下） ● 用手动进给控制进给速度 ● 如切屑堵塞，应退出镗刀予以清除
	7. 调头加工 ※调头 ※粗车端面 ※粗车外圆	● 夹住约 10mm 的长度 ● 车削到径向圆跳动消失的程度 ● 尽量车削到靠近卡爪位置
ϕB L_1	8. 镗孔 ※粗镗 $\phi B \times L$ ※试切削 ※测量内径	● 用手动进给控制进给速度 ● 以 0.5mm 的切入量，车到约 10mm 长度后将车孔刀笔直退出 ● 使用内径百分表 ● 用环规调“0”点
ϕA ϕB L_1	※半精镗 ※$\phi B \times L$ ※$\phi A \times$ 全长	● 车削到 $\phi B-0.2$m ● 将刻度调“0” ● 用刻度退出 $\phi B-\phi A$ 的量，然后车削 ϕA 的孔 ● 车削到底后将镗孔刀笔直退到起镗位置
	9. 精加工端面、内孔 ※精车端面	● 用车孔刀切削 ● 将长度方向刻度调到“0”
规定尺寸 L	※精车长度方向尺寸 L	● 切入 ϕB0.2mm，先将边角部加工到规定尺寸

（续）

作　业　图	操作步骤及说明	相关知识及要点
	※精镗 ϕB ※测量内径 ※切入 ※切削	● 使用精车用的车孔刀 ● $v = 120\text{m/min}$ $f = 0.125\text{mm/r}$ ● 以 0.1mm 的切入量，车削到约 10mm 长度后笔直退出车孔刀 ● 使用内径百分表 ● 用环规调“0”点 ● 不要碰到内孔端面
	※以同样方法精车 ϕA	● 加工步骤同加工 ϕB
	※精车外圆 ※半精车 ※精车 10. 倒角 ※内圆倒角（$C2$） ※外圆倒角（$C2$）	● $v = 180\text{m/min}$ $f = 0.125\text{mm/r}$ ● 车削到规定尺寸 + 0.3mm ● 车削到规定尺寸 ● 不要忘记 ● 使用高速钢镗孔刀切削
规定尺寸 + 1	11. 切断 ※装切断刀 ※对合切断刀 ※切削	● 笔直安装 ● 规定尺寸 + 1mm（用钢直尺测量） ● $v = 20\text{m/min}$ ● 手动进给 ● 用竹刷子承接，不要让工件掉下
铜皮	12. 调头定心 ※找中心（径向圆跳动量在 0.05mm 以内） 13. 车削总长尺寸、倒角 ※安装车刀 ※切削 ※倒角 14. 拆下工件 ※检查尺寸	● 使用铜皮 ● 不要夹得太紧 ● 不要用力敲打 ● 边夹紧卡盘找中心 ● 使用弯头尖刀 ● 一次的切削量不要太多（0.3mm 以下） ● $v = 180\text{m/min}$ ● $v = 6\text{m/min}$，手动进给

课题十一　车 削 曲 面

在机器上有些零件的表面不是直线，而是一种曲线，例如摇手柄、圆球、凸轮等。这些带有曲线的表面叫特形面。对于这类零件的加工，应根据产品的特点、精度要求及批量大小等不同情况，分别采用双手控制、成形刀、靠模、专用工具及铣削等加工方法。

对单件特形面零件，一般采用双手控制进行车削，就是用右手握小滑板手柄，左手握中滑板手柄，通过双手合成运动，车削出所要求的特形面状。或者采用大滑板和中滑板合成运动来进行。

训练内容：车削曲面

实训工件图号：C－CQM07

操作流程：

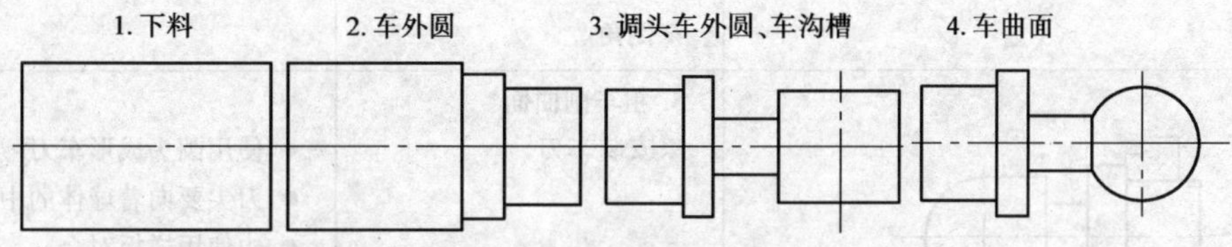

流程图

教学要求：1. 能够用双手控制纵、横向进给手柄进行操作

2. 能够用样板对合车削曲面

操作步骤：

作　业　图	操作步骤及说明	相关知识及要点
	1. 车外圆 ※检查毛坯 ※安装毛坯 ※粗车端面	 ● ϕ40mm × 70mm ● 伸出长度 40mm ● 车削到径向圆跳动消失，切削量尽量小 ● v = 120 ~ 180m/min f = 手动进给
	※粗车外圆 ϕ38.5mm × 35mm ϕ30.5mm × 20mm ※半精车 ϕ38mm × 35mm ϕ30mm × 20mm ※倒角	● v = 120 ~ 180m/min f = 0.25mm/r ● f = 0.15mm/r ● C0.3（2 处）
	2. 调头安装	● 使台肩面紧贴卡盘爪端面

（续）

作 业 图	操作步骤及说明	相关知识及要点
φ31.2 34.8	3. 车外圆 ※粗车端面 ※车削到总长尺寸 ※粗车外圆 ϕ31.2mm × 34.8mm	● 总长 70.2mm
16 基准线 φ15	4. 车沟槽 ※粗车 ϕ15mm 部分 ϕ15.5mm × 15.5mm ※半精车 ϕ15mm 部分 ϕ15mm × 16mm ※刻出基准线 ※倒角	● v = 15m/min ● 使用切断刀车外圆 ● 侧面使用单刃车刀车削 ● 位于球体的中心 ● 轻轻地车刻出 ● C0.3
	5. 粗车削曲面 ※安装车刀 ※粗车右侧半球	● 使用圆头成形车刀 ● 刀尖要向着球体的中心 ● 边使用样板对合 ● 手柄操作不要搞错 ● 边观看整个形状边车
	※粗车削左侧半球	● 边使用样板对合 ● 一次的切削量不要太多
	※精车削整个曲面	● 注意与头部（ϕ15mm）的连接

课题十二 车 削 锥 面

圆锥面在图样上标注的方式有很多种，对不标注锥度的圆锥面，需要计算圆锥斜角，车削标准锥度可从标准表中直接查出锥度和圆锥斜角，锥度为二倍圆锥斜角。在车床上加工圆锥体主要有五种方法：①转动小滑板法；②偏移尾座法；③靠模法；④宽刃刀车削法；⑤液压仿形法。

车削较短的圆锥体时，可以用转动小滑板的方法。车削时只要把小滑板按零件的要求转动一定的角度，使车刀的运动轨迹与所要车削的圆锥母线平行即可。这种方法操作简单，调整范围大，能保证一定精度。

由于圆锥的角度标注方法不同，一般不能直接按图样上所标注的角度去转动小滑板，必须经过换算，换算原则是把图样上所注的角度，换算出圆锥母线与车床主轴轴线的夹角 α，α 就是车床小滑板应该转过的角度。

训练内容（一）：车削圆锥面

实训工件图号：C－CZD09

操作流程：

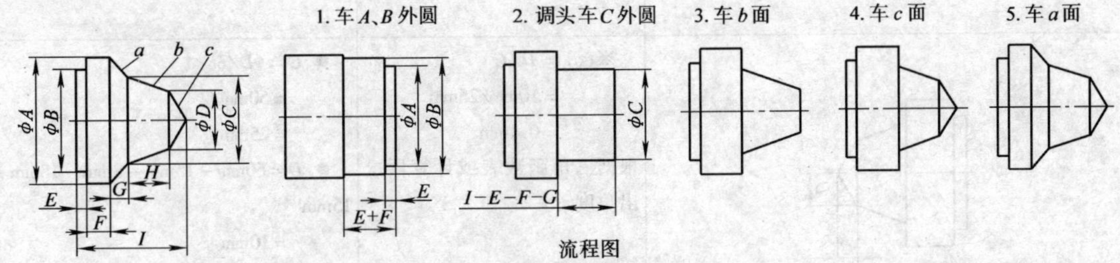

流程图

教学要求：1. 了解各圆锥面的加工步骤和方法

2. 了解圆锥角的求法和计算方法

操作步骤：

作　业　图	操作步骤及说明	相关知识及要点
	1. 车削 ϕA、ϕB 外圆 ※安装毛坯 ※安装车刀 ※粗车 ※半精车 ※精车 $\phi A = 96\text{mm}$　$\phi B = 70\text{mm}$ ※倒角（C0.2～0.3）	● 伸出长度＝（$E + F + 10\text{mm}$） ● 使用右偏刀 ● $v = 150 \sim 180\text{m/min}$ $f = 0.25\text{mm/r}$ ● $v = 180 \sim 200\text{m/min}$ $f = 0.125\text{mm/r}$ ● $v = 180 \sim 200\text{m/min}$ $f = 0.125\text{mm/r}$ ● 使用倒角车刀 ● $v = 25\text{m/min}$
	2. 车 ϕC 外圆 ※毛坯调头安装 ※粗车到长度尺寸 66mm－15mm－8mm－18mm＝25mm （手动进给） ※粗车 ϕC 外圆 ※半精车 ϕC 外圆 ※精车 $\phi C = 50\text{mm}$	● 碰到卡盘爪的端面 ● 使用弯头车刀 ● 使用右偏刀

（续）

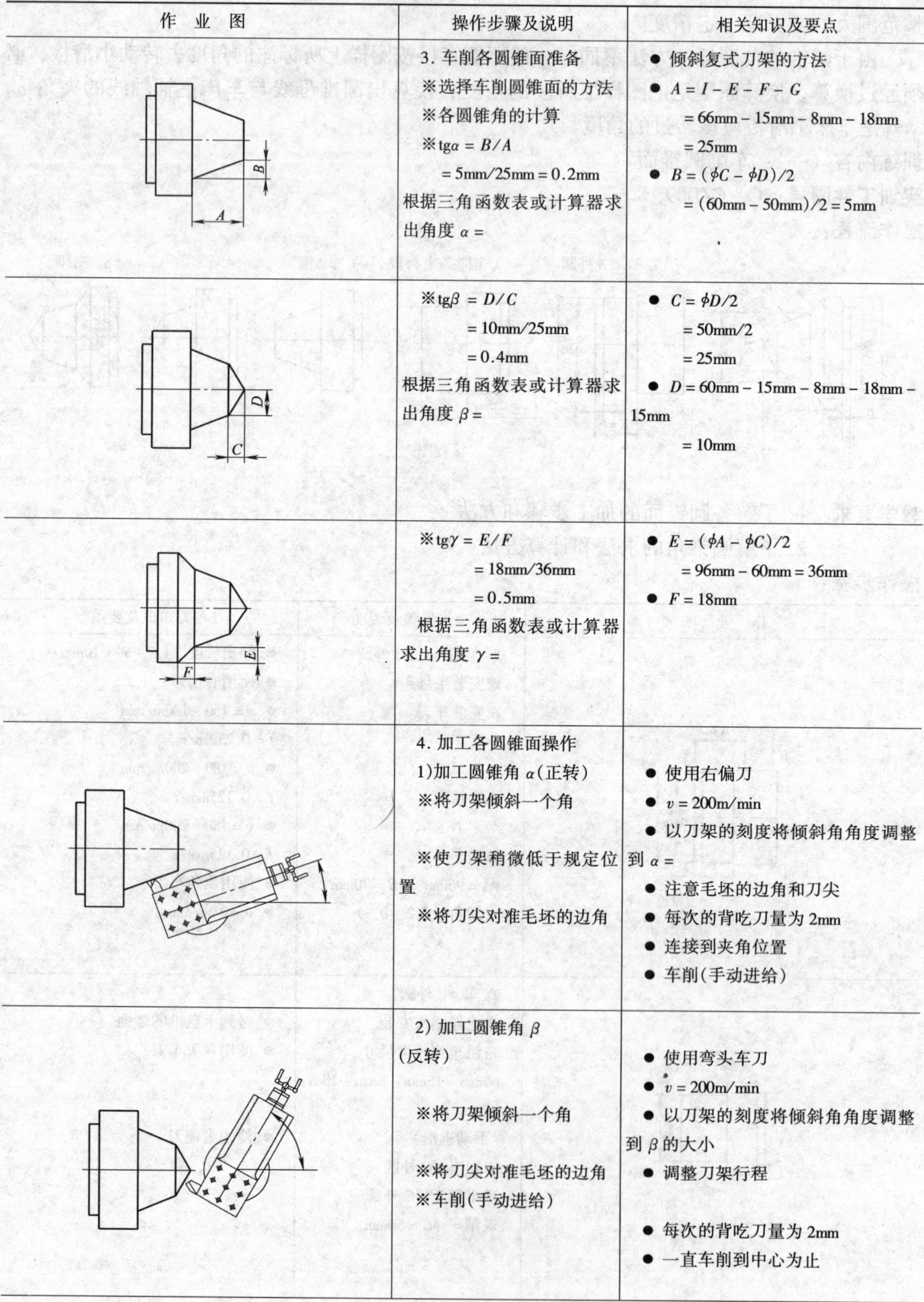

作　业　图	操作步骤及说明	相关知识及要点
	3．车削各圆锥面准备 ※选择车削圆锥面的方法 ※各圆锥角的计算 ※$\mathrm{tg}\alpha = B/A$ $= 5\mathrm{mm}/25\mathrm{mm} = 0.2\mathrm{mm}$ 根据三角函数表或计算器求出角度 $\alpha =$	● 倾斜复式刀架的方法 ● $A = I - E - F - G$ $= 66\mathrm{mm} - 15\mathrm{mm} - 8\mathrm{mm} - 18\mathrm{mm}$ $= 25\mathrm{mm}$ ● $B = (\phi C - \phi D)/2$ $= (60\mathrm{mm} - 50\mathrm{mm})/2 = 5\mathrm{mm}$
	※$\mathrm{tg}\beta = D/C$ $= 10\mathrm{mm}/25\mathrm{mm}$ $= 0.4\mathrm{mm}$ 根据三角函数表或计算器求出角度 $\beta =$	● $C = \phi D/2$ $= 50\mathrm{mm}/2$ $= 25\mathrm{mm}$ ● $D = 60\mathrm{mm} - 15\mathrm{mm} - 8\mathrm{mm} - 18\mathrm{mm} - 15\mathrm{mm}$ $= 10\mathrm{mm}$
	※$\mathrm{tg}\gamma = E/F$ $= 18\mathrm{mm}/36\mathrm{mm}$ $= 0.5\mathrm{mm}$ 根据三角函数表或计算器求出角度 $\gamma =$	● $E = (\phi A - \phi C)/2$ $= 96\mathrm{mm} - 60\mathrm{mm} = 36\mathrm{mm}$ ● $F = 18\mathrm{mm}$
	4．加工各圆锥面操作 1)加工圆锥角 α（正转） ※将刀架倾斜一个角 ※使刀架稍微低于规定位置 ※将刀尖对准毛坯的边角	● 使用右偏刀 ● $v = 200\mathrm{m/min}$ ● 以刀架的刻度将倾斜角角度调整到 $\alpha =$ ● 注意毛坯的边角和刀尖 ● 每次的背吃刀量为 2mm ● 连接到夹角位置 ● 车削（手动进给）
	2) 加工圆锥角 β（反转） ※将刀架倾斜一个角 ※将刀尖对准毛坯的边角 ※车削（手动进给）	● 使用弯头车刀 ● $v = 200\mathrm{m/min}$ ● 以刀架的刻度将倾斜角角度调整到 β 的大小 ● 调整刀架行程 ● 每次的背吃刀量为 2mm ● 一直车削到中心为止

（续）

作　业　图	操作步骤及说明	相关知识及要点
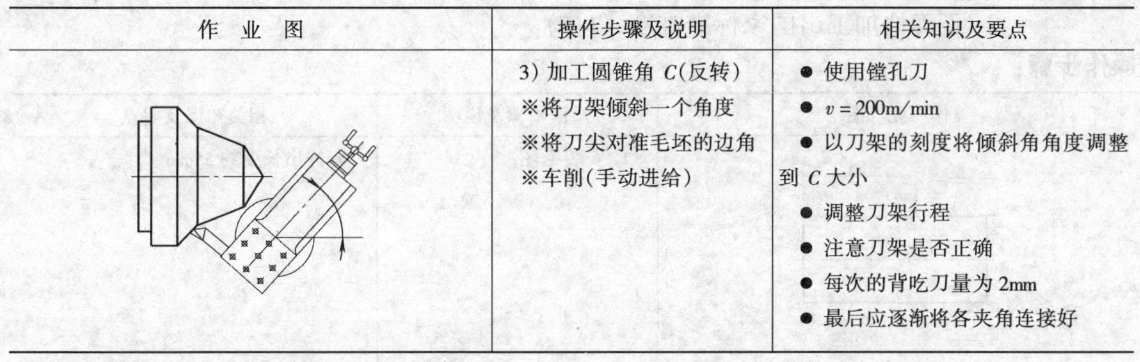	3）加工圆锥角 C（反转） ※将刀架倾斜一个角度 ※将刀尖对准毛坯的边角 ※车削（手动进给）	● 使用镗孔刀 ● $v = 200\text{m/min}$ ● 以刀架的刻度将倾斜角角度调整到 C 大小 ● 调整刀架行程 ● 注意刀架是否正确 ● 每次的背吃刀量为 2mm ● 最后应逐渐将各夹角连接好

车圆锥面时产生废品的原因及预防措施

废品种类	产生原因	预防措施
锥度不正确	1）小滑板转动的角度计算差错或小滑板角度调整不当	● 仔细计算小滑板应转动的角度和方向，反复试车校正
	2）车刀没有固紧	● 固紧车刀
	3）小滑板移动时松紧不均	● 调整镶条间隙，使用权小滑板移动均匀
大小端尺寸不正确	1）未经常测量大小端直径	● 经常测量大小端直径
	2）控制刀具进给错误	● 及时测量，用计算法或移动床鞍法控制背吃刀量
双曲线误差	车刀刀尖未对准工件轴线	● 车刀刀尖必须严格对准工件轴线
表面粗糙度达不到要求	1）切削用量选择不当	● 正确选择切削用量
	2）手动进给忽快忽慢	● 手动进给要均匀，快慢一致
	3）车刀角度不正确，刀尖不锋利	● 刃磨车刀，角度要正确，刀尖要锋利
	4）小滑板镶条间隙不当	● 调整小滑板镶条间隙
	5）未留足精车或切削余量	● 要留有适当的精车或铰削余量

训练内容（二）：车削标准锥度（1∶5）

常用的标准锥度有莫氏圆锥和米制圆锥。莫氏圆锥是机器制造业中应用最广泛的一种，如车床主轴孔，顶针，钻头柄，铰刀柄等都是用莫氏圆锥。莫氏锥度分成七个号码，即 0，1，2，3，4，5，6，最小的是 0 号，最大的是 6 号。莫氏圆锥是从英制换算过来的，当号数不同时，圆锥斜角也不同。米制圆锥有 8 个号码，即 4，6，80，100，120，140，160 和 200 号。它的号码是指大端的直径，锥度固定不变，即锥度为 1∶20。例如 100 号米制圆锥的大端直径为 100mm，锥度为 1∶20。

实训工件图号：C－CZD10

操作流程：

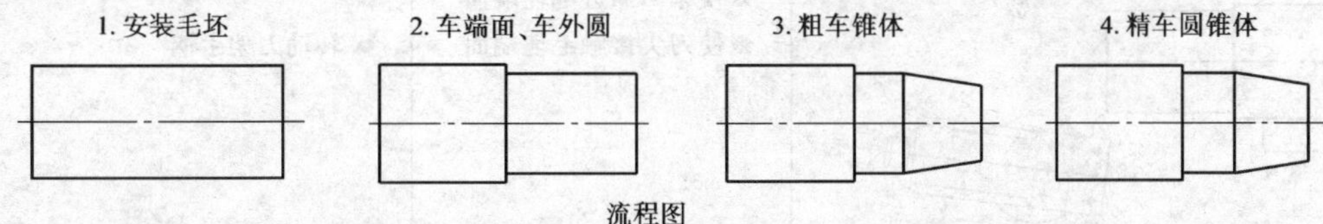

流程图

教学要求：1. 要真正地记住加工锥度的正确步骤

2. 正确地加工出国家标准锥度（1:5）

操作步骤：

作业图	操作步骤及说明	相关知识及要点
55	1. 安装毛坯	● 伸出长度约 55mm
	2. 车削端面	● 使用弯头车刀 ● n =(　)手动进给 ● 车到径向圆跳动消失
45 ϕ31.75	3. 车削外圆 ※粗车 ※半精车 ※精车 ※$\phi 31.75^{0}_{-0.05}$mm	● 使用偏刀 ● 确定切削用量 ● 确定切削用量 ● 确定切削用量 ● 外圆以直径的公差中间值为目标(ϕ31.75mm)
	4. 粗车圆锥体 ※将刀架倾斜一个角度 5°42′38″) ※旋松固紧螺栓 ※使刀架倾斜角度 ※旋紧固紧螺栓	 ● 使用套筒扳手 ● 以左手为支点，不要用足力 ● 要充分注意车刀、毛坯的边角 ● 确认 5°42′38″的刻度
刀架 大滑板	※检查刀架的位置	● 使大滑板和刀架的端面对齐（保证有足够的行程）
	※对车刀 ※使车刀靠近毛坯端面 ※使刀尖接触毛坯端面	● 将滑板的刻度设定到“0” ● 转动刀架手柄

（续）

作　业　图	操作步骤及说明	相关知识及要点
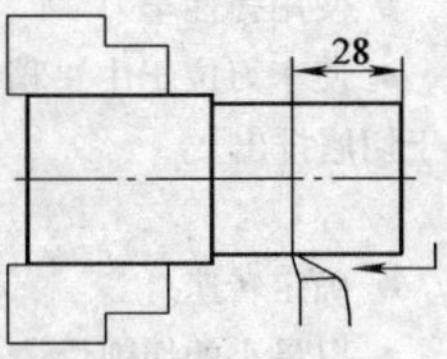 28	※车削一条刻痕线 ※固定滑板 ※使刀尖对准毛坯的外圆端面处	● 向左移动滑板 28mm ● 以最小的背吃刀量(将横向进给手柄设定到“0”) ● 在下面的加工中不要移动拖板，直到车好圆锥体 ● 用刀架手柄和横向进给手柄退出车刀
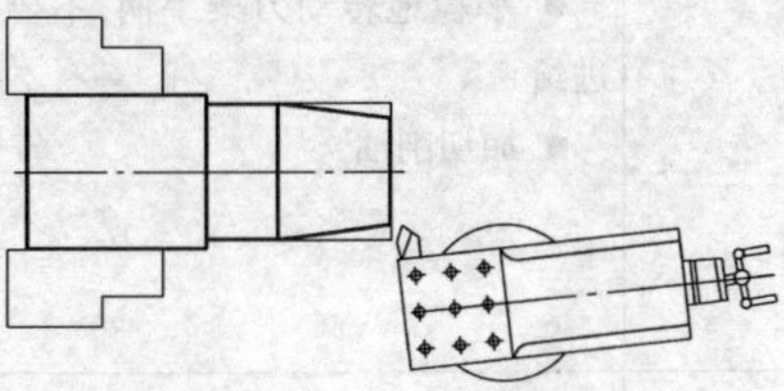	※粗车圆锥体	● 一次的背吃刀量最大为 2mm ● 用双手平稳地转动刀架手柄 ● 一直车削到离刻痕线约法 1mm 的位置 ● 最后要特别平稳地转动手柄
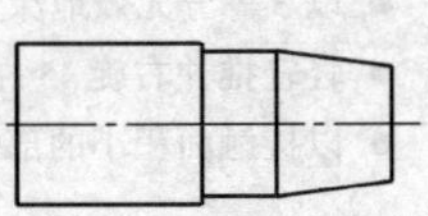	※检查锥度 ※涂敷红铅粉	● 用锥度套规检查是否有松动 ● 如果无松动则可进入精加工 ● 在圆锥体的三等分位置均匀地涂上薄层红铅粉
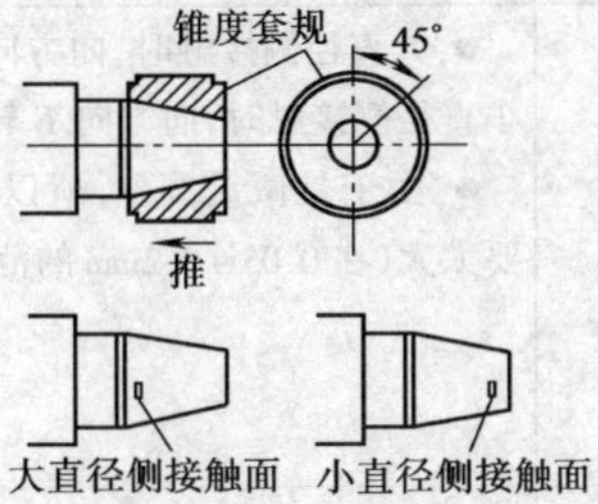 锥度套规 45° 推 大直径侧接触面　小直径侧接触面	※检查接触情况 (使用 1:5 锥度套规) ※套上锥度套规 ※检查接触情况 (接触到的部位，红铅粉薄薄地向外延伸开)	● 轻轻推并右旋 45°左右 ● 以接触面积小的部位进行判断 ● 大直径侧接触表示锥角大 ● 小直径侧接触表示锥角小
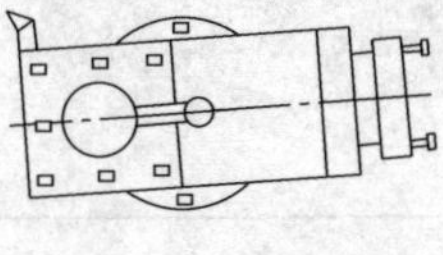	※修正刀架角度 (使用小型测微计)	● 大直径侧接触时，向方向 *A* 调整 ● 小直径侧接触时，向方向 *B* 调整 ● 检查转动量
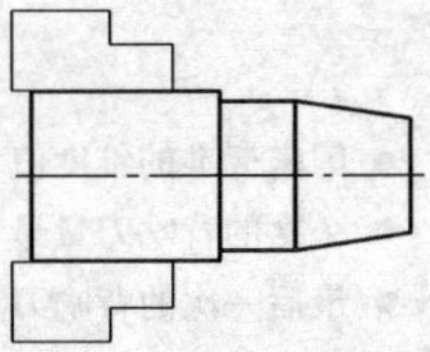	※修正车削圆锥体	● 修正车削一次的背吃刀量最大为 0.2mm ● 如果套规之间无松动则可进入精车步骤 ● 如果存在松动则反复进行前面的步骤

（续）

作　业　图	操作步骤及说明	相关知识及要点
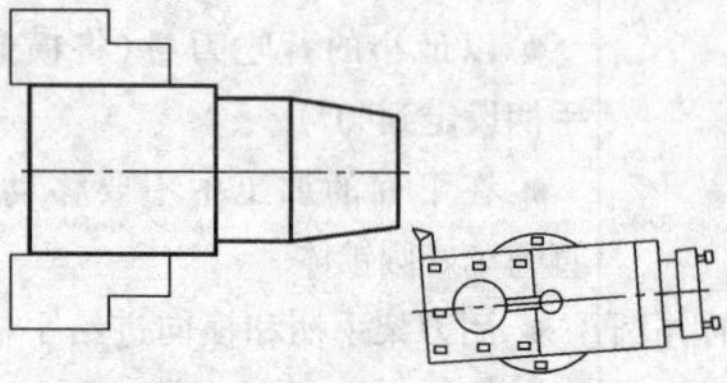	5. 精车圆锥面 ※调整车刀 ※临时装好车刀并调整位置 ※安装车刀 ※对车刀	● 使用弹性车刀 ● 使车刀位于中央稍微靠左侧以便于切屑排出 ● 确定转速 ● 以最小的切削量
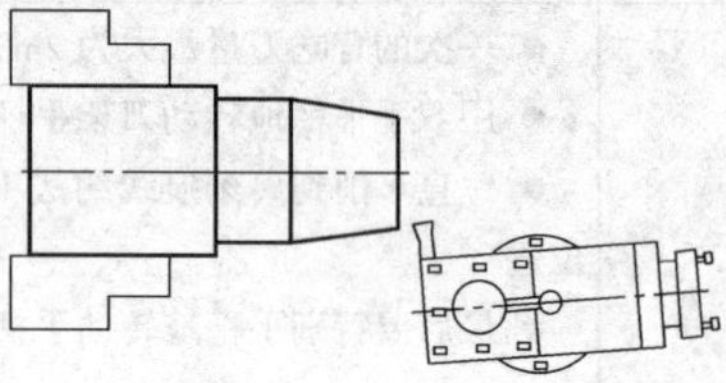	※车削	● 一次的背吃刀量最大为 0.05mm ● 平稳地转动刀架手柄，不要中断进给 ● 加切削油
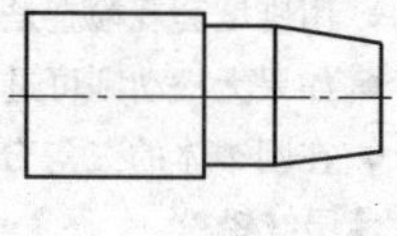	※检查接触情况 ※涂敷红铅粉 ※套上锥度套规 ※检查接触情况	● 擦干净圆锥体表面 ● 以 3 等分无效地涂上薄层红铅粉 ● 轻轻推并右旋 45°左右 ● 以接触面积小的部位进行判断
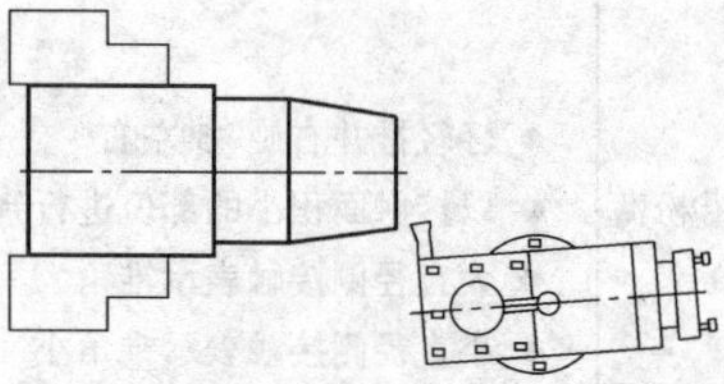	※修正刀架角度 （使用小型测量计）	● 大直径侧接触时，向方向 *A* 转动，小直径侧接触时，向方向 *B* 转动 ● 由于是微量调整，所以转动量不要太大（在 0.05～0.2mm 的范围内）
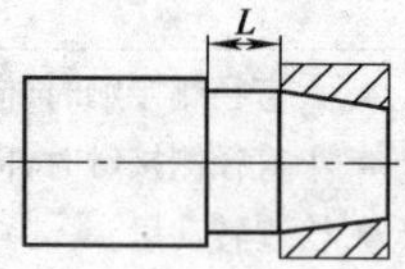 L	※精车 ※反复进行车削、检查步骤，直到接触面积达到 80%以上	● 背吃刀量在 0.05mm 以内
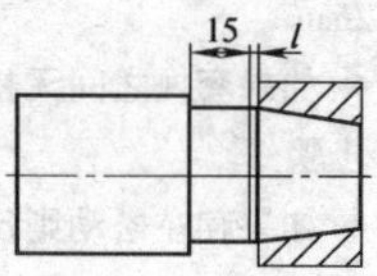 15　*l*	※决定配合长度尺寸 ※长度 15mm ± 0.2mm ※长度方向的切削量 *l* *l* = 测量值（*L*）－ 15mm ※外圆切削量（*t*） *t* = *l* × 锥度值（0.29） ※车削	● 套上锥度套规测量尺寸 ● 国家标准的锥度值为 7/24 = 0.29 ● 一次的背吃刀量最大为 0.05mm ● 最后一次的背吃刀量为 0.02mm

（续）

作　业　图	操作步骤及说明	相关知识及要点
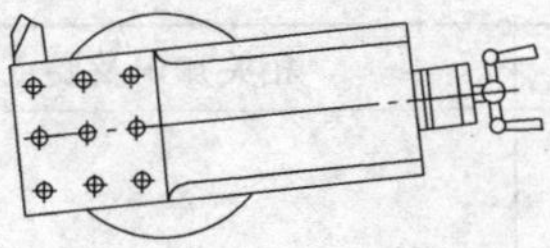	※使刀架复原	● 使刀架的刻度对准“0”
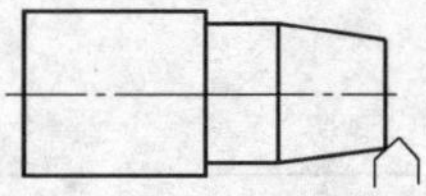	※倒角 $C0.2$、$C1$	● 使用倒角车刀 ● $n=$ ● 慢慢地进刀 ● 当残留余量为 0.1mm 时，要轻轻地踏制动杆，以惯性切削最后的加工余量

训练内容（三）：锥度配合（锥度 1∶5）

圆锥面配合同轴度要求较高，装拆方便。虽经多次装拆，仍能保证精确的定心作用。车削圆锥孔时，为了便于测量，应使锥孔大端直径的位置在外面，其车削方法一般有：转动小滑板法；靠模法和铰圆锥孔。车圆锥孔时，先用直径小于锥孔小端直径 1～2mm 的钻头钻孔，再转动小滑板的角度，使镗刀的运动轨迹与零件轴线相交成所需要的圆锥斜角 α，然后车削圆锥孔。

车削配合圆锥面时，先把外圆锥体车削正确，这时不要变动小滑板的角度，只需把镗刀反装，使刀刃向下（主轴仍正转），然后车削圆锥孔，由于小滑板的角度不变，因此可以获得很正确的配合表面。

实训工件图号：C-CZD12

操作流程：

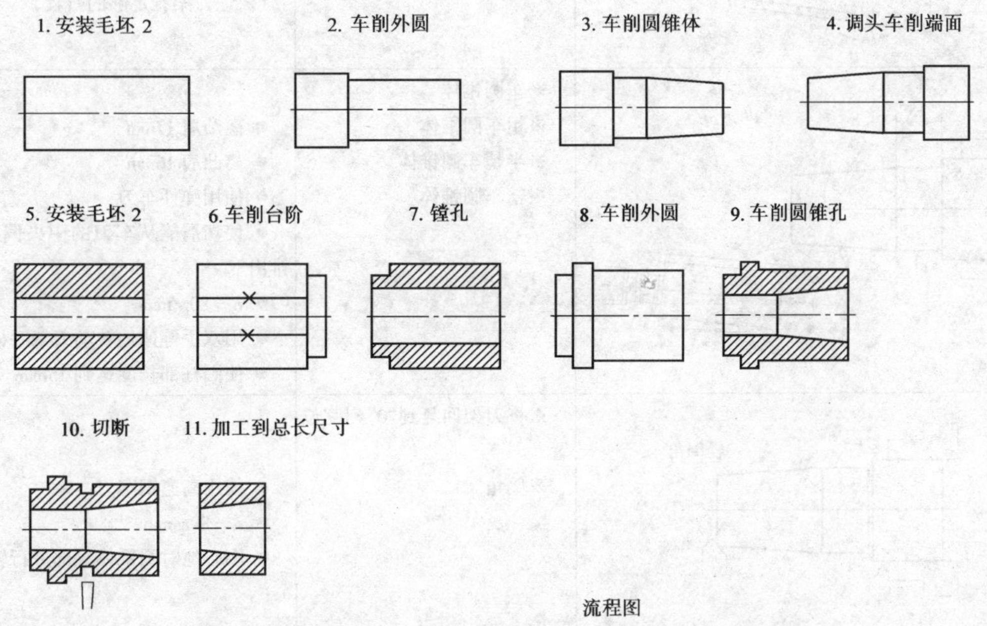

流程图

教学要求：1. 要真正地记住加工锥度的正确步骤

2. 能够正确地加工出锥度为 1:5 的内、外圆锥面

操作步骤：

作 业 图	操作步骤及说明	相关知识及要点
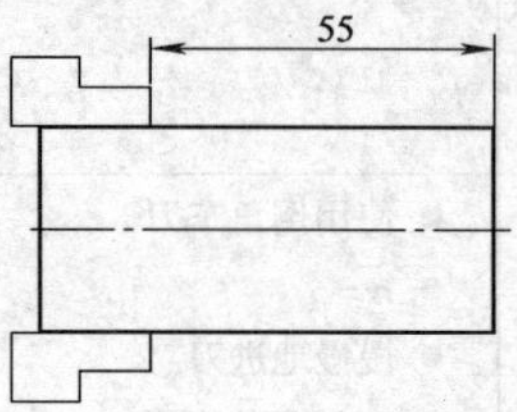 55	1. 车削工件 1 外圆 ※检查毛坯 ※安装毛坯(工件 1)	
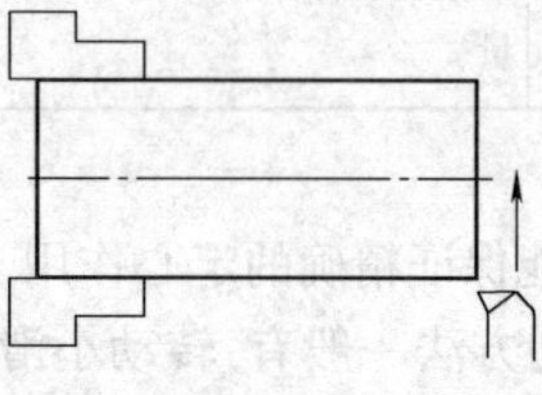	※车削端面(粗车)	● 使用弯头车刀 ● n = ( ),手动进给 ● 车到径向圆跳动量消失(选最小切削量)
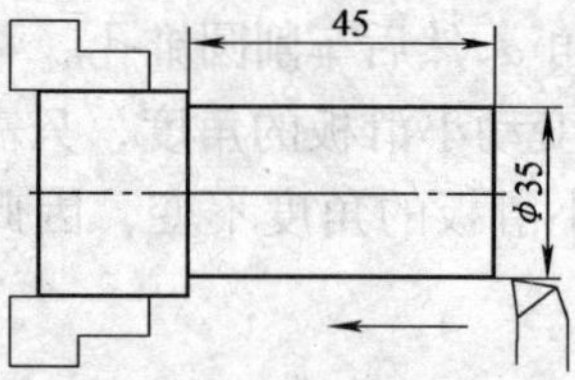 45 $\phi35$	※车削外圆 ※粗车 $\phi36$mm × 45mm ※半精车 $\phi35.3$mm × 45mm ※精车 $\phi35^{-0.05}_{0}$ × 45mm	● 使用右偏刀 ● v = 180m/min f = 0.25mm ● 将滑板刻度设定为"0" ● n = ( ) f = 0.125mm
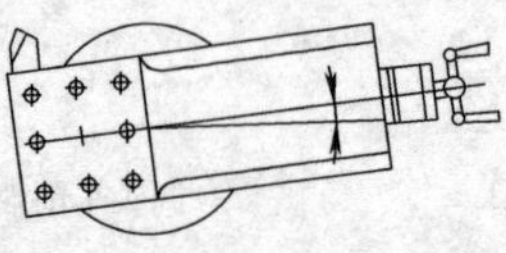	2. 车工件 1 圆锥面 ※将刀架倾斜一个角度	● 倾角 5°42′38″ ● 使刀架和大滑板的端面对齐(保证刀架有足够的行程)
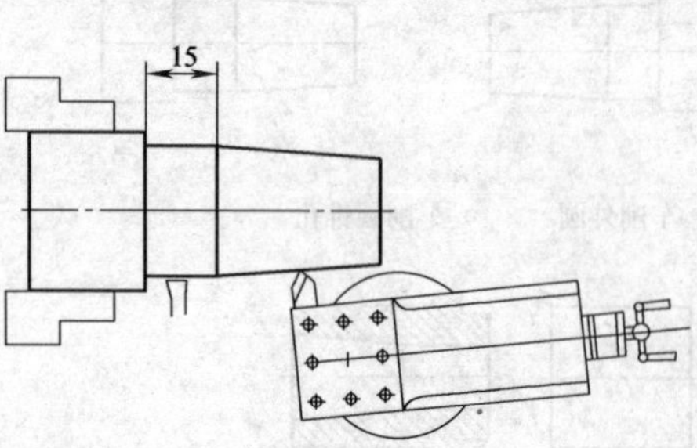 15	※车圆锥体 ※粗车圆锥体 ※半精车圆锥体 ※精车圆锥体	● 离凸肩 17mm ● 离凸肩 16mm ● 使用弹性车刀 ● 使切屑能从车刀的中央偏后位置排出 ● n = 80r/min ● 用双手等速地转动刀架手柄 ● 使圆柱部长度达到 15mm
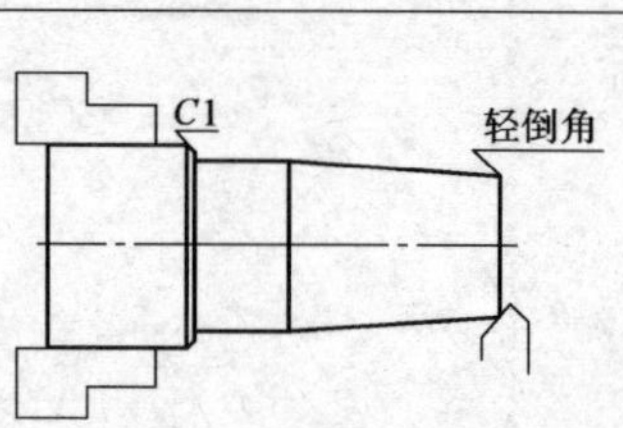 C1 轻倒角	※将刀架回复到"0"刻度位置 ※倒角 C1	● 使用高速钢车刀 ● n = 80r/min ● 小心地对圆锥体端部进行轻倒角

（续）

作 业 图	操作步骤及说明	相关知识及要点
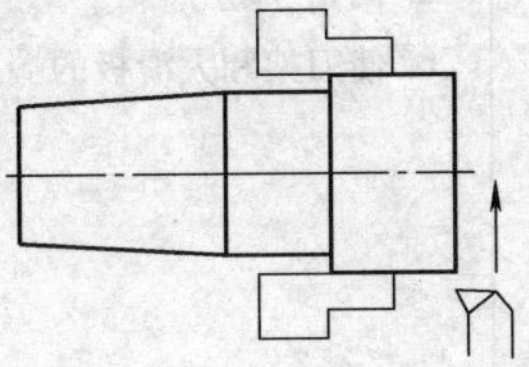	3. 调头车端面 ※调头安装工件 ※车削端面	● 伸出卡盘爪端面 20mm 左右 ● 夹住毛坯的非加工部分 ● 使用弯头车刀 ● $n = 1000$r/min $f = 0.125$mm/r ● 车到径向圆跳动消失（最小切削量）
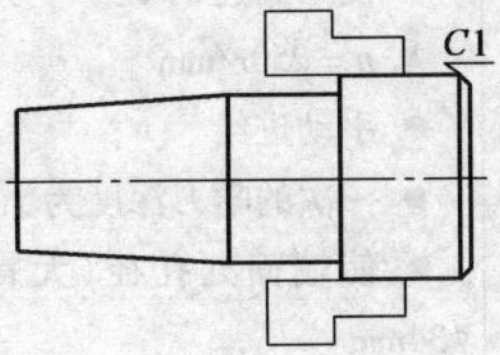 C1	※倒角 $C1$ ※拆下工件 1	● 高速钢车刀（倒角） ● $n = 80$r/min
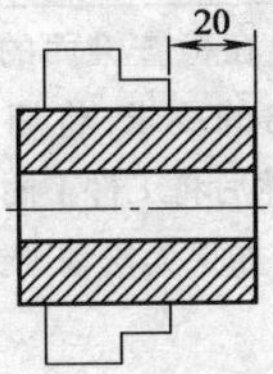 20	4. 车削工件 2 台阶 ※安装毛坯（工件 2）	● 伸出卡盘爪端面 20mm 左右 （用直尺测量）
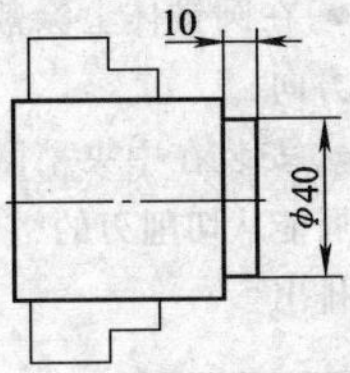 10 $\phi 40$	※车削台阶 ※$\phi 40$mm × 10mm ※拆下工件	● 在连接部不要有阶梯形 ● 粗车加工即可 ● $n =$（ ） ● 手动进给
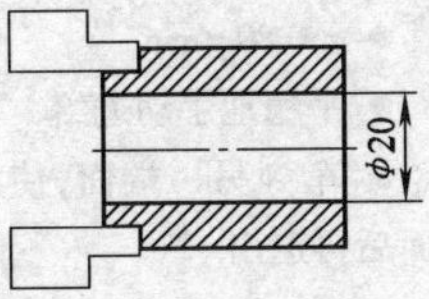 $\phi 20$	5. 车削工件 2 内、外圆柱面 ※调头安装工件 ※粗镗 $\phi 28$mm 孔 ※精车端面	● 使台肩紧贴卡盘爪 （检查卡盘端面跟台肩端面之间应没有间隙） ● 完全穿通 ● $n =$（ ） ● $f = 0.125$mm/r ● 以最小切削量消除偏摆 ● $n =$（ ） ● 手动进给
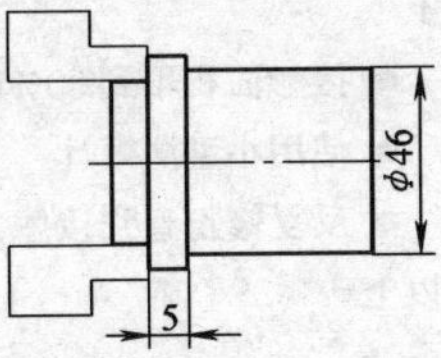 $\phi 46$ 5	※车削外圆 ※粗车 $\phi 46$mm ※半精车 $\phi 46$mm ※精车 $\phi 46$mm	● 使用右偏刀 ● 车到刻痕线 ● $n = 1000$r/min $f = 0.25$mm/r ● $n = 1600$r/min $f = 0.125$mm/r

（续）

作 业 图	操作步骤及说明	相关知识及要点
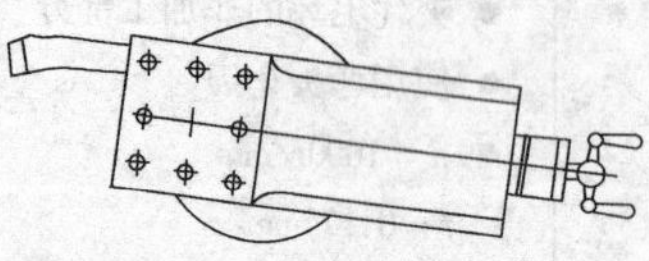	6. 车工件 2 圆锥孔 ※将刀架倾斜一个角度	● 倾角 5°42′38″ ● 使刀架和大滑板的端面对齐
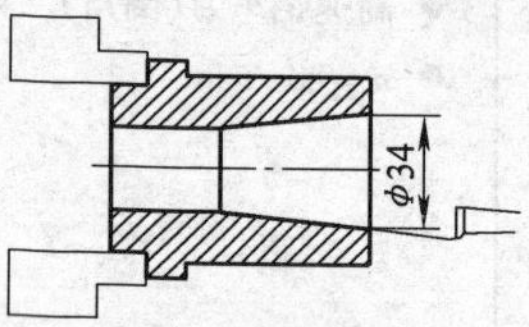	※粗车圆锥孔	● 使用高速钢车刀 ● $n = 250$r/min ● 手动进给 ● 一次的吃刀深度为 2mm ● 使端面处孔径（大直径端）达到 ϕ34mm
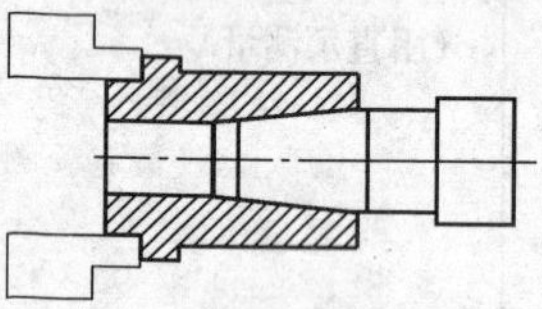	※检查角度	● 在检查锥面的接触情况时，要按照 4S 的要求，将切屑、油等完全擦干净，然后将工件 1 插入工件 2 ● 如果无松动则锥度正确
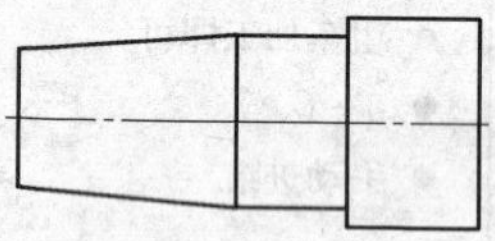	※修正角度 ※安装精加工车刀	● 在圆锥体上涂敷红铅粉，检查修正方向 ● 安装在中央稍微偏后的位置，使切屑能从切削刃的中央稍微偏后的位置排出
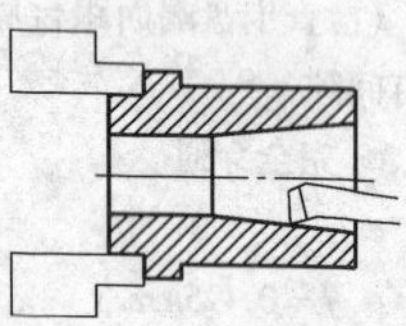	※精车圆锥孔	● 使切削刃接触圆锥孔表面 ● 在进口附近切入 （背吃刀量为 0.05mm） ● $n = 80$r/min ● 平稳地手动进给 ● 车到另一端面，使车刀离开加工面后再退出
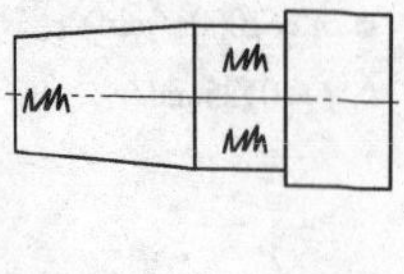	※检查锥面接触情况 ※修正锥度	● 在圆锥体上涂敷红铅粉插入锥孔检查接触情况，接触面积应在 80% 以上 ● 接触面积不到 80% 时 ● 使用小型测微计 ● 反复修正直到接触面积达到 80% 以上

（续）

作 业 图	操作步骤及说明	相关知识及要点
L 15 l	7. 确定装配尺寸 ※确定装配尺寸 $L = (15 \pm 0.1)$mm	● 接触面积达到要求后，用游标卡尺测量间隙 L ● 实测值（L）－15mm＝切削量（1mm） ● 外圆切削量＝1mm×0.2mm
C1 C0.2	※倒角	● 使用高速钢倒角车刀 ● $C1$、$C0.2$ ● $n = 80$r/min ● 内圆部 $C0.2$ 倒好后停止主轴，并用手指检查是否有毛刺
31	8. 切断 ※安装切断刀 ※切断(31mm)	● 笔直安装 ● 用直尺测量 ● $n = 200$r/min ● 不要使工件掉下 （当即将要断开时，可用刷子柄托住工件）
调整偏摆 10	9. 调头加工到总长尺寸 ※调头安装工件 ※定心 （径向圆跳动量在 0.05mm 以内）	● 使用铜垫片 ● 不要拧得太紧 ● 伸出长度 10mm ● 不要用力敲打 ● 边旋紧卡盘边找中心 ● 使用小型测微计
	※加工到总长尺寸	● 使用弯头车刀 ● $n = 1600$r/min $f = 0.125$mm/r ● 一次的切削量不要大 （在 0.3mm 以内）
C1 C0.2	※倒角 ※拆下工件 2 ※工件 2 加工结束后 ※检验工件 1 和工件 2 的尺寸	● 使用高速钢倒角车刀 ● $C1$、$C0.2$ ● $n = 80$r/min ● 用洗涤油清洗干净

课题十三 车 削 螺 纹

螺纹按牙型分为三角形、矩形、梯形、锯齿形等。三角形螺纹在机器中应用得最广泛，一般都作为联接零件用，如常用的各种螺钉、螺母等。

螺纹车刀属于成形刀具，因此车刀的刀尖角应该等于牙型角。如车削普通螺纹时，车刀刀尖角应等于60°；车削英制三角形螺纹时，刀尖角应等于55°；车削米制梯形螺纹时，刀尖角应等于30°。

螺纹车刀的刃磨是否正确，一般可用样板来检验，普通三角形车刀样板如图1-7a所示。梯形螺纹及蜗杆车刀样板如1-7b所示，样板上面可以检验梯形螺纹车刀刀头宽度，下面可测量刀尖角度。

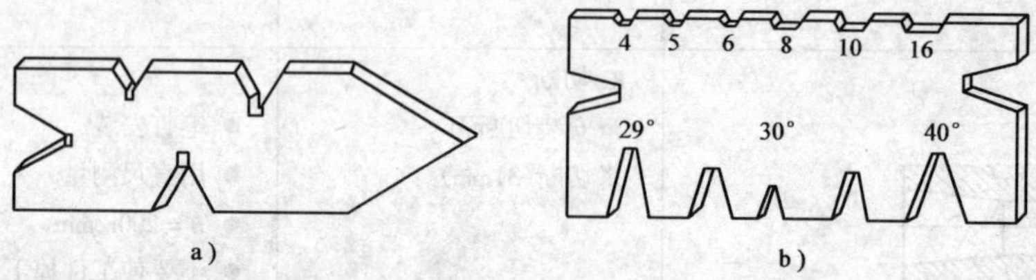

图1-7 螺纹样板

a) 三角形螺纹样板 b) 梯形螺纹样板

车削螺纹时，为了保证齿形正确，对安装车刀提出了严格的要求。对三角形螺纹、梯形螺纹，它的齿形要求对称和垂直于工件轴线，即两半角相等。半刀时可用样板对刀，如图1-8所示。

车削螺纹时，一般可以采用低速切削和高速切削两种方法。低速车削螺纹可以获得较高的精度和较小的表面粗糙度值，但生产率很低；高速车削螺纹比低速车削螺纹生产率可提高10倍以上，也可以获得较小的表面粗糙度值，因此工厂中广泛采用。

在低速切削螺纹时，为了保持车刀的锋利状态，车刀的材料最好采用高速钢制成，并且把车刀分成粗、精车刀进行加工。常用的方法有：①直进法；②左右切削法；③斜进法，如图1-9所示。

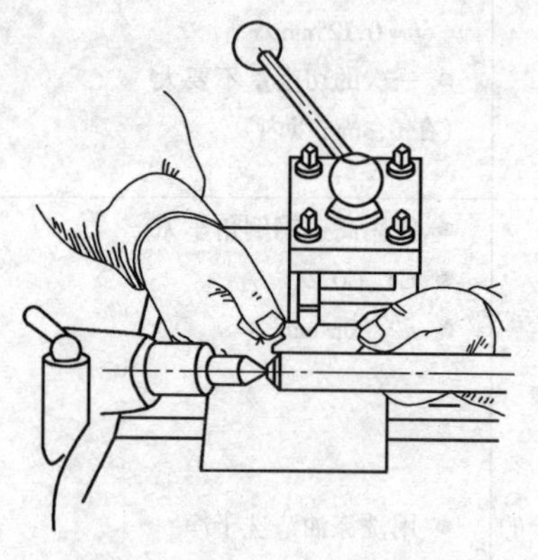

图1-8 车外螺纹时用样板安装车刀

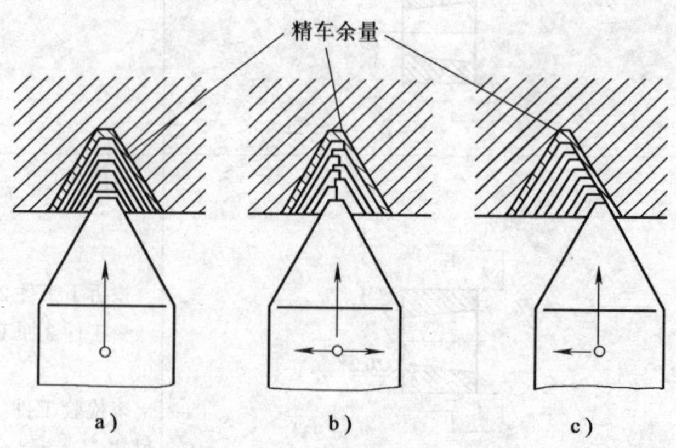

图1-9 车螺纹时的进刀方式

a) 直进法 b) 左右切削法 c) 斜进法

车削螺纹时必须认真测量，使零件符合质量要求。测量螺纹的方法有以下几种：

外径的测量：螺纹外径的公差较大时，一般用游标卡尺或千分尺测量。

螺纹的螺距一般可用钢直尺测量，如图 1-10 所示。在测量较小螺距时，最好测量 10 个螺距的长度，然后把长度除以 10，得出一个螺距的尺寸。如果测量较大螺距时，可测量出 2 或 4 个螺距的长度，再计算出它的螺距。

对细牙螺纹的螺距测量有困难时，可用螺距规来测量，如图 1-11 所示。

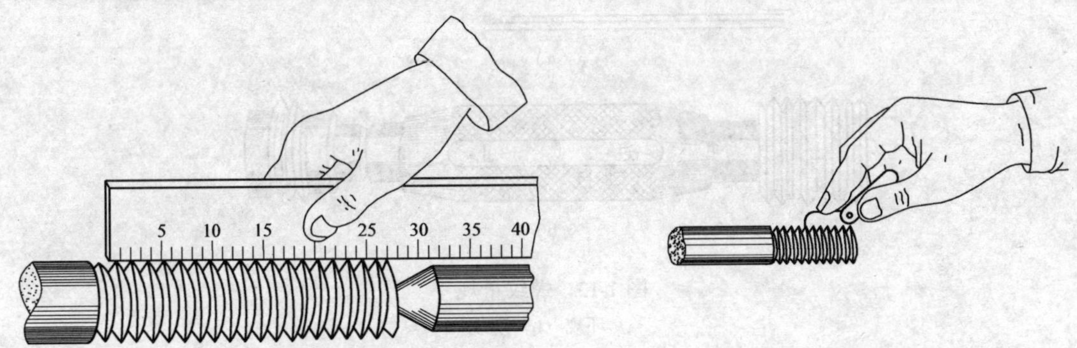

图 1-10　用钢直尺测量螺距　　　图 1-11　用螺距规测量螺距

三角螺纹的中径可用螺纹千分尺来测量，如图 1-12 所示。螺纹千分尺备有一系列不同的螺距和不同牙形角的测头。只需要调换测头，就可以测量不同规格的三角形螺纹中径。

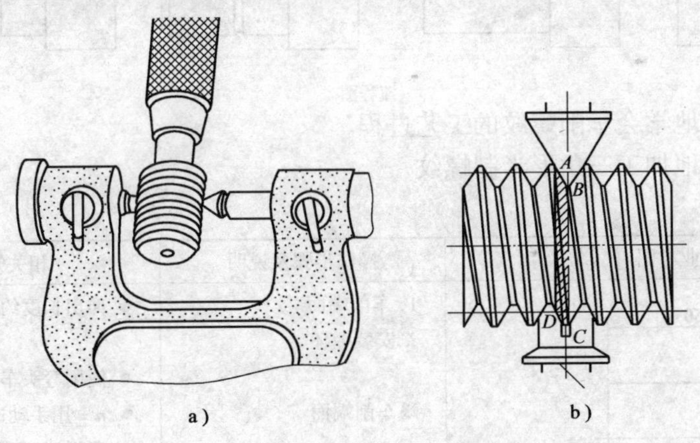

图 1-12　螺纹千分尺及其测量原理

a）螺纹千分尺　b）测量原理

螺纹的综合测量可用螺纹环规和塞规，如图 1-13 所示。环规用来测量外螺纹的尺寸精度；塞规用来测量内螺纹的尺寸精度。在测量螺纹时，如果量规过端正好旋进去，而止端旋不进去，说明螺纹精度符合要求。

在综合测量螺纹之前，首先应对螺纹的直径、牙型和螺距进行检查，然后再用螺纹量规进行测量。使用时不应硬旋量规，以免量规严重磨损。

训练内容：车削螺纹（M20X2.5）

实训工件图号：C-CLW16

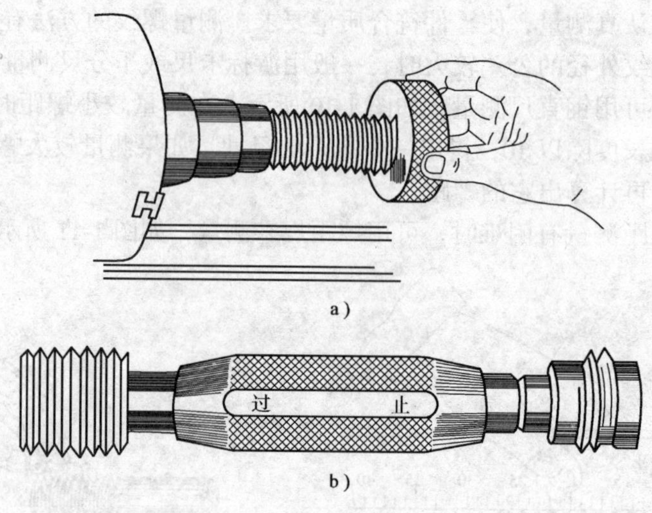

图 1-13　螺纹量规

a）环规　b）塞规

操作流程：

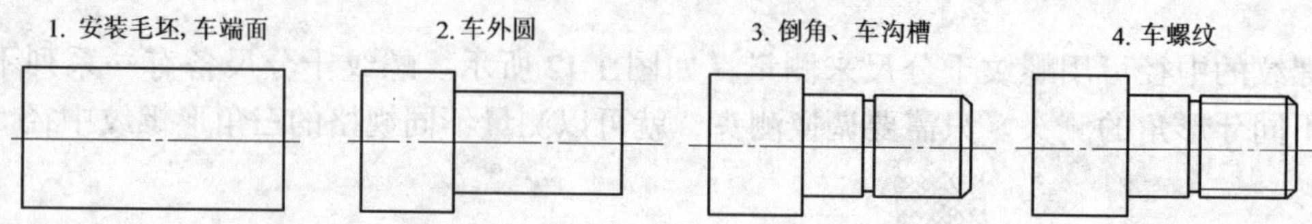

流程图

教学要求： 1. 真正地学会车削螺纹的工艺过程

2. 正确地加工三角形米制螺纹

操作步骤：

作　业　图	操作步骤及说明	相关知识及要点
50	1. 车削端面 ※安装毛坯 ※车削端面	● 伸出长度约 50mm ● 使用弯头车刀 ● n = 用手动进给 ● 车削端面到无径向圆跳动为止
40 $\phi 20$	2. 车削外圆 ※粗车 ※半精车 ※精车 ※$\phi 20^{-0.1}_{-0.2} \times 40$	● 使用单头车刀 ● n =（　）、f =（　） ● n =（　）、f =（　） ● 同精车 ● 外圆尺寸以公差的中央值为目标（ϕ19.85mm）

（续）

作 业 图	操作步骤及说明	相关知识及要点
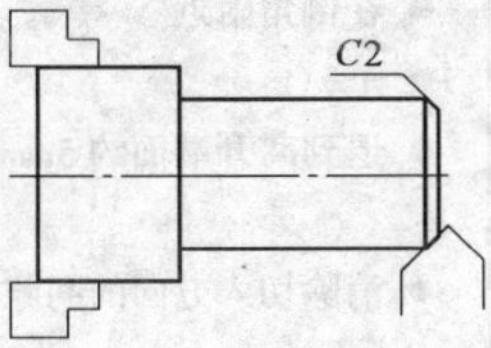 C2	3. 倒角 ※ C2	● 使用倒角车刀 ● $n=(\quad)$ ● 以横向进给刻度进给 $\phi0.4$mm ● 最后的 $\phi0.1$mm 利用电动机的惯性，以下降的转速进行精加工
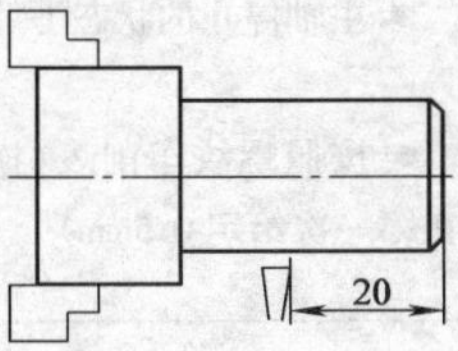 20	4. 车削退刀槽 ※调整切槽刀的安装角度 ※对合车刀的位置	● 使用切槽刀 ● 使车刀靠近加工端面检查后角 ● 使用钢直尺测量，使车刀位于离端面 20mm 的位置
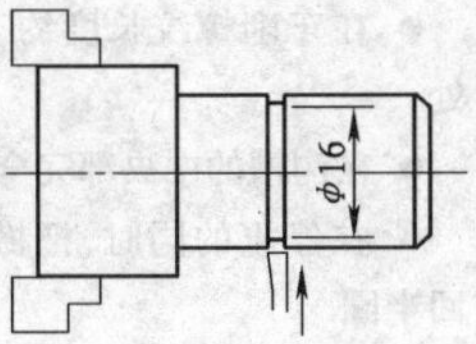 $\phi16$	※车沟槽 ※ $\phi16$mm	● $n=(\quad)$手动进给 ● 慢慢地转动横向进给摇手柄，当刀尖碰到外圆后送进 $\phi4$mm ● 最后的 $\phi0.1$mm 利用电动机的惯性，以下降的转速进行精加工
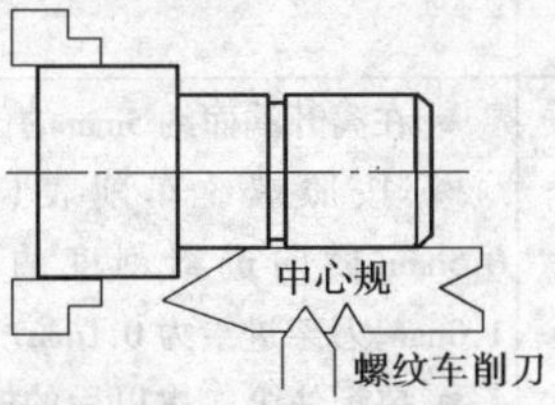 中心规 螺纹车削刀	5. 车削螺纹 ※安装螺纹车刀 ※设定各手柄	● 用磨石把刀尖磨成稍呈圆弧形 ● 使用中心规安装以保证刀尖对称中心垂直工件轴线 ● 按螺纹车削表正确地进行设定 ● 检查丝杠是否在旋转
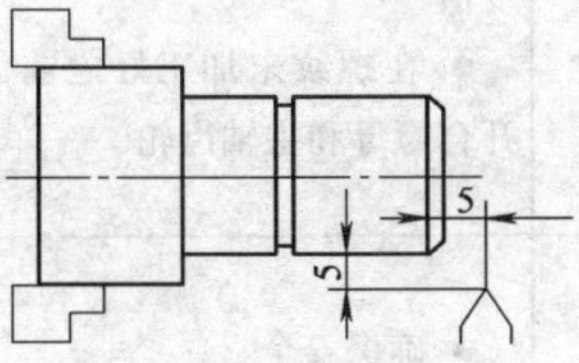 5 5	※操作练习 ※使车刀靠近工件 ※啮入开合螺母	● 不要进刀切入 ● 距离端面 5mm ● 距外圆约 5mm ● 当难于啮入时可稍微转动滑板的摇手柄 ● 要正确使开口螺母完全啮合上
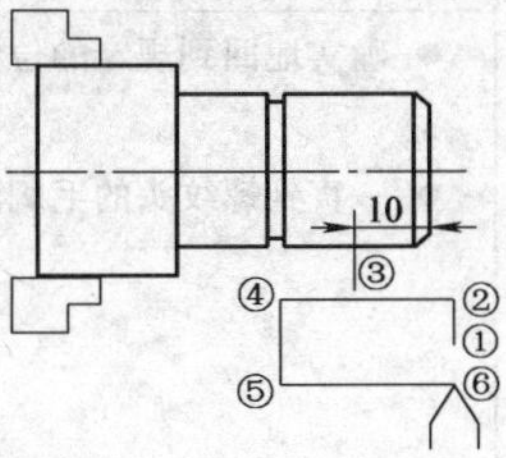 10 ③ ④ ② ① ⑤ ⑥	※车削螺纹操作练习 ※给定背吃刀量 ※以正转方向起动 ※轻轻地踏制动踏板 ※用力踏制动踏板使车刀向后退出 ※以反转方向起动 ※用力踏制动踏板 （停止转动） ※反复练习①～⑥ ※脱开开合螺母	 ● 用横向进给摇手柄，将车刀送进到离外圆约 1mm 的位置处 ● 在车削螺纹长度约 10mm 的位置处 ● 在沟槽的中央部完全停止 ● 在停止的同时，把横向进给摇手柄转回半圈 ● 在脚离开制动踏板的同时 ● 在离开端面约 5mm 的位置处 ● 一直到完全掌握为止 ● 练习结束后

（续）

作 业 图	操作步骤及说明	相关知识及要点
5	6. 车削螺纹 ※使刀尖轻轻地接触外圆 ※退出车刀 ※将横向进给刻度设定为“0” 将刀架刻度设定为“0” ※啮入开合螺母 ※给定背吃刀量	● 在倒角附近 ● $n=(\quad)$ ● 退到离开端面约 5mm 的位置处 ● 消除切入方向的间隙 ● 主轴停止的状态下 ● 按照螺纹车削表（横向进给刻度在第一次给定 0.5mm）
0.5 ⑦ ⑧ ⑨ ⑥ ⑤ ⑩	※以正转方向起动 ※轻轻地踏制动踏板 ※用力踏制动踏板 使车刀向后退出 ※反转方向起动	● 在车削螺纹长度约 10mm 的位置处 ● 在沟槽的中央部完全停止 ● 在停止的同时，把横向摇手柄转回半圈 ● 在脚离开制动踏板的同时
车削螺纹的进刀方法 二次横向进给的累计 第二次 第一次 第二次的刀架进刀量	※用力踏制动踏板 ※给定第二次的背吃刀量 ※一直到螺母能旋上为止反复练习	● 在离开端面约 5mm 的位置处 ● 按照螺纹车削表（第一次为 0.5mm，横向进给刻度的累计值为 1.0mm，刀架进给为 0.1mm） ● 要记住第二次以后的横向进给刻度值 ● 在螺纹未加工好之前，不要脱开开合螺母和主轴齿轮
刷子	7. 检查螺纹的旋合情况 ※将车刀向后退到底 ※用刷子除切屑 ※旋上螺母	● 确保安全 ● 使刷子顺着螺纹牙的方向移动 ● 旋上前先擦干净的螺母 ● 平稳地旋入，一直旋到沟槽部，应没有间隙
螺母	※脱开开合螺母 ※倒角	● 确实地回到规定的位置 ● 一直到螺纹头的毛刺消除为止

车螺纹时产生废品的原因及预防措施

废品种类	产生原因	预防措施
中径不正确	1）车刀背吃刀量不正确，以顶径为基准控制背吃刀量，忽略了顶径误差的影响	● 经常测量中径尺寸，应考虑顶径的影响，调整背吃刀量
	2）刻度盘使用不当	● 正确使用刻度盘
螺距不正确	1）交换齿轮计算或组装错误，进给箱、溜板箱有关手柄位置扳错	● 在工件上先车削一条很深的螺旋线，测量螺距是否正确
	2）局部螺距不正确；车床丝杠和主轴的窜动过大；溜板箱手轮转动不平衡；开合螺母间隙过大	● 调整好主轴和丝杠的轴向窜动量及开合螺母间隙，将溜板箱手轮拉出使之与传动轴脱开，使床鞍均匀运动
	3）车削过程中开合螺母自动抬起	● 调整开合螺母镶条，适当减小间隙，控制开合螺母传动时抬起，或用重物挂在开合螺母手柄上防止中途抬起
牙型不正确	1）车刀刀尖刃磨不正确	● 正确刃磨和测量车刀刀尖角度
	2）车刀安装不正确	● 装刀时使用样板对刀
	3）车刀磨损	● 合理选用切削用量，及时修磨车刀
表面粗糙度值大	1）刀尖产生积屑瘤	● 用高速钢车刀切削时应降低切削速度，并正确选择切削液
	2）刀柄刚度不够，切削时产生振动	● 增加刀柄截面，并减小刀柄伸出长度
	3）车刀径向前角太大，中滑板丝杠螺母间隙过大产生扎刀	● 减小车刀径向前角，调整中滑板丝杠螺母间隙
	4）高速切削螺纹时，切削厚度太小或切屑向倾斜方向排出，拉毛已加工牙侧表面	● 高速钢切削螺纹时，最后一刀的切屑厚度一般要大于 0.1mm，并使切屑沿垂直轴线方向排出
	5）工件刚性差，而切削用量过大	● 选择合理的切削用量
	6）车刀表面粗糙	● 刀具切削刃口的表面粗糙度应比工件加工表面粗糙度值小 2~3 档次
乱牙	工件的转数不是丝杠转数的整数倍	● 当第一行程结束后，不提起开合螺母，将车刀退出后，开倒车使车刀沿纵向退回，再进行第二次行程车削，如此反复至将螺纹车削好
		● 当进给纵向行程完成后，提起开合螺母脱离传动链退回，刀尖位置产生位移，应重新对刀

课题十四 综 合 练 习

训练内容：综合要素练习

实训工件图号：C-CZH18

操作流程：

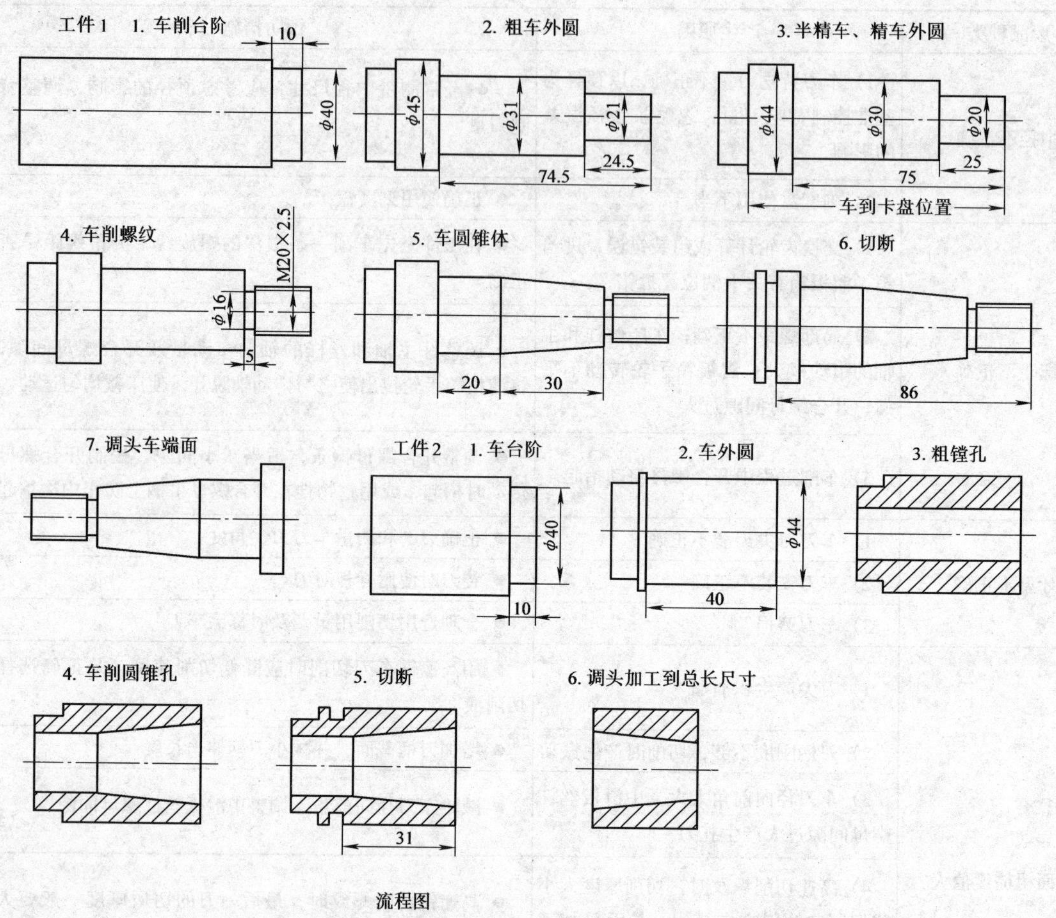

流程图

教学要求： 1. 能够真正掌握各要素综合操作技能
2. 掌握综合加工要点和步骤

操作步骤：

作　业　图	操作步骤及说明	相关知识及要点
40 10 φ40	1. 车削工件 1 台阶 ※检查毛坯 ※安装毛坯 ※车削台阶 ※φ40mm × 10mm ※拆下工件	● φ46mm × 103mm 以上 ● 伸出卡盘爪端面 40mm 左右 ● 连接部位不要有台阶形 ● v = 120m/min ● 手动进给

（续）

作　业　图	操作步骤及说明	相关知识及要点
	2. 粗车工件1外圆 ※调头安装工件 ※精车端面 ※锪中心孔 ※推活动顶尖	● 使台肩部紧贴卡盘爪 ● 车到径向圆跳动消失 ● $v=180\text{m/min}$ $f=0.125\text{m/r}$ ● $n=1000\text{r/min}$ ● 要注意孔的大小 ● 检查转动情况
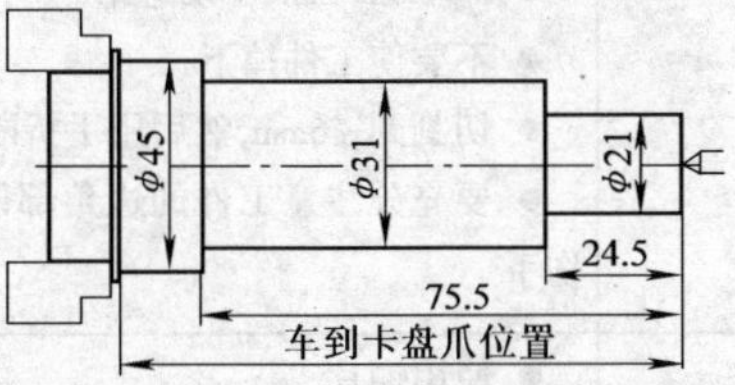	※粗车 $\phi44\text{mm}$ 外圆部 （$\phi45\times$ 车到卡盘爪位置） ※粗车 $\phi33\text{mm}$ 外圆部 （$\phi31\text{mm}\times74.5\text{mm}$） ※粗车 $\phi20\text{mm}$ 外圆部 （$\phi21\text{mm}\times24.5\text{mm}$）	● 滑板刻度（端面 = 0） ● $v=120\text{m/min}$ $f=0.25\text{mm/r}$
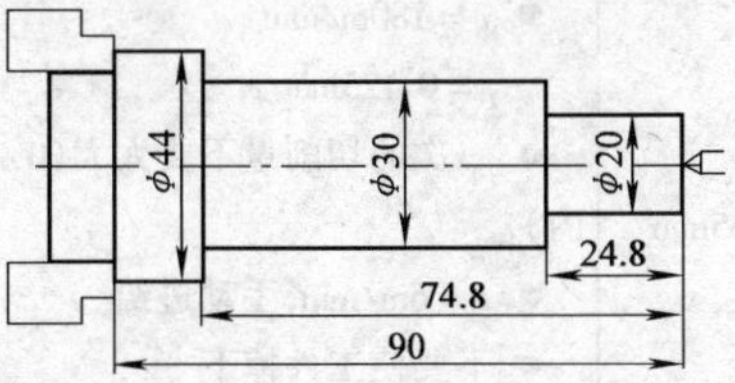	3. 半精车、精车工件1外圆 ※半精车外圆面 ※半精车 $\phi44\text{mm}$ 到 $\phi44.3\text{mm}\times90\text{mm}$ 以上 ※半精车 $\phi30\text{mm}$ 到 $\phi30.3\text{mm}\times74.8\text{mm}$ ※半精车 $\phi20\text{mm}$ 到 $\phi20.3\text{mm}\times24.8\text{mm}$	● 检查拖板的"0"刻度位置 ● $v=180\text{m/min}$ $f=0.125\text{mm/r}$
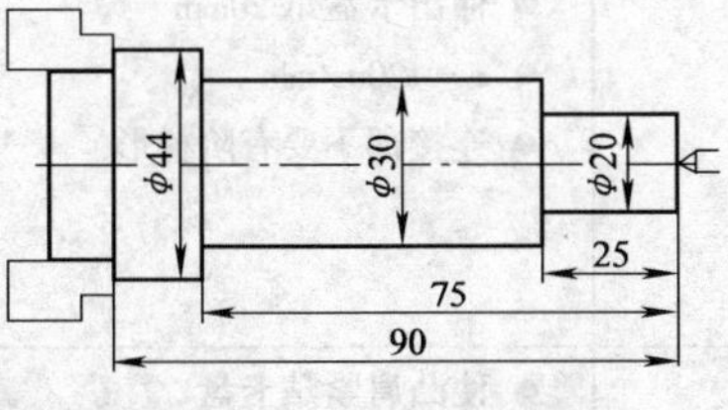	※精车外圆面 ※精车 $\phi44\text{mm}$ 到 $\phi44\text{mm}\times90\text{mm}$ 以上 ※精车 $\phi30\text{mm}$ 到 $\phi30\text{mm}\times75\text{mm}$ ※精车 $\phi20\text{mm}$ 到 $\phi20\text{mm}\times25\text{mm}$	● $\phi44_{-0.2}^{\ 0}\text{mm}$ ● $\phi30_{-0.05}^{\ 0}\text{mm}$ ● $\phi20_{-0.2}^{-0.1}\text{mm}$
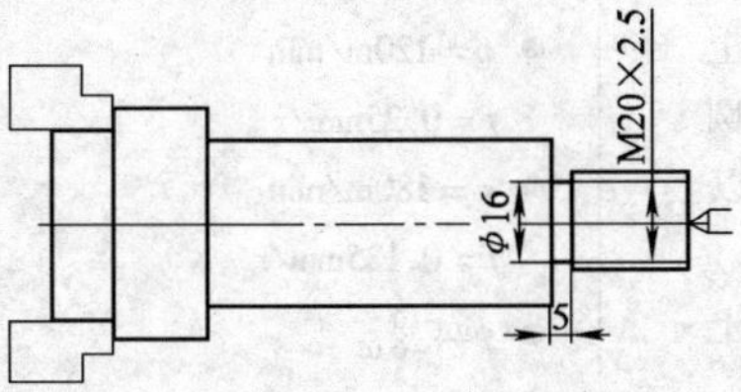	4. 车螺纹 ※车削退刀槽 ※$\phi16\text{mm}\times5\text{mm}$ ※倒角 $C2$（螺纹头部） ※车削螺纹（粗车、精车） ※倒角（螺纹头部）	● $v=7\text{m/min}$ ● 手动进给 ● $v=5\text{m/min}$ ● 手动进给 ● 参照螺纹背吃刀量表 ● 粗车 $v=6\text{m/min}$ ● 精车 $v=4\text{m/min}$ ● 去毛刺

（续）

作 业 图	操作步骤及说明	相关知识及要点
20 30	5. 车削圆锥体 ※将刀架倾斜一个角度 ※粗车圆锥体 ※半精车圆锥体 ※安装精车用的弹性车刀 ※精车圆锥体 ※将刀架刻度回复到“0”	● 倾斜角 5°43′ ● 离凸台 22mm 的位置 ● 离凸台 21mm 的位置 ● 使切屑能从中央偏后的位置排出 ● v = 6m/min ● 手动进给(速度均等) ● 车到离凸台 20mm 处
86	6. 切断 ※安装切断刀 ※切断	● 笔直方向 ● 离开端面 86mm 的位置 ● v = 20m/min,手动进给 ● 不要使工件掉下 ● 切割到 ϕ6mm,然后用手折断 ● 要充分注意工件的边角部以免划伤手
85	7. 调头车削 ※调头安装工件 ※定心 ※车削端面 ※加工到总长尺寸 85mm ※倒角 $C1$ ※拆下工件	● 使用铜片 ● 边旋紧卡盘边找中心 ● 径向圆跳动在 0.03mm 以内 ● v = 180m/min f = 0.125mm/r ● 一次的切削量不要太大(0.2mm 以内) ● v = 6m/min,手动进给 ● 不要使工件掉下
ϕ40 10	8. 车削工件 2 台阶 ※检查工件 2 毛坯 ※安装毛坯 2 ※车削台阶 ※ϕ40mm × 10mm ※拆下工件	 ● ϕ46mm × 55mm × ϕ20mm(孔) ● 伸出卡盘爪 20mm ● v = 120m/min ● 连接部不要有阶梯形
ϕ44 40	9. 车削外圆 ※调头安装工件 ※车削端面 ※粗车 ϕ44mm 外圆 ※ϕ45mm × 40mm 以上 ※半精车 ϕ44mm 外圆 ※ϕ44.3mm × 40mm 以上 ※精车 ϕ44mm 外圆 ※ϕ44mm × 40mm 以上 ※倒角	● 使凸肩紧贴卡盘 ● 以最小量消除偏摆 ● v = 180m/min f = 0.125mm/r ● v = 120m/min f = 0.25mm/r ● v = 180m/min f = 0.125mm/r ● $\phi44_{-0.05}^{0}$ ● $C0.5$ 左右

（续）

作 业 图	操作步骤及说明	相关知识及要点
φ23	10. 粗镗孔 ※安装镗孔刀 ※粗镗 φ23mm 孔	● 镗孔刀伸出长度 60mm 左右 ● 停止主轴旋转，检查镗孔刀长度是否够 ● 完全镗到另一端 ● $v = 20\text{m/min}$ $f = 0.125\text{mm/r}$
	11. 车削圆锥孔 ※将刀架倾斜一个角度 ※粗车圆锥孔 ※大直径约 φ29mm	● 倾斜角 5°43′ ● φ3X1 一次 ● φ2X1 一次 ● φ1X1 一次 ● $v = 20\text{m/min}$ ● 手动进给
20±0.2	※安装精加工车刀 ※精车圆锥孔 ※锥面接触面积 80% 以上 ※装配尺寸 $\phi 20_{-0.2}^{\ 0}$ ※装配尺寸 20mm 为负公差时，应车削端面进行修正	● 是中央偏后的位置 ● 以工件 1 为主 ● 修正角度时，使用小型量具 ● 在检查锥面接触情况时，要按照 4S 的要求，将切屑、油等完全擦干净 ● $v = 6\text{m/min}$ 手动进给 ● 平稳地用手动进给
	12. 切断 ※将刀架回复到"0"刻度 ※安装切断刀 ※切断 ※测量 31mm	● 笔直方向 ● 用钢直尺测量 ● 不要使工件掉下 ● $v = 20\text{m/min}$ ● 手动进给
	13. 调头加工到总长尺寸 ※调头安装工件 ※定心 ※径向圆跳动在 0.05mm 以内 ※加工到总长度 30mm ※倒角 C1 ※拆下工件 ※检验工件 1、工件 2 的尺寸	● 使用铜垫片 ● 不要旋得太紧 ● 不要用力敲打 ● 边旋紧卡盘边找中心 ● 一次的切削量不要太大(0.2mm 以内) ● $v = 180\text{m/min}$ $f = 0.125\text{mm/r}$ ● $v = 6\text{m/min}$ 手动进给 ● 用洗涤油类清洗

第二部分　钳 工 工 艺

钳工是使用工具或设备，按照技术要求对工件进行加工、修整、装配的工种。其特点是手工操作多、灵活性强，工作范围广、技术要求高，且操作者本身的技能水平直接影响加工质量。目前，采用机械方法不太适宜或不能解决的某些工作，常用钳工来完成。

要完成本职任务，首先应掌握好钳工的各项基本操作。钳工的基本操作技能主要有：划线、錾削、锯削、锉削、钻孔、扩孔、锪孔、铰孔、攻螺纹、套螺纹、铆接、刮削、研磨和装配等。初、中、高级钳工所需要掌握的专业知识和操作水平的要求不同，学员在学习中，应按不同等级对基础知识的要求和操作技能的要求，由浅入深，保证知识的连贯性，着眼于技能操作的基本功训练。

课题一　台虎钳的操作方法

台虎钳装在钳桌上，是用来夹持工件的通用夹具。台虎钳的规格用钳口宽度来表示，常用规格有100mm、125mm和150mm等。台虎钳有固定式和回转式两种。两者的主要结构和工作原理基本相同，其不同点是回转式台虎钳比固定虎钳多了一个底座，工作时钳身可在底座上回转，因此使用方便、应用范围广，可满足不同方位的加工需要。

训练内容：在台虎钳上装夹工件

教学要求：了解台虎钳的结构，能够正确地操作台虎钳

操作步骤：

作 业 图	操作步骤及说明	相关知识及要点
	1. 安装工件 1）用右手握住台虎钳的手柄逆时针转动以开大钳口	● 台虎钳安装在钳桌上 ● 钳口张开要比工件尺寸大一些 ● 夹紧工件时只能用手的力量扳动手柄，不能用手锤敲击手柄，以免丝杠、螺母或钳身损坏

（续）

作　业　图	操作步骤及说明	相关知识及要点
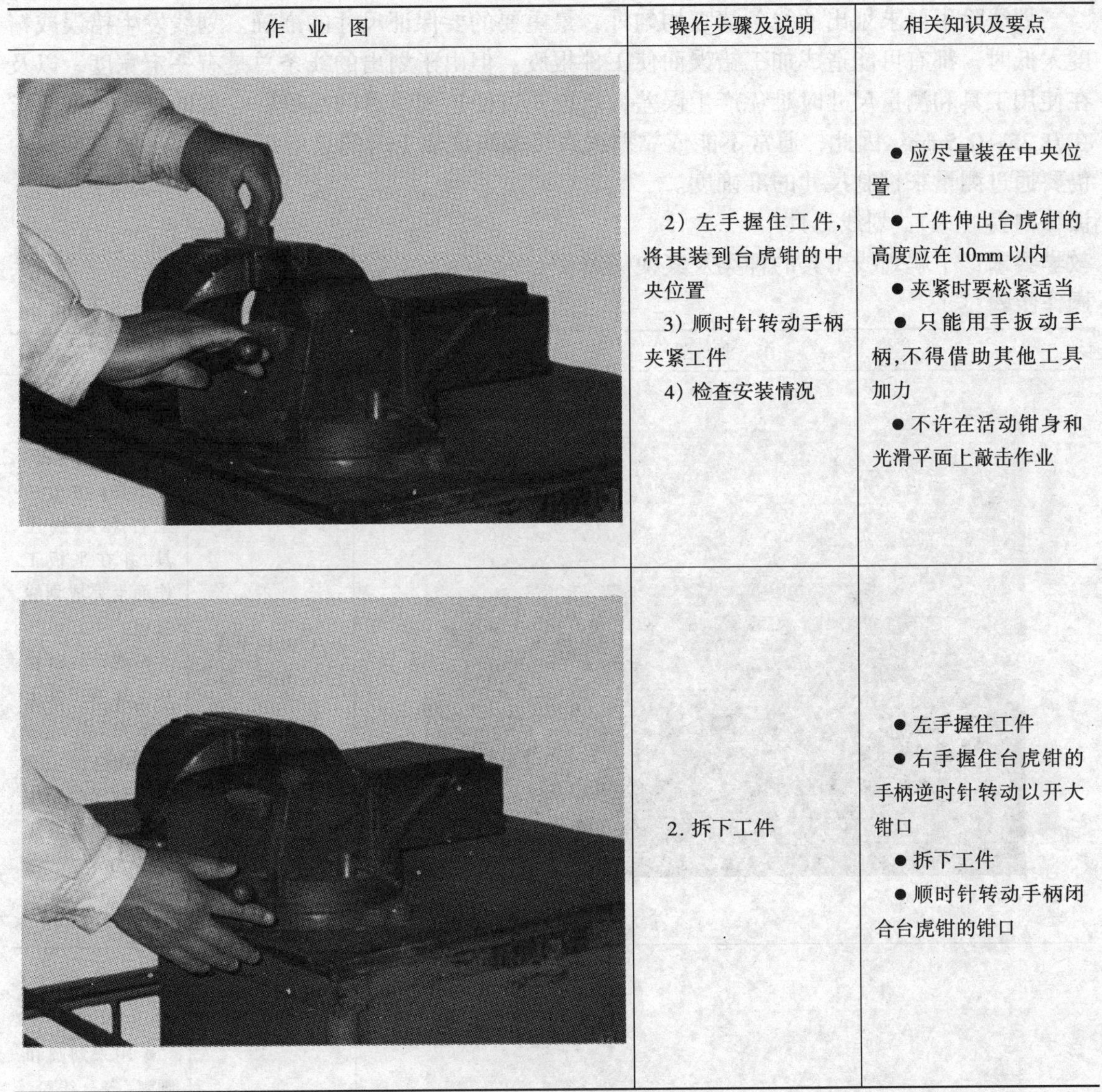	2）左手握住工件，将其装到台虎钳的中央位置 3）顺时针转动手柄夹紧工件 4）检查安装情况	●应尽量装在中央位置 ●工件伸出台虎钳的高度应在10mm以内 ●夹紧时要松紧适当 ●只能用手扳动手柄，不得借助其他工具加力 ●不许在活动钳身和光滑平面上敲击作业
	2．拆下工件	●左手握住工件 ●右手握住台虎钳的手柄逆时针转动以开大钳口 ●拆下工件 ●顺时针转动手柄闭合台虎钳的钳口

课题二　划　　线

根据图样要求，在毛坯或工件上，用划线工具划出加工的界线，称为划线。划线分平面划线和立体划线两种。只需要在工件一个表面上划线能表示加工界线的，称为平面划线；需要在工件几个互成不同角度的表面上划线，才能明确表示加工界线的，称为立体划线。

划线的作用主要有：

1）确定工件的加工余量，使加工时有明显的尺寸界限。

2）为便于复杂工件在机床上的装夹，可按划线找正定位。

3）能及时发现和处理不合格的毛坯，避免加工后造成损失。

4）当毛坯误差不大时，可通过借料划线的方法进行补救，提高毛坯的合格率。

划线除了要求划出的线条清晰均匀外，最重要的要保证尺寸的准确。划线发生错误或精度太低时，都有可能造成加工错误而使工件报废。但由于划出的线条总是有一定宽度，以及在使用工具和测量尺寸时难免产生误差，所以不可能达到绝对的准确。一般的划线精度要求在0.25～0.5mm。因此，通常不能依靠划线直接来确定加工时的最后尺寸，而在加工过程中仍要通过测量来控制尺寸的准确度。

训练内容（一）：划线工具

教学要求：了解划线工具的种类及其使用方法

操作步骤：

作　业　图	操作步骤及说明	相关知识及要点
	1. 划线平板 2. 划针	● 划线平板的作用是用来安放工件和划线工具，并在平板工作面上完成划线过程 ● 划针是直接在毛坯或工件上划线的工具 ● 在已加工表面上划线时常用的划针尖部磨成15°～20°
	3. 划规	● 用来划圆和圆弧、等分线段、等分角度和量取尺寸的工具 ● 划规两脚长度要磨得稍有不等，两脚合拢时脚尖才能靠紧 ● 划圆弧时，应将手力作用于一脚，以防中心滑移

（续）

作业图	操作步骤及说明	相关知识及要点
	4. 划线盘	● 划线盘是直接划线或找正工件位置的工具 ● 一般情况下，划针的直头用来划线，弯头用来找正工件 ● 用划线盘划线时，应使划线盘底座处于水平位置 ● 划针的伸出部分应尽量短些，不易产生抖动
	5. 钢直尺	● 钢直尺是一种简单的测量工具和划线导向工具
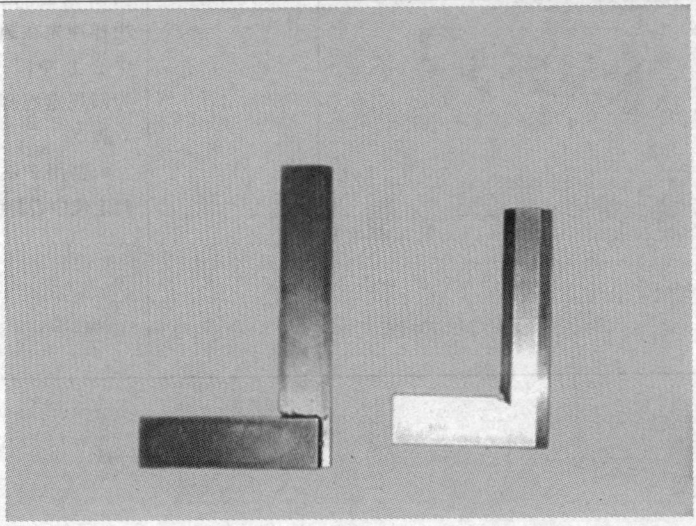	6. 90°角尺	● 90°角尺是钳工制作中应用广泛的工具 ● 可作为划平行线、垂直线的导向 ● 用来找正工件在划线平板上的垂直位置 ● 可检验工件垂直度误差或单个平面的平面度误差

（续）

作　业　图	操作步骤及说明	相关知识及要点
	7. 游标高度尺	● 游标高度尺是比较精密的量具及划线工具 ● 它可以测量高度，又可以用量爪直接划线 ● 读数值上般是0.02mm
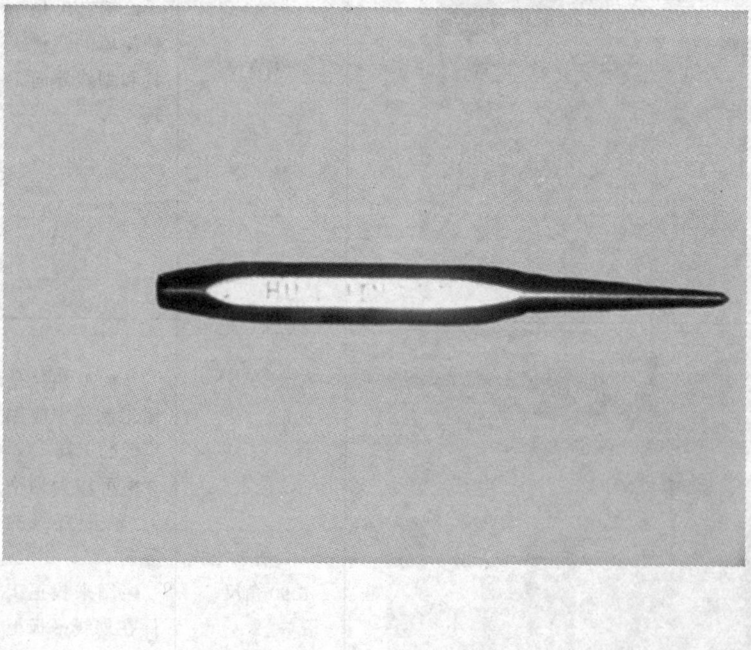	8. 样冲	● 样冲用于在工件所划的加工线上打样冲眼，作为加强加工界限的标志 ● 在使用圆规划圆弧前，也要用样冲先在圆弧中心上冲眼，作为圆规定心脚的立脚点 ● 也用于钻孔时定位中心打眼

训练内容（二）：划线操作

教学要求：能够正确地使用划线架

操作步骤：

作　业　图	操作步骤及说明	相关知识及要点
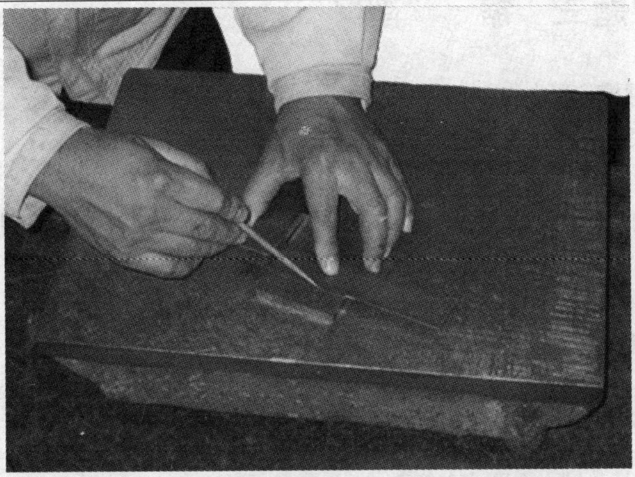	1. 划线前的准备工作 2. 确定划线基准	● 看懂图样和工艺要求，明确划线任务 ● 检验毛坯和工件是否合格 ● 对划线部位进行清理和涂色 ● 尽量使设计基准与工艺基准重合
	3. 安装划线架 ※放好划线架、尺架、钢直尺 ※将钢直尺装在尺架上 ※使划线架的划线针尖接触钢直尺 ※旋紧固紧螺母	● 检查划线架与平板的接触面是否有毛刺等 ● 使钢直尺端面接触平板 ● 针尖只要接触钢直尺的刻度而不要沿刻度方向移动 ● 轻轻地旋紧
	4. 进行划线 ※使用好后将划线针尖垂直向下	● 一次清楚地划出 ● 检查划线的准确性以及是否有线条漏划

课题三　锯　　削

用手锯把材料或零件进行切断或锯槽等的加工方法称为锯削。钳工常用的手锯是由锯弓上装夹锯条构成的。锯条的长度以两端装夹孔的中心距来表示，手锯常用的锯条长度为300mm。

1. 锯齿的切削角度

锯条切削部分由许多均匀分布的锯齿组成，每一个锯齿如同一把錾子，都有切削作用。

2. 锯齿的粗细

锯齿粗细以锯条每25mm长度的锯齿数来表示。锯齿粗细的分类及应用见下表。

锯齿粗细的分类及应用

	每25mm长度内的齿数	应　　用
粗	14～18	锯削低碳钢、黄铜、铝、铸铁、纯铜、人造胶质材料
中	22～24	锯削中碳钢、厚壁的钢管、铜管
细	32	薄片金属、薄壁管子
细变中	32～200	一般工厂中用,易于起锯

3. 锯路

锯条制造时，将全部锯齿按一定规律左右错开，并排成一定的形状，称为锯路。锯路的作用是减小锯缝对锯条的摩擦，使锯条在锯削时不被锯缝夹住或折断。

训练内容：锯削

教学要求：1. 能够正确地使用手锯

2. 能够正确地锯削各种材料

操作步骤：

作　业　图	操作步骤及说明	相关知识及要点
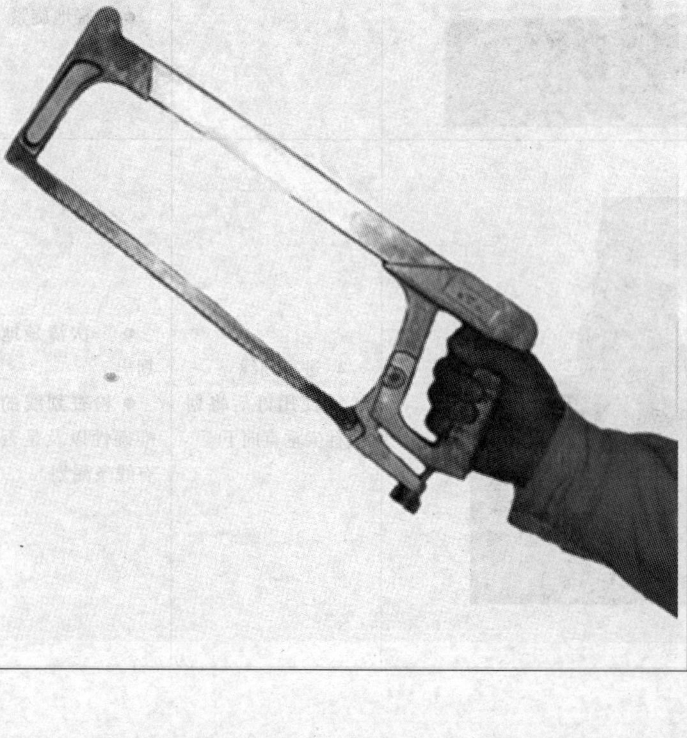	1. 将锯条装在锯弓上	● 手锯是在向前推进时进行锯削的,因此要使锯齿向前 ● 用力张紧,但松紧要控制适当

（续）

作 业 图	操作步骤及说明	相关知识及要点
	2. 将工件夹在台虎钳上	● 工件伸出钳口不应过长，防止锯削时产生振动 ● 锯削线应和钳口边缘平行，并夹在台虎钳的左面，以便操作 ● 工件要夹紧，避免锯削时工件移动或使锯条折断 ● 防止工件变形
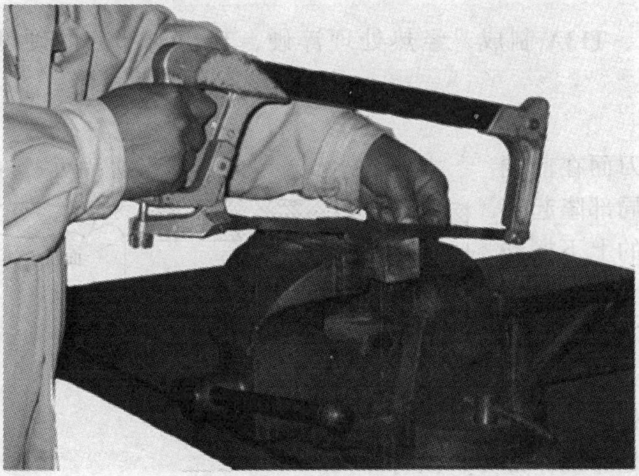	3. 先锯一个切口 4. 进行锯削 5. 放松锯条	● 离划线线条1mm以内 ● 以左手的大拇指作导向 ● 笔直运锯 ● 接近锯断时应减小压力，防止工件断落砸伤脚 ● 要控制好用力，防止锯条突然折断、失控、使人受伤

锯削时常见的缺陷分析

废 品 形 式	废品原因分析
锯条折断	1. 锯条选用不当或起锯角度不当 2. 锯条装夹过紧或过松 3. 零件未夹紧 4. 锯削压力过大或推锯过猛 5. 换上的新锯条在原锯缝中受卡 6. 锯缝歪斜后强行矫正 7. 零件锯断时锯条撞击其他硬物
锯齿崩裂	1. 锯条选择不对 2. 锯条装夹过紧 3. 起锯角度过大 4. 锯削中遇到材料组织缺陷，如杂质、砂眼等 5. 锯削薄壁零件采用方法不当

（续）

废品形式	废品原因分析
锯缝歪斜	1. 零件装夹不正 2. 锯条装夹不正 3. 锯削时双手操作不协调，推力、压力和方向掌握不好

课题四　锉　　削

用锉刀对工件表面进行切削加工，使工件达到所要求的尺寸、形状和表面粗糙度的方法称为锉削。锉削的尺寸精度可达到0.01mm左右，表面粗糙度值可达到 R_a0.8um左右。它广泛运用于零件加工、修理和装配中。锉削工作范围很广，可锉削平面、曲面、内外表面、沟槽和各种形状复杂的表面。锉削可以配键、制作样板以及装配时对工件的修整等。

1. 锉刀的构造

锉刀由碳素钢T12、T13或T12A、T13A制成，经热处理淬硬，其切削部分的硬度达62HRC以上。

锉刀各部分名称如图2-1所示。

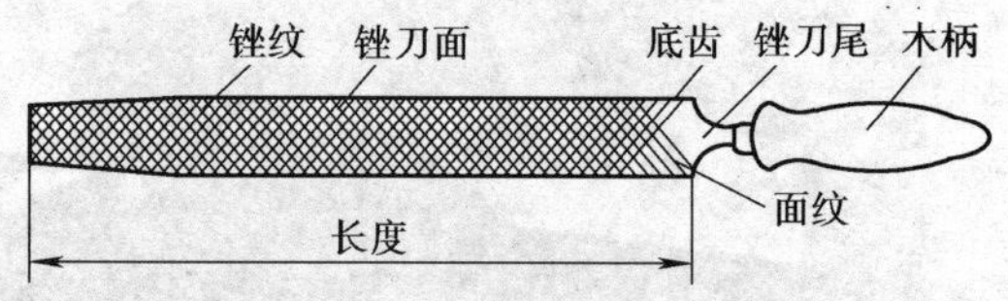

图2-1　锉刀的各部分名称

锉刀面是锉削的主要工作面。锉刀面在前端做成凸弧形，其作用是在平面上锉削局部隆起部分时比较方便，不容易因锉削时锉刀的上下摆动而锉去其他部位。

锉刀边是指锉刀的两个侧面，有的没有齿，有的一个边有齿。没有齿的一边称为光边，它可使锉削内直角的一边时不会碰到另一相邻的面。

锉刀舌是用以装入锉刀柄的，这是非工作部分，没有淬火。

2. 锉刀的齿纹

锉刀有无数个锉齿，锉削时每个锉齿都相当于一把錾子在对材料进行切削。

锉纹是锉齿有规则排列的图案。锉刀的齿纹有单齿纹和双齿纹两种。

单齿纹指锉刀上有一个方向上的齿纹，锉削时全齿宽同时参加切削，切削力大，因此常用来锉削软材料。

双齿纹指锉刀上有两个方向排列的齿纹，齿纹浅的叫底齿纹，齿纹深的叫面齿纹。底齿纹和面齿纹的方向和角度不一样，锉削时能使每一个齿的锉痕交错而不重叠，这样锉削表面粗糙度值小。

3. 锉刀的种类

锉刀按其用途不同可分为钳工锉、特种锉和整形锉三种。

钳工锉按其断面形状又分为平锉、方锉、三角锉、半圆锉和圆锉等五种，如图2-2所示。

特种锉是加工零件上特殊表面用的，有刀口锉、菱形锉、扁锉、椭圆锉、圆肚锉等，如图2-3所示。

图 2-2 钳工锉的断面形状　　图 2-3 特种锉的断面形状

整形锉主要用于锉削工件上特殊的表面（如图 2-4 所示）。

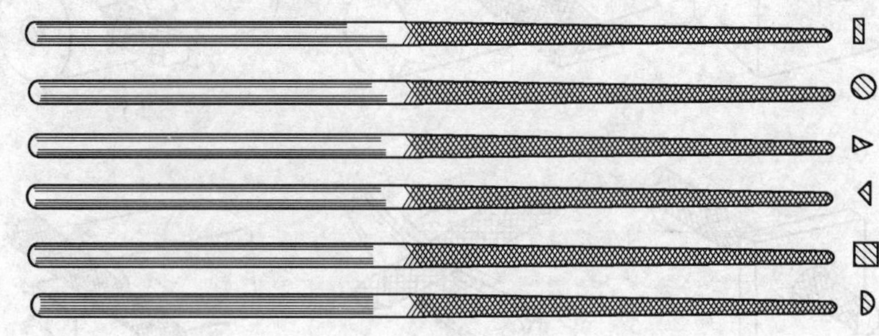

图 2-4 整形锉

4. 锉刀的规格及选用

每种锉刀都有它适当的用途，如果选择不当，就不能充分发挥它的效能过早地丧失切削能力。因此，锉削之前必须正确地选择锉刀。

锉刀的规格分尺寸规格和齿纹粗细规格两种。方锉刀的尺寸规格以方形尺寸表示；圆锉刀的规格用直径表示；其他锉刀则以锉身长度表示。钳工常用的锉刀，锉峰长度有 100mm、125mm、150mm、200mm、250mm、300mm、350mm、400mm 等多种。

齿纹粗细规格，以锉刀每 10mm 轴向长度内主锉纹的条数表示。主锉纹指锉刀上起主要切削齿纹；而另一个方向上起分屑齿纹，称为辅助齿纹。

锉刀齿纹规格的选用参考下表。

锉刀齿纹规格的选用

锉刀粗细	适用场合		
	锉削余量/mm	尺寸精度/mm	表面粗糙度/μm
1 号(粗齿锉刀)	0.5 ~ 1	0.2 ~ 0.5	R_a100 ~ 25
2 号(中齿锉刀)	0.2 ~ 0.5	0.05 ~ 0.2	R_a25 ~ 12.5
3 号(细齿锉刀)	0.2 ~ 0.3	0.02 ~ 0.05	R_a6.3 ~ 3.2
4 号(双细齿锉刀)	0.1 ~ 0.2	0.01 ~ 0.02	R_a6.3 ~ 1.6
5 号(油光锉)	0.1 以下	0.01 以下	R_a1.6 ~ 0.8

锉刀粗细的选择，决定于工件加工余量的大小、加工精度和表面粗糙度值的高低、工件材料的性质。粗锉刀适用于锉加工余量大、加工精度和表面质量要求低的工件；细锉刀适用于锉加工余量小、加工精度和表面质量要求高的工件。

锉削软材料时，如果没有专用的软材料锉刀，则只能选用粗锉刀。用细锉刀锉软材料则由于容屑空间小，很容易被切屑堵塞而失去切削能力。

锉刀长度规格的选择决定于工件加工面的大小和加工余量的大小。加工面尺寸较大和加工余量较大时，宜选用较长的锉刀。

锉刀断面形状的选择，决定于工件加工表面的形状，如图 2-5 所示。

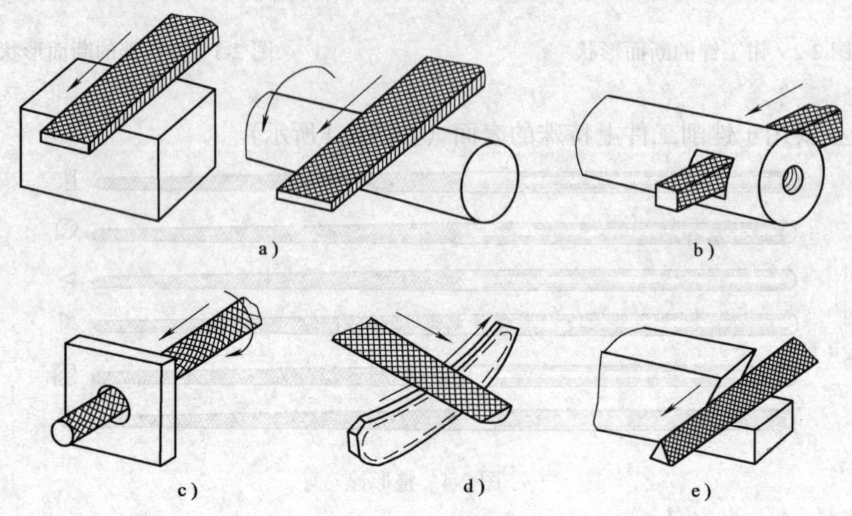

图 2-5　锉刀的用途

a）锉削平面和圆柱面　b）锉削方孔　c）锉削圆孔　d）锉削曲面　e）锉削燕尾槽

训练内容（一）：锉削姿势

教学要求： 1. 掌握锉刀的握法

2. 掌握锉削姿势

3. 掌握锉削力的运用和锉削速度

4. 掌握正确的锉削方法

操作步骤：

作　业　图	操作步骤及说明	相关知识及要点
	1. 锉刀的握法 ※较大锉刀(250mm 以上)的握法： ※用右手握住刀柄	● 锉刀的握法掌得正确与否，对锉削质量有一定的影响 ● 锉刀大小和形状不同，锉刀的握法也不同 ● 将锉刀刀柄靠在右手掌的掌心 ● 将拇指放在柄的上部，其余手指满握锉刀柄
	※用左手握住刀头	● 左手大拇指的根部肌肉压在锉刀头上 ● 用中指和无名指抵住锉刀前端 ● 其他手指轻微弯曲 ● 两手在锉削时，左手的肘部要适当抬起，不要有下垂的姿势，否则不能发挥力量

(续)

作 业 图	操作步骤及说明	相关知识及要点
	※中型锉刀(200mm左右)的握法: ※右手的握法与大锉刀的握法一样	● 左手只需用大拇指和食指、中指轻轻扶持即可 ● 不必像大锉刀那样施加很大的力量
	※较小锉刀(150mm左右)的握法: ※右手握刀柄不必施加太大力量 ※食指伸出,使锉刀更平稳	● 较小的锉刀,由于需要施加的力量较小,握法也不同 ● 左手四指的指尖放在锉刀的凸部上 ● 此握法不易感到疲劳
	※更小锉刀(100mm左右)的握法: ※只要用一只手握住即可	● 更小的锉刀只要一只手握住即可 ● 两只手不方便,甚至容易压断锉刀
	2. 锉削姿势 ※脚的站立位置	● 站立要自然并便于用力,以能适应不同的锉削要求为合适 ● 上身向前倾斜,身体的重心要落在左脚上,右膝伸直 ● 整个身体与锉刀一起向前 ● 在向后移动的同时,使身体水平地恢复原位

（续）

作 业 图	操作步骤及说明	相关知识及要点
	※锉削姿势动作	● 右臂肘轻轻靠在体侧 ● 使台虎钳的中心和右手腕成一条直线 ● 身体重心位于两脚的脚尖上 ● 两肩放松，目视工件 ● 左右平均用力
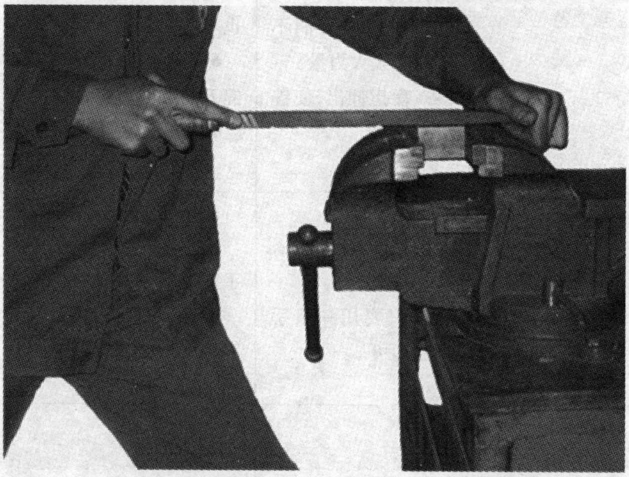	3. 锉削力的运用和锉削速度	● 推进锉刀时两手加在锉刀上的压力，应保证锉刀平稳而不上下摆动 ● 推进锉刀时的推力大小，主要由右手控制 ● 压力大小，由两手控制 ● 锉削时的速度一般为每分钟 30～60 次左右

训练内容（二）：锉削平面的方法

教学要求：1. 掌握正确的锉削姿势

2. 掌握锉平平面的各种锉削操作方法

操作步骤：

作 业 图	操作步骤及说明	相关知识及要点
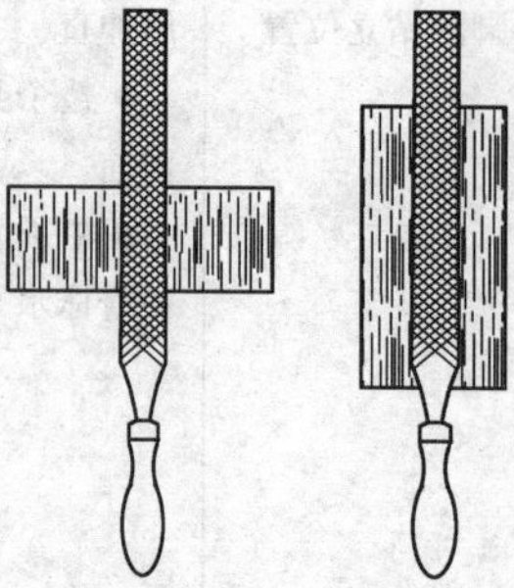	1. 顺向锉	● 顺向锉是最普通的锉削方法 ● 锉刀运动方向与工件夹持方向始终一致 ● 可得到正直的锉痕，常用于不大的平面和精锉

（续）

作 业 图	操作步骤及说明	相关知识及要点
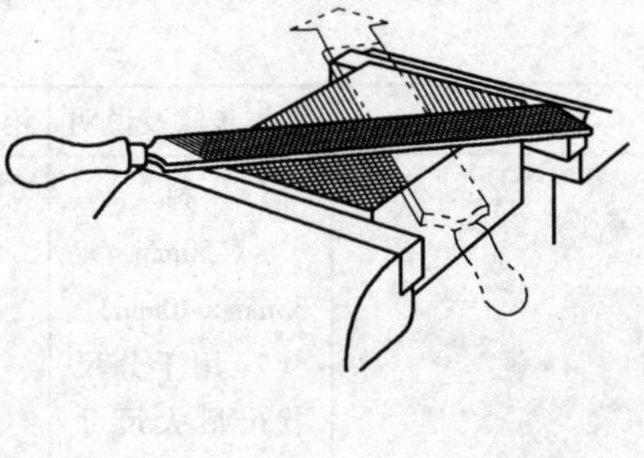	2. 交叉锉	●交叉锉时锉刀与工件的接触面积增大，锉刀容易掌握平稳 ●从锉痕上可以判断出锉削面的高低情况，容易把平面锉平 ●交叉锉进行到平面将锉削完成之前，要改用顺向锉法，使锉痕变为正直
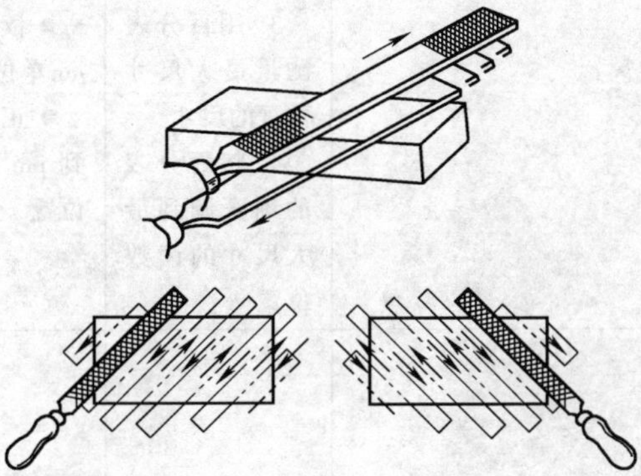	※锉刀的移动	●无论采用顺向法还是交叉法，为了使整个加工面能均匀地锉削到，一般在每次抽回锉刀时，要向旁边略为移动
	3. 推锉	●推锉法一般用来锉削狭长平面，或用顺向锉法推进受阻碍时采用 ●推锉法切削效率不高，一般只适宜在加工余量较小和修正尺寸时应用
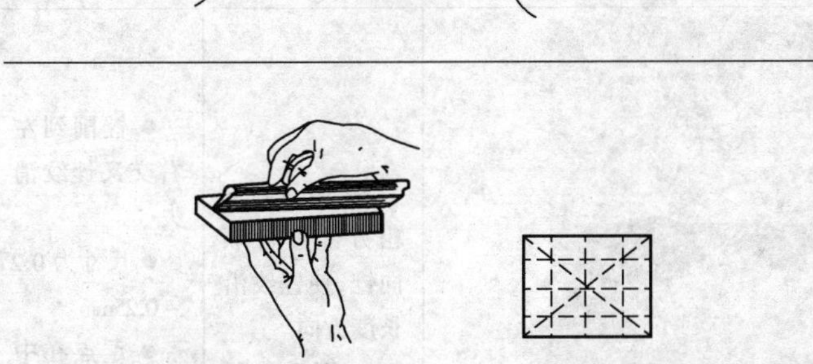	4. 检验平面度	●一般用钢直尺或刀口形直尺以透光法来检验 ●刀口形直尺沿加工面的纵向、横向和对角方向多处进行 检查处在钢直尺与平面间透过的光线微弱而均匀，表示此处比较平直

训练内容（三）：锉削平面用千分尺及百分表测量

教学要求：1. 能够用百分表或千分尺测量进行平面的锉削

2. 掌握检查平面度误差的方法

操作步骤：

作　业　图	操作步骤及说明	相关知识及要点
	1. 下料（50mm × 35mm × 40mm） 2. 用千分尺找出最大尺寸的位置 3. 用百分表测量最大尺寸位置的尺寸 4. 将百分表的刻度调到最大尺寸的读数位置	● 去毛刺 ● 检查尺寸 ● 检查整个加工面 ● 读数读到 μm 单位 ● 正确对合到 μm 的精确位置
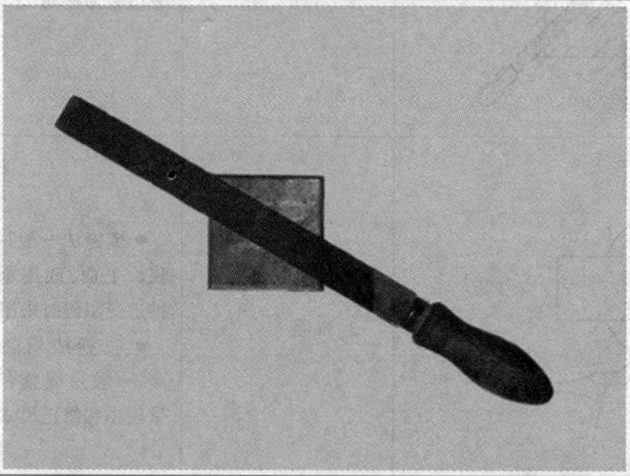	5. 用 350mm 粗方锉刀左右交叉锉削 30 次	● 要使四角处的尺寸相同 ● 1 次的切削量为 0.01mm ● 人的体重作用在锉刀上，加大锉削行程
	6. 用 350mm 粗方锉进行顺向锉，使锉纹沿长度方向 7. 用千分尺测量	● 锉削到左右交叉锉纹消失 ● 尺寸为 0.2 ~ 0.25mm ● 重点在中间和四角处 5 个位置进行测量

（续）

作 业 图	操作步骤及说明	相关知识及要点
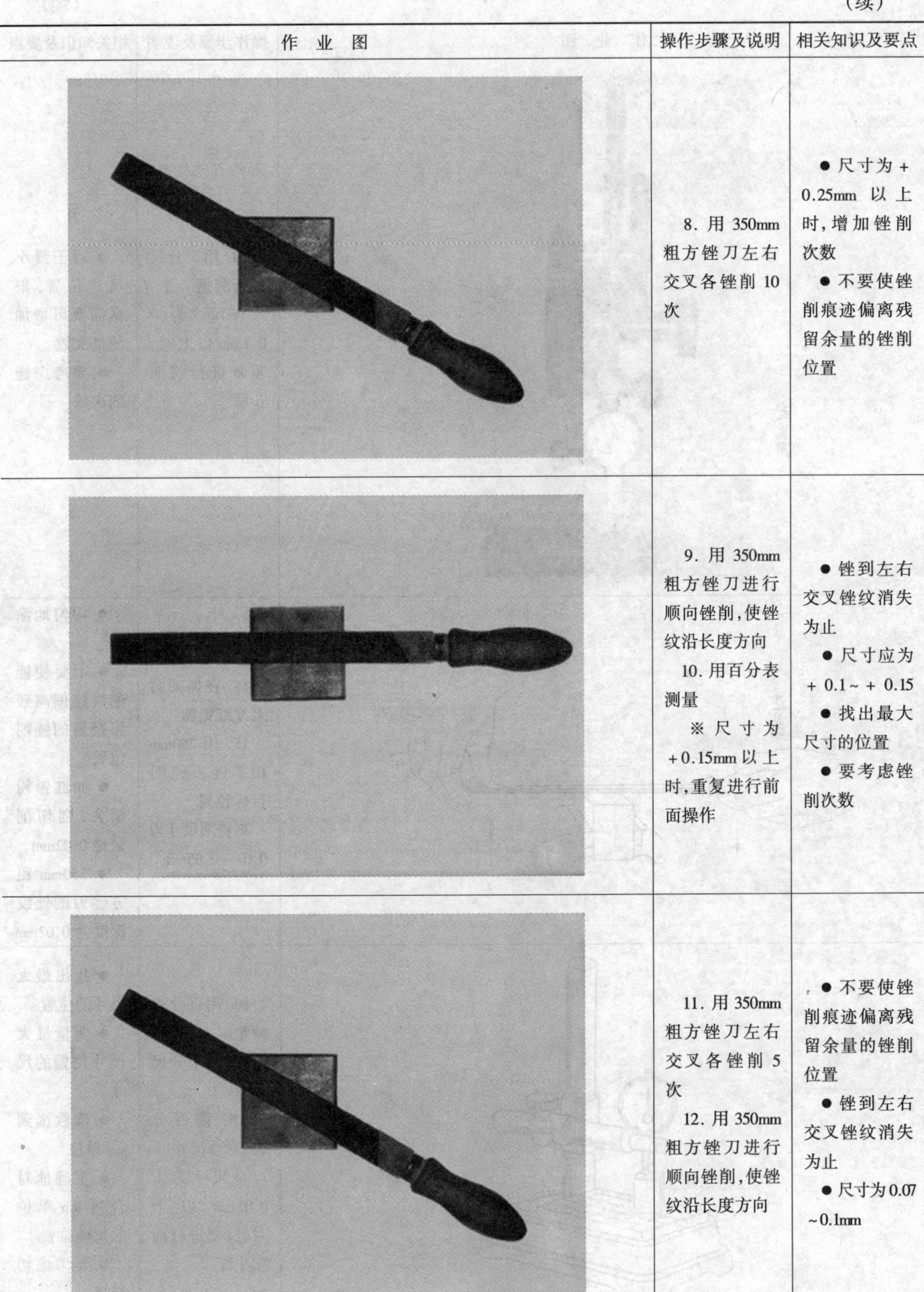	8．用 350mm 粗方锉刀左右交叉各锉削 10 次	● 尺寸为 + 0.25mm 以上时，增加锉削次数 ● 不要使锉削痕迹偏离残留余量的锉削位置
	9．用 350mm 粗方锉刀进行顺向锉削，使锉纹沿长度方向 10．用百分表测量 ※ 尺寸为 + 0.15mm 以上时，重复进行前面操作	● 锉到左右交叉锉纹消失为止 ● 尺寸应为 + 0.1 ~ + 0.15 ● 找出最大尺寸的位置 ● 要考虑锉削次数
	11．用 350mm 粗方锉刀左右交叉各锉削 5 次 12．用 350mm 粗方锉刀进行顺向锉削，使锉纹沿长度方向	● 不要使锉削痕迹偏离残留余量的锉削位置 ● 锉到左右交叉锉纹消失为止 ● 尺寸为 0.07 ~ 0.1mm

（续）

作 业 图	操作步骤及说明	相关知识及要点
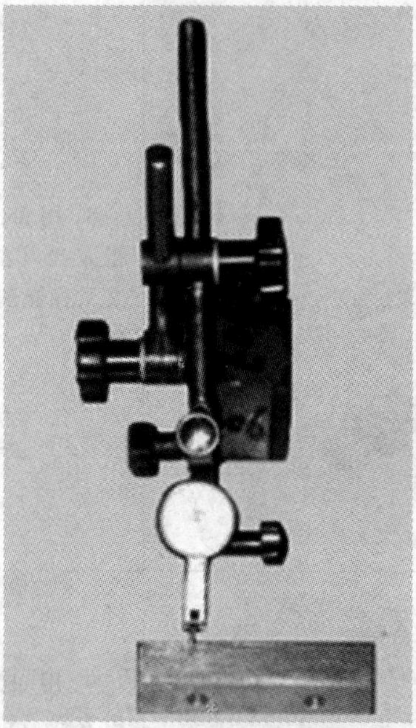	13. 用千分尺进行测量 ※尺寸为 +0.1mm 以上时，重复进行前面步骤	● 对于最小尺寸位置，根据需要可增加测量次数 ● 要考虑锉削次数
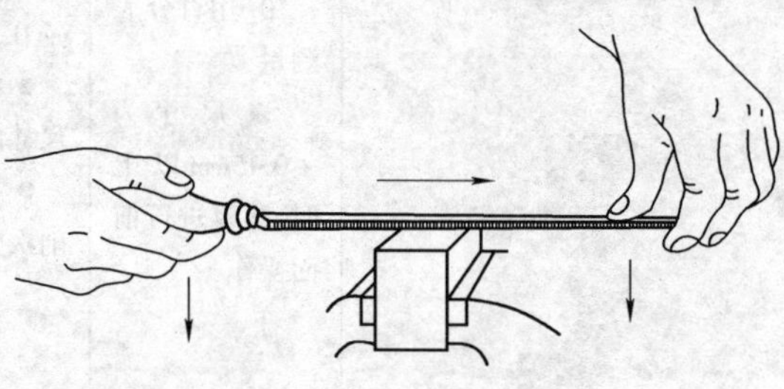	14. 在加工面上涂红铅粉 15. 用 250mm 粗平锉刀锉削目标位置 ※锉削尺寸为 0.03 ~ 0.05mm	● 均匀地涂敷 ● 不要使锉削痕迹偏离残留余量的锉削位置 ● 如红铅粉消失，则切削量是 0.02mm ● 350mm 粗方锉刀的锉纹深度为 0.02mm
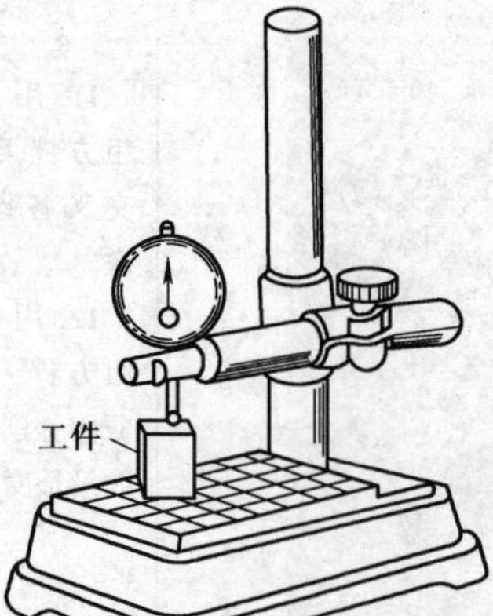 工件	16. 用百分表测量 17. 用千分尺测量 18. 读百分表，对合尺寸 ※尺寸为 +0.01mm 以上时，反复进行前面步骤	● 找出最大尺寸的位置 ● 测量最大尺寸位置的尺寸 ● 读数读到 μm 单位 ● 正确地对合到 μm 单位的精确位置 ● 要考虑切削量

（续）

作　业　图	操作步骤及说明	相关知识及要点
	19. 在加工面上涂敷红铅粉 20. 用250mm中平锉刀锉削目标位置 21. 用百分表测量 ※尺寸为+0.05mm以上时，重复进行前面步骤 22. 检查接触面	● 均匀地涂敷 ● 不要使锉削痕迹偏离残留余量的锉削位置 ● 如红铅粉消失，则切削量是+0.015mm

训练内容（四）：锉削曲面

教学要求：学会内外曲面的锉削加工方法

1. 锉削圆柱面的基本要领

操作流程：

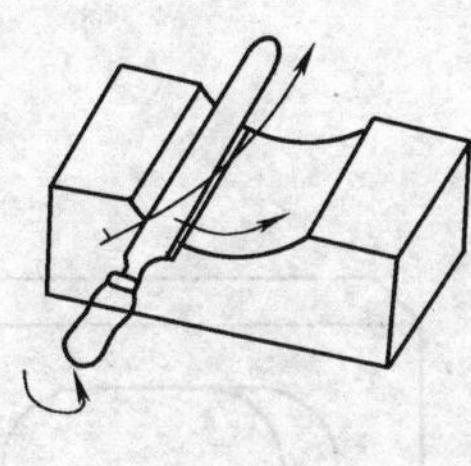

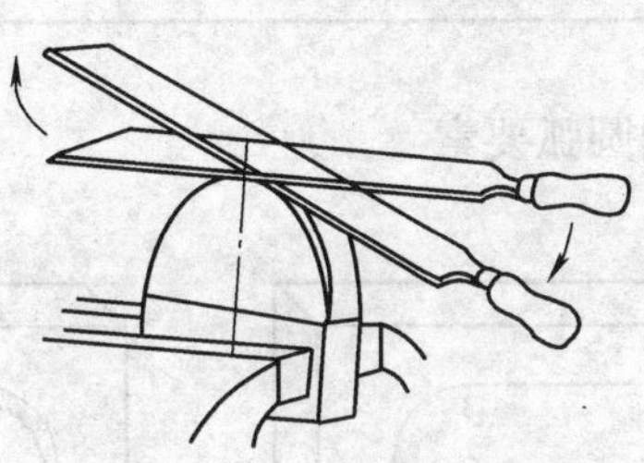

流程图

操作步骤：

作　业　图	操作步骤及说明	相关知识及要点
	内曲面锉削加工（柱面） 1. 划线 2. 粗锉削	● 根据图样要求划线 ● 边前进边左右移动边绕锉刀中心转动（约90°） ● 锉削到划线线条部分 ● 使正反面剩留余量相等
	3. 半精锉削 4. 精锉削	● 从厚度大的中心开始进行锉削 ● 边锉削边检查接触面积 ● 沿轴向方向锉削 ● 用150mm细半圆锉刀锉削 ● 边锉削边检查接触面积 ● 使接触面积在80%以上

（续）

作 业 图	操作步骤及说明	相关知识及要点
0.586R R	外曲面锉削加工(柱面) 1. 划线 2. 粗锉削	● 根据图样要求划线 ● 先锉削两角部分 ● 沿轴向锉削,锉成多棱形 ● 锉削到划线线条部分 ● 切线位置锉到离切点 1mm 的位置
	3. 半精锉削	● 边锉削边检查接触面积 ● 从厚度大的中心位置开始锉削 ● 沿轴向方向锉削 ● 切线部分锉到离切点 1mm 的位置
	4. 精锉削	● 用 200mm 细平锉刀 ● 顺着圆弧锉 ● 边锉边检查接触面积 ● 在切线部分留下一条划线线条 ● 接触面积在 80% 以上

2. 锉削圆弧要素

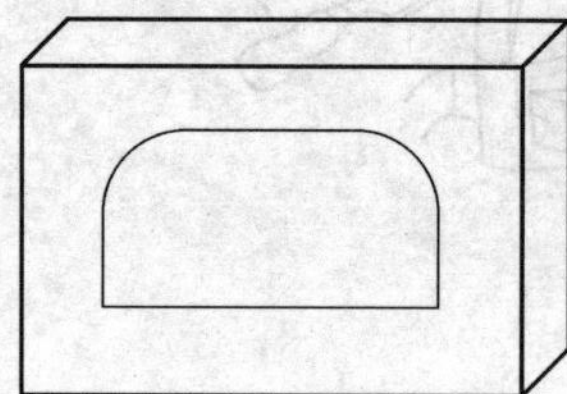
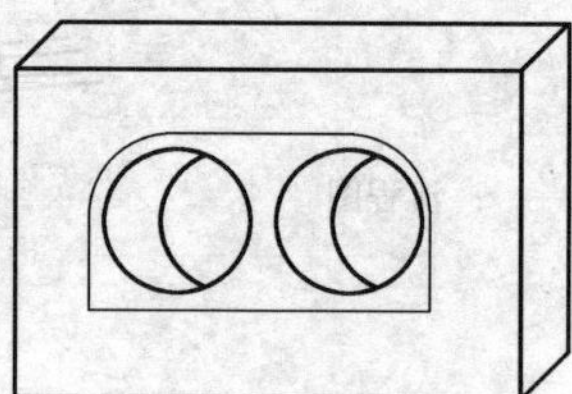
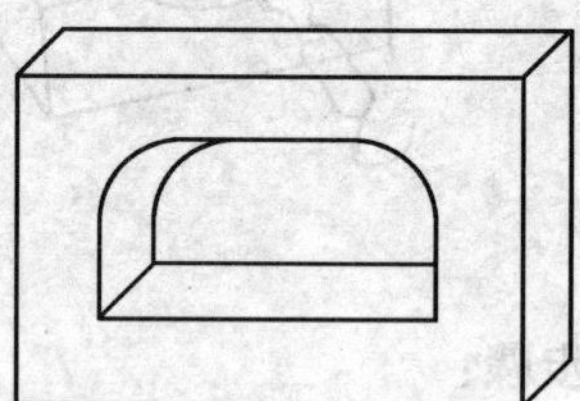

流 程 图

操作步骤：

作 业 图	操作步骤及说明	相关知识及要点
	1. 下料 2. 划线	● 按图样尺寸 ● 去毛刺,检查尺寸 ● 按图样尺寸 ● 正反面都划线 ● 圆弧切点处的划线要细心 ● 使用圆规划圆弧

（续）

作 业 图	操作步骤及说明	相关知识及要点
	3. 切割排料 4. 粗加工	● 先钻两孔 ● 一般封闭结构排料采用的方法 ● 锯削 ● 注意不要切入划线线条 ● 锉到划线线条以内为止
A	5. 精锉削 *A* 面	● 尺寸精度在 ±0.02mm 以内 ● 平行度在 0.02mm 以内 ● 纵向锉纹 ● 注意不要切入边角部
A B 1	6. 精锉削 *B* 面	● 尺寸精度在 0～0.01mm 以内 ● 平行度误差在 0.02mm 以内 ● 纵向锉纹 ● 锉到离圆弧切点 1mm 的位置
5 C L	7. 精锉削 *C* 面 8. 精锉削 *D* 面	● 要领与锉 *B* 面相同 ● 方孔尺寸 *L* 的精度在0～+0.02mm 以内 ● 要领与锉削 *B* 面相同 ● 方孔尺寸 *M* 的精度在 0～+0.05mm 以内
D C M L	9. 粗加工 2 个圆弧面	● 不要切入圆弧切点部分 ● 锉到划线线条为止 ● 锉削切点部分共四处 ● 锉到离切线 5mm 处
E F	10. 精锉削圆弧面 *E*、*F*	● 纵向锉纹 ● 边锉边检查接触面积 ● 接触面积应达到 50% 以上 ● 用粗锉刀锉到 +0.1mm ● 注意检查尺寸 ● 用塞规进行检查
	11. 整修四周 12. 交出	● 去除伤痕、敲打痕迹 ● 清洗干净

训练内容（五）：零件锉配

实训工件图号：Q-CP-001

操作流程：

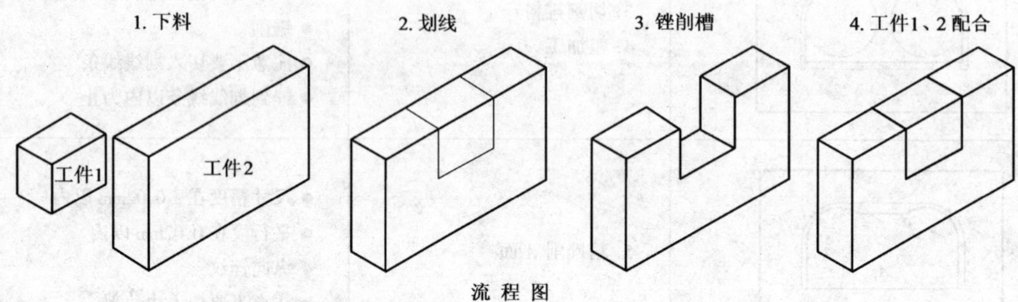

流 程 图

教学要求：1. 能够精确地锉削各表面

2. 能够掌握锉平配合面的锉削技能

操作步骤：

作 业 图	操作步骤及说明	相关知识及要点
工件1 工件2	1. 下料 ※零件 1、2 同时下料	● 根据给定尺寸和所需要加工余量在钢板上下料 ● 去毛刺 ● 测量检查尺寸 ● 在操作过程中，要以测量控制尺寸为基础，逐渐完成锉配
A B A B	2. 锉削零件 1、2 的 *A* 面 3. 锉削零件 1、2 的 *B* 面	● 锉到机加工纹消失 ● 锉纹沿长度方向 ● 接触面积应达到 80%以上 ● 最好先锉零件外表面，然后锉内表面
	4. 划线 ※工件 2	● 按照图样规定的尺寸划线 ● 两面都划线 ● 划线要准确 ● 划线后要进行尺寸检查

（续）

作　业　图	操作步骤及说明	相关知识及要点
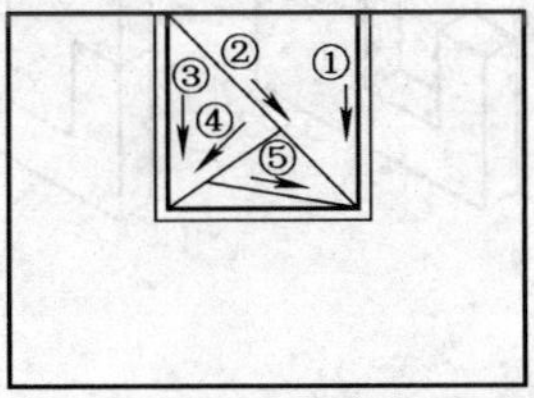 ① ② ③ ④ ⑤	5. 切削零件 2 槽面 6. 粗加工零件 2 的槽内各面	● 不要切入划线线条 ● 切削的顺序按图中①②③④进行 ● 锉到划线线条以内，留出精加工余量
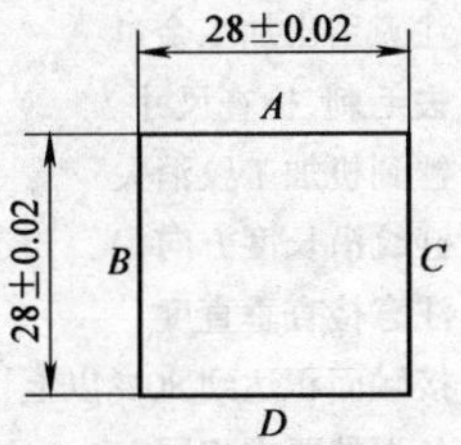 28±0.02　A　B　C　D　28±0.02	7. 锉削零件 1 的 *C* 面 ※保证尺寸 28mm±0.02mm 8. 锉削零件 1 的 *D* 面 ※保证尺寸 28mm±0.02mm	● *B* 面的对称面 ● 尺寸精度在±0.02mm 以内 ● 平行度在 0.02mm 以内 ● *A* 面的对称面 ● 尺寸精度在±0.02mm 以内 ● 平行度在 0.02mm 以内 ● 纵向锉纹 ● 接触面积应达到 80%以上
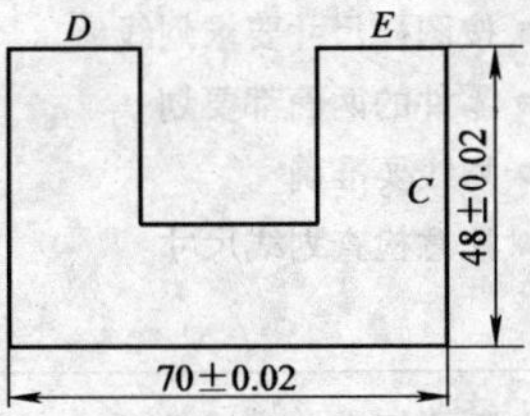 D　E　C　48±0.02　70±0.02	9. 锉削零件 2 的 *C* 面 ※保证尺寸 70mm±0.02mm 10. 锉削零件 2 的 *D*、*E* 面 ※保证尺寸 48mm±0.02mm	● *B* 面的对称面 ● 尺寸精度在 0.02mm 以内 ● *A* 面的对称面 ● 平行度在 0.02mm 以内 ● 纵向锉纹 ● 接触面积应达到 80%以上
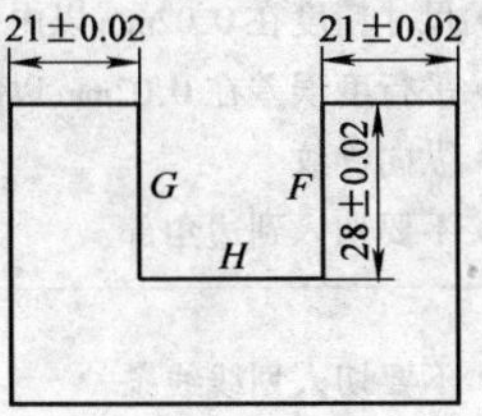 21±0.02　21±0.02　G　F　H　28±0.02	11. 锉削槽的 *F* 面 ※保证尺寸 21mm±0.02mm 12. 锉削槽的 *G* 面 ※保证尺寸 21mm±0.02mm 13. 锉削槽的 *H* 面 ※保证尺寸 28mm±0.02mm	● 尺寸精度在 0.02mm 以内 ● 平行度在 0.02mm 以内 ● 纵向锉纹 ● 注意不要切入边角部 ● 用零件 1 来锉配 ● 用透光法或涂色法来检验
	14. 零件 1、2 的配合调整 15. 整修四周 16. 交出	● 要能平滑地配合 ● 达到手进推出均不能有阻滞现象 ● 去除毛刺 ● 清理铁屑

实训工件图号：Q-CP-002

操作流程：

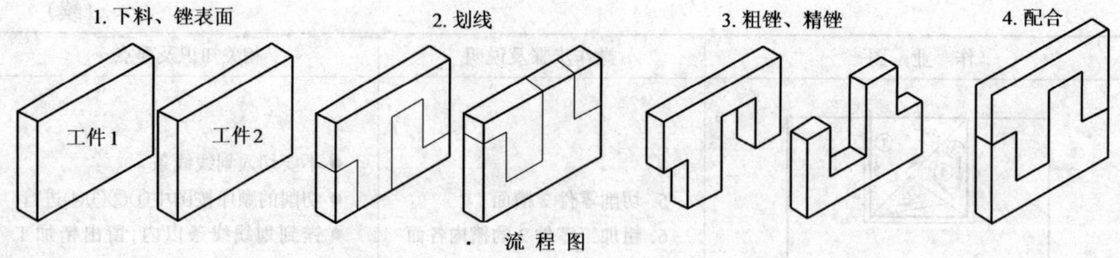

流 程 图

操作步骤：

作 业 图	操作步骤及说明	相关知识及要点
B C A	1. 下料 ※两块料的尺寸相同 2. 锉削零件 1 和 2 的 *A* 面 3. 锉削零件 1 和 2 的 *B* 面 4. 锉削零件 1 和 2 的 *C* 面 ※保证尺寸 55mm ± 0.02mm	● 注意留出加工余量 ● 去毛刺、检查尺寸 ● 锉到机加工纹消失 ● 锉纹沿长度方向 ● 注意检查垂直度 ● 接触面积达到 80% 以上 ● 各面的要求相同
	5. 零件 1 和 2 划线 ※两件对照尺寸同时划线	● 按图样尺寸要求划线 ● 零件的两面都要划 ● 划线要准确 ● 注意检查划线尺寸
J I G I G J	6. 切削零件 1 和 2 的 *G*、*I*、*J* 面 7. 粗加工 *G*、*I*、*J* 面 8. 精锉 *G*、*I*、*J* 面	● 不要切入划线线条 ● 锉削到划线线条为止 ● 尺寸精度在 0.02mm 以内 ● 平行度误差在 0.02mm 以内 ● 纵向锉纹 ● 不要切入到边角部
15±0.02 F H 18±0.01	9. 切削零件 1 *F*、*H* 面 10. 粗加工 *F*、*H* 面 11. 精加工 *F*、*H* 面 ※保证尺寸 15mm ± 0.02mm ※保证尺寸 18mm ± 0.01mm	● 不要切入划线线条 ● 锉到划线线条为止 ● 平行度误差在 0.02mm 以内 ● 纵向锉纹 ● 不要切入到边角部
15±0.01 F H 30±0.02	12. 切割零件 2 的 *F*、*H* 面 13. 粗加工 *F*、*H* 面 14. 精加工 *F*、*H* 面 ※保证尺寸 30mm ± 0.02mm ※保证尺寸 15mm ± 0.01mm	● 不要切入划线线条 ● 锉到划线线条为止 ● 平行度误差在 0.02mm 以内 ● 纵向锉纹 ● 不要切入到边角部 ● 注意边锉边检查

（续）

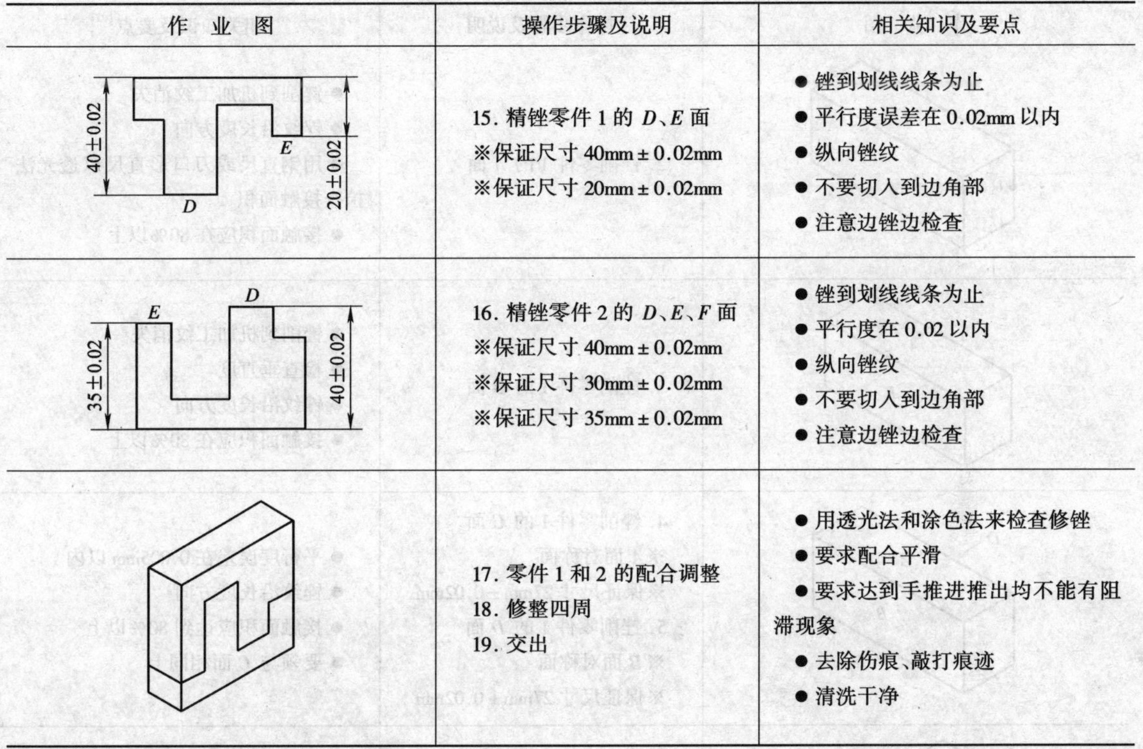

作　业　图	操作步骤及说明	相关知识及要点
40±0.02　20±0.02　D　E	15. 精锉零件 1 的 D、E 面 ※保证尺寸 40mm ± 0.02mm ※保证尺寸 20mm ± 0.02mm	● 锉到划线线条为止 ● 平行度误差在 0.02mm 以内 ● 纵向锉纹 ● 不要切入到边角部 ● 注意边锉边检查
E　D　35±0.02　40±0.02	16. 精锉零件 2 的 D、E、F 面 ※保证尺寸 40mm ± 0.02mm ※保证尺寸 30mm ± 0.02mm ※保证尺寸 35mm ± 0.02mm	● 锉到划线线条为止 ● 平行度在 0.02 以内 ● 纵向锉纹 ● 不要切入到边角部 ● 注意边锉边检查
	17. 零件 1 和 2 的配合调整 18. 修整四周 19. 交出	● 用透光法和涂色法来检查修锉 ● 要求配合平滑 ● 要求达到手推进推出均不能有阻滞现象 ● 去除伤痕、敲打痕迹 ● 清洗干净

实训工件图号： Q-CP-003

操作流程：

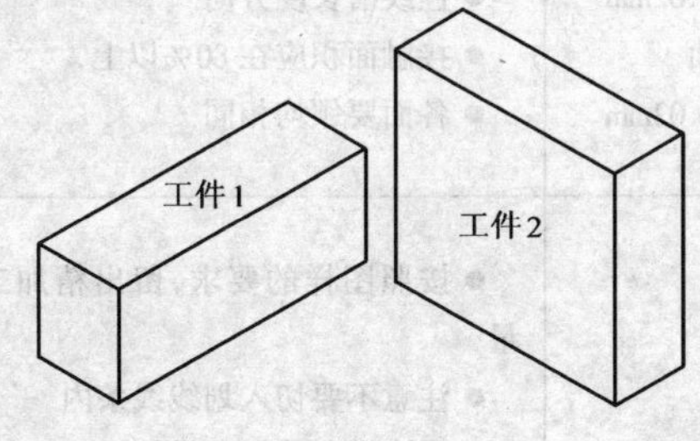

流 程 图

操作步骤：

作　业　图	操作步骤及说明	相关知识及要点
工件 1　工件 2	1. 下料 ※零件 1、2 同时下料	● 按图样要求并留加工余量 ● 去毛刺 ● 检查尺寸

（续）

作 业 图	操作步骤及说明	相关知识及要点
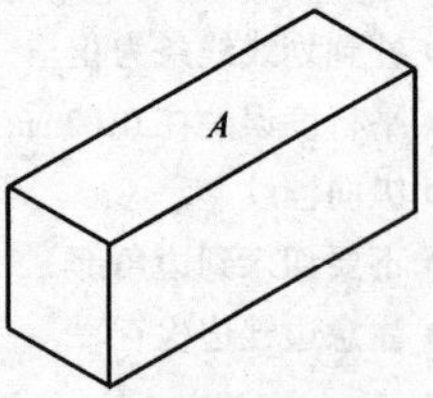 A	2. 锉削零件 1 的 *A* 面	● 锉削到机加工纹消失 ● 锉纹沿长度方向 ● 用钢直尺或刀口形直尺以透光法检查接触面积 ● 接触面积应在 80% 以上
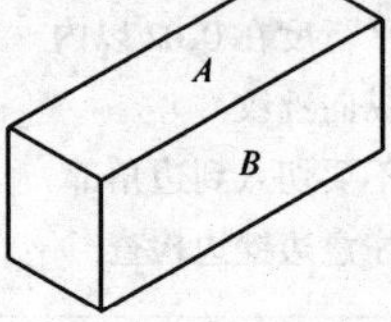 A B	3. 锉削零件 1 的 *B* 面	● 锉削到机加工纹消失 ● 检查垂直度 ● 锉纹沿长度方向 ● 接触面积应在 80% 以上
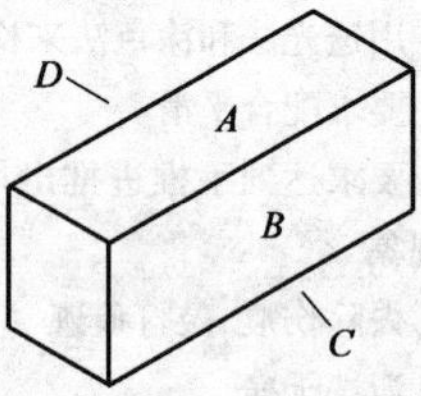 D A B C	4. 锉削零件 1 的 *C* 面 ※*A* 面对称面 ※保证尺寸 27mm ± 0.02mm 5. 锉削零件 1 的 *D* 面 ※*B* 面对称面 ※保证尺寸 27mm ± 0.02mm	● 平行度误差在 0.005mm 以内 ● 锉纹沿长度方向 ● 接触面积应达到 80% 以上 ● 要领与 *C* 面相同上
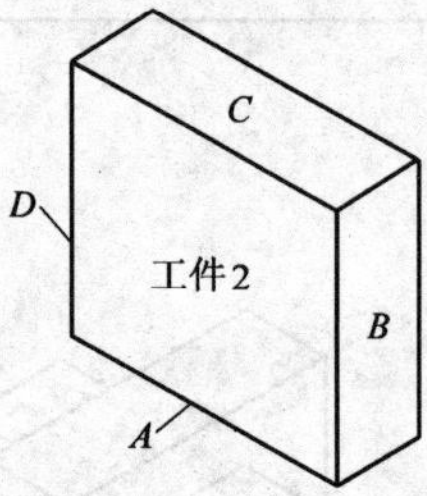 C D 工件 2 B A	6. 锉削零件 2 的 *A* 面 7. 锉削零件 2 的 *B* 面 8. 锉削零件 2 的 *C* 面 ※保证尺寸 55mm ± 0.02mm 9. 锉削零件 2 的 *D* 面 ※保证尺寸 55mm ± 0.02mm	● 锉到机加工纹消失 ● 平行度误差在 0.01mm 以内 ● 检查垂直度 ● 锉纹沿长度方向 ● 接触面积应在 80% 以上 ● 各面要领均相同
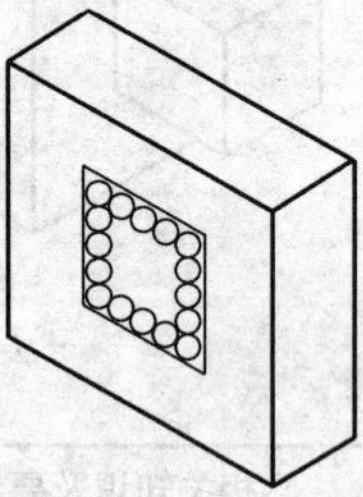	10. 零件 2 方孔划线 11. 钻孔切削排料	● 按照图样的要求，留出精加工余量 ● 注意不要切入划线线条内 ● 要注意各孔间的搭接 ● 一般对不能直接锯削的封闭孔，都采用钻孔排料方法
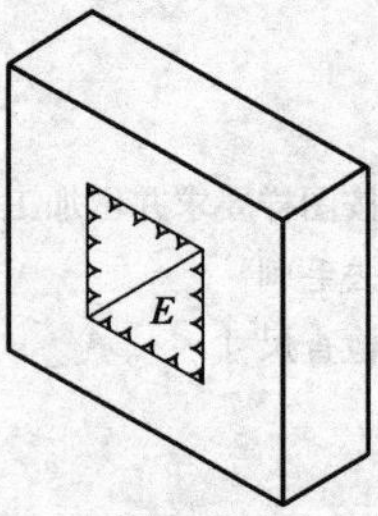 E	12. 粗加工方孔 13. 锉削方孔的 *E* 面 ※保证尺寸 14mm ± 0.02mm	● 注意不要切入划线线条内 ● 锉到划线线条为止 ● 尺寸精度在 ± 0.02mm 以内 ● *E* 面与 *A* 面的平行度误差在 0.02mm 以内 ● 锉纹沿方孔纵方向

（续）

作业图	操作步骤及说明	相关知识及要点
G H E F	14．锉削零件 2 的 F 面 ※保证尺寸 14mm ± 0.02mm 15．锉削零件 2 的 G 面 16．锉削零件 2 的 H 面	● F 面与 B 面的平行度误差在 0.02mm 以内 ● 锉纹沿方孔纵方向 ● 要考虑零件 1 的 A、C 面尺寸；零件 2 的 E 面尺寸 ● 边锉边测量 ● 要领与 G 面相同
	17．使零件 1 和 2 配合 18．修整四周 19．交出	● 检查工件 1、2 配合情况 ● 要求工件 1 不能靠自重滑落 ● 边检查边修正，一直修整到滑动平滑 ● 去除伤痕、敲打痕迹等 ● 清洗干净

锉削常见废品原因分析

废品形式	废品产生的原因
零件夹伤表面或变形	1．虎钳未装软钳口 2．夹紧力过大
零件尺寸偏小超差	1．划线不准确 2．未及时测量尺寸或测量不准确
零件平面度超差（中凸、塌边或塌角）	1．选用锉刀不当或锉刀面中凹 2．锉削时双手推、压力应用不协调 3．未及时检查平面度就改变锉削方法
零件表面粗糙度超差	1．锉刀齿纹选用不当 2．锉纹中间嵌有锉屑未及时清除 3．粗、精锉削加工余量选用不当 4．直角边锉削时未选用光边锉刀

课题五　孔　加　工

孔加工是钳工的重要操作技能之一。孔加工的方法主要有两类：一类是在实体上加工出孔，即用麻花钻、中心钻等进行钻孔；另一类是对已有孔进行再加工，即用扩孔钻、锪孔钻和铰刀进行扩孔、锪孔和铰孔等。

一、钻孔

用钻头在实体工件上加工出孔的方法称为钻孔。

在钻床上钻孔时，钻头的旋转是主运动，钻头沿轴向移动是进给运动。

1．麻花钻

麻花钻由柄部、颈部和工作部分组成，如图 2-6 所示。

1）柄部：麻花钻的柄部有锥柄和直柄两种。一般钻头直径小于 13mm 的制成直柄，大于 13mm 的制成锥柄。柄部是麻花钻的夹持部分，它的作用是定心和传递转矩。

2）颈部：颈部在磨削麻花钻时作退刀槽使用，钻头的规格、材料及商标常打印在颈部。

3）工作部分：工作部分由切削部分和导向部分组成。切削部分主要起切削工件的作用。导向部分不仅是保证钻头钻孔时的正确方向、修光孔壁，同时还是切削部分的后备。

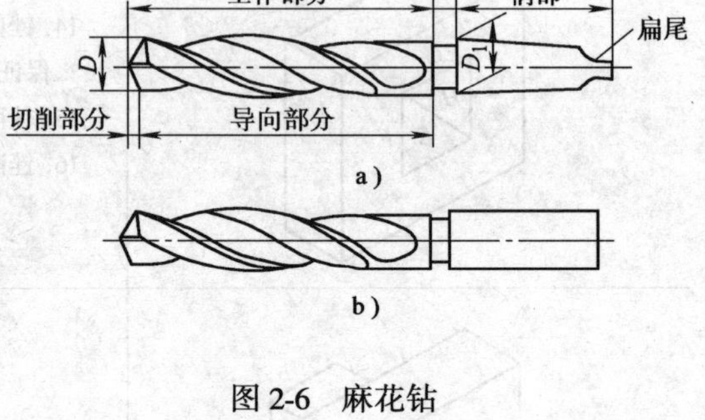

图 2-6　麻花钻
a）锥柄式　b）直柄式

2. 群钻

群钻是在麻花钻基础上经刃磨改进出来的一种先进钻头。它在钻削过程中具有较效率高、寿命长、钻孔质量好等优点。

3. 钻削用量

钻削用量包括背吃刀量、进给量和切削速度。

二、扩孔

用扩孔工具将工件上原来的孔径扩大的加工方法，称为扩孔。常用的扩孔方法有：用麻花钻扩孔和用扩孔钻扩孔。

1. 用麻花钻扩孔

用麻花钻扩孔时，由于钻头横刃不参加切削，轴向切削力小，进给省力。但因钻头外缘处前角较大，易把钻头从钻头套中拉下来，所以应把麻花钻外缘处的前角修磨得小一些，并适当控制进给量。

2. 用扩孔钻扩孔

用扩孔钻对工件扩孔，生产率高，加工质量好，公差等级可达到 IT10 ~ IT9，表面粗糙度值可达 $R_a25 \sim 6.3\mu m$，常作为半精加工及铰孔前的预加工。

三、锪孔

用锪钻在孔口表面锪出一定形状的孔或表面的加工方法称为锪孔。锪钻在加工中的应用如图 2-7 所示。

1. 锪孔钻的种类及用途

1）柱形锪钻：柱形锪钻主要用于锪圆柱形埋头孔。

2）锥形锪钻：锥形锪钻有 60°、75°、90°、120°等几种。它主要用于锪埋头铆钉孔和埋头螺钉孔。

3）端面锪孔：端面锪孔主要用于锪平孔口端面，也可用来锪平凸台平面。

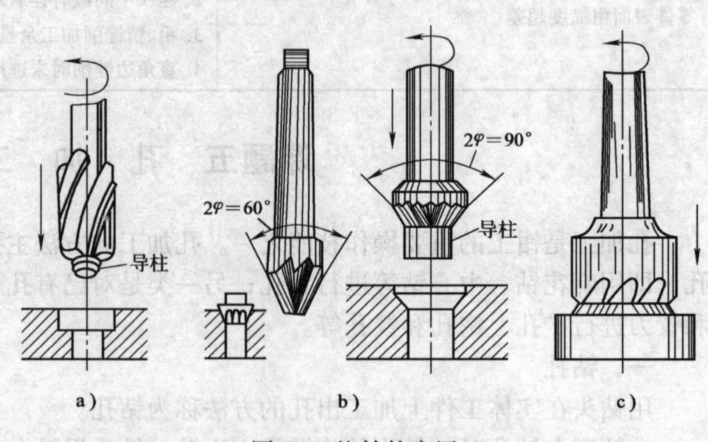

图 2-7　锪钻的应用
a）锪圆柱形孔　b）锪锥形孔　c）锪孔口和凸台平面

2. 锪孔时注意事项

1）锪孔时的进给量应为钻孔时的 2～3 倍，切削速度为钻孔时的 1/3～1/2 为宜，尽量减小振动以获得较小的表面粗糙度值。

2）若用麻花钻成锪钻时，应尽量选用较短的钻头，并修磨外缘处前刀面，使前角变小，以防止振动和扎刀。还应磨出较小的后角，防止锪出多角形表面。

3）锪钢材的工件时，因切削热较大，应在导住和切削表面上加注切削液。

四、铰孔

用铰刀从工件孔壁上切除微量金属层，以获得孔的较高尺寸精度和较小表面粗糙度值的加工方法，称为铰孔。铰刀是尺寸精确的多刃工具，它具有刀齿数量较多、切削余量小、切削阻力小和导向性好等优点。铰孔公差等级可达 IT9～IT7，表面粗糙度值可达 $R_a1.6\mu m$。

1. 铰刀

(1) 铰刀的组成：铰刀由刀柄、颈部和工作部分组成，如图 2-8 所示。

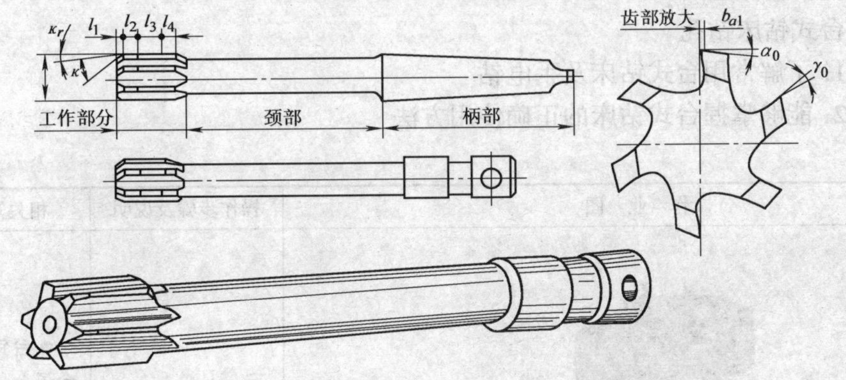

图 2-8　铰刀

柄部是用来被夹持和传递转矩。柄部形状有锥、直和方榫形三种。

1）工作部分由引导（l_1）、切削（l_2）、修光（l_3）和倒锥（l_4）部分组成。

2）引导部分可引导铰刀头部进入孔内，其导向角一般为 45°。

3）切削部分担负切去铰刀余量的任务。

4）修光部分有棱边，它起定向、修光孔壁、保证铰刀直径和便于测量等作用。

5）倒锥部分是为了减小铰刀和孔壁的摩擦。

铰刀工作时最容易磨损的部位是切削部分与修光部分的过渡处。这个部分直接影响工件表面粗糙度值的大小，不能有尖棱，每一个齿一定要磨得等高。

(2) 铰刀的种类　铰刀按使用方法不同可分为手用铰刀和机用铰刀。机用铰刀有锥柄和直柄两种。

机用铰刀的特点是工作部分较短，而颈部较长，主偏角较大。标准机用铰刀的主偏角为 15°。

手用铰刀的柄部作成方榫形，以便扳手或铰杠套入，用手工旋转铰刀来进行铰孔。手用铰刀的工作部分较长，主偏角较小，一般为 40′～4°。

2. 铰削余量

(1) 铰削余量是由上道工序（钻孔或扩孔）留下来在直径方向的余量。铰削余量即不能太大也不能太小，太大，会使刀齿切削刃负荷增大，变形增大，使铰出的孔径尺寸精度降低，表面粗糙度值增大。太小，上道工序残留变形难以纠正，原切削痕迹才能去除，影响孔

的形状精度和表面粗糙度。用高速钢标准铰刀铰刀时，切削余量见下表

铰 削 余 量 （单位：mm）

铰孔直径	<5	5~20	21~32	33~50	51~70
铰削余量	0.1~0.2	0.2~0.3	0.3	0.5	0.8

（2）机铰时的进给量（f） 铰削钢及铸铁时，$f=0.5\sim1\text{mm/r}$；铰削铜或铝材料时，$f=1\sim1.2\text{mm/r}$。

（3）机铰时的切削速度（v） 用高速钢铰刀铰削钢件时，$v=4\sim8\text{m/min}$；铰削铜件时，$v=8\sim12\text{m/min}$。

3. 切削液对铰孔质量的影响

铰孔时加注乳化液，铰出的孔径小于铰刀尺寸，且表面粗糙度值较小；铰孔时加注切削液，铰出的孔径略大于铰刀尺寸，且表面粗糙度值较大；铰孔时不加切削液，铰出的孔径最大，且表面粗糙度值也大。

训练内容：台式钻床钻孔

教学要求：1. 了解常用台式钻床及手电钻

2. 能够掌握台式钻床的正确使用方法

操作步骤：

作 业 图	操作步骤及说明	相关知识及要点
	台式钻床 ※简称台钻	● 台钻一般安装在台子上 ● 规格有 6mm 和 12mm 等几种 ● 12mm 台钻表示最大钻孔直径为 12mm ● 台钻的本体高度可适当调整 ● 台钻不适用于锪孔和铰孔
	电钻 ※常用有： （1）手提式电钻(双手操作) （2）手枪式电钻(单手操作)	● 当工件很大或由于孔的位置关系,不能把工件放在钻床上钻孔时,可用电钻钻孔 ● 电钻的尺寸规格有 6mm、10mm、13mm 等几种 ● 电钻由工人直接握持操作

（续）

作 业 图	操作步骤及说明	相关知识及要点
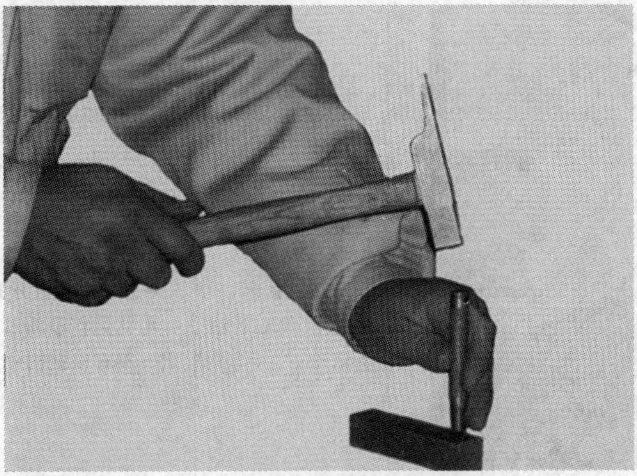	1. 工件划线并打样冲眼	● 按钻孔的位置尺寸要求，划出孔位置的十字中心线 ● 在十字线中点打样冲眼 ● 样冲眼冲大些，可使钻头横刃预先落入样冲眼的锥坑中，钻孔时不易偏心
	2. 装夹工件	● 将工件加工表面与钻头垂直装夹在平口虎钳上 ● 确定钻头直径 ● 一般钻 8mm 以下的小孔时，可用手拿住工件钻孔 ● 一般钻孔直径超过 8mm 时，必须用虎钳夹持工件
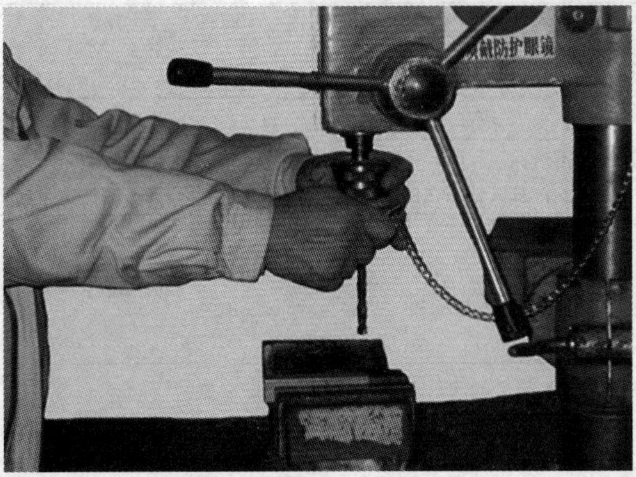	3. 安装钻头 4. 确定切削速度	● 将钳手柄放在钻床工作台左 ● 沿两个方向可靠地旋紧钻头 ● 根据钻头直径、钻头材料、工件材料、表面粗糙度等确定 ● 高速钢钻头钻铸铁时： $v = 14 \sim 22\text{m/min}$； ● 钻钢时： $v = 16 \sim 24\text{m/min}$

（续）

作　业　图	操作步骤及说明	相关知识及要点
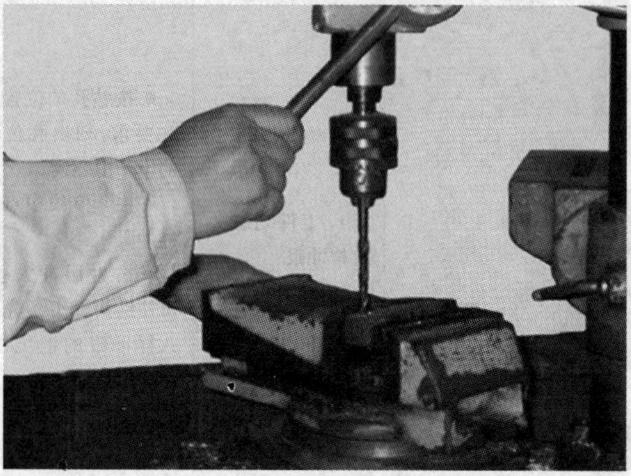	5. 调整工作台的高度 6. 使钻头中心对准工件的钻孔中心 7. 起动钻床 8. 稍微压下钻头钻孔	● 钻头和工件间的距离为 20mm 左右为好 ● 左手移动平口虎钳，右手压下钻头以对准中心 ● 用右手打开开关 ● 钻到直径的二分之一左右以钻出中心孔
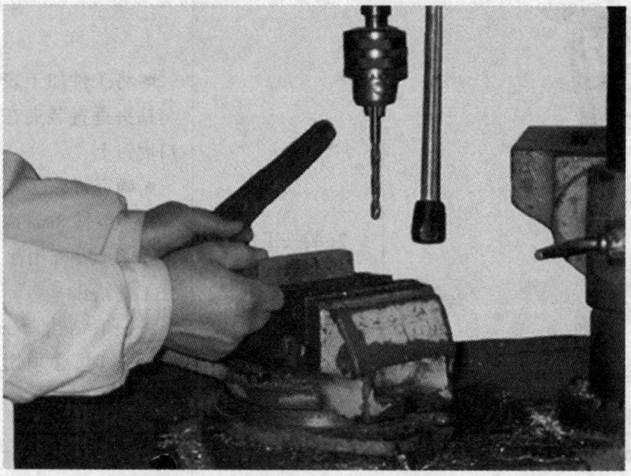	9. 检查钻头的偏心情况 10. 钻孔 11. 拆下工件和钻头	● 停止钻床运转检查 ● 采用手进给操作 ● 在孔将要被钻通之前不要用力，减小进给量 ● 钻不通孔时，按钻孔深度调整挡块并测量尺寸 ● 使用切削液 ● 擦净平口虎钳上的切屑

钻孔常见的废品原因分析

废品形式	废品产生的原因
孔径大于规定尺寸	1. 钻头两切削刃长度不等，角度不对称 2. 钻头摆动（钻头弯曲、钻床主轴有摆动、钻头在钻夹头中未装好和钻头套表面不清洁等引起）
孔壁粗糙	1. 钻头不锋利 2. 进给量太大 3. 后角太大 4. 冷却润滑不充分
钻孔偏移	1. 划线或样冲中心不准 2. 工件装夹不稳固 3. 钻头横刃太长 4. 钻孔开始阶段未借正

（续）

废品形式	废品产生的原因
钻孔歪斜	1. 钻头与工件表面不垂直(工件表面不平整和工件底面有切屑等污物所造成) 2. 进给量太大,使钻头弯曲 3. 横刃太长,定心不良

铰孔时常见的废品原因分析

废品形式	废品产生的原因
表面粗糙度达不到要求	1. 铰刀刃口不锋利或有崩裂,铰刀切削部分和修整部分不光洁 2. 切削刃上粘有积屑瘤,容屑槽内切屑粘积过多 3. 铰削余量太大或太小 4. 切削速度太高,以致产生积屑瘤 5. 铰刀退出时反转,手铰时铰刀旋转不平稳 6. 切削液不充分或选择不当 7. 铰刀径向圆跳动量过大
孔径扩大	1. 铰刀与孔的中心不重合,铰刀径向圆跳动量过大 2. 进给量和铰削余量太大 3. 切削速度太高,使铰刀温度上升,直径增大 4. 操作粗心(未仔细检查铰刀直径和铰孔直径)
孔径缩小	1. 铰刀超过磨损标准,尺寸变小仍继续使用 2. 铰刀磨钝后再使用,而引起过大的孔径收缩 3. 铰钢料时加工余量太大,铰好后内孔弹性复原而孔径缩小 4. 铰铸铁时加了煤油
孔中心不直	1. 铰孔前的预加工孔不直,铰小孔时由于铰刀刚度差,而未能使原有的弯曲得到纠正 2. 铰刀的切削锥角太大,导向不良,使铰削时方向发生偏歪 3. 手铰时,两手用力不匀
孔呈多棱形	1. 铰削余量太大和铰刀切削刃不锋利,使铰削发生“啃切”现象,发生振动而出现多棱形 2. 钻孔不圆,使铰孔时铰刀发生弹跳现象 3. 钻床主轴振摆太大

课题六　攻螺纹和套螺纹

用丝锥在工件孔中切削出内螺纹的加工方法，称为攻螺纹。用板牙在圆柱杆上切削出外螺纹称为套螺纹。

1. 攻螺纹用的工具

(1) 丝锥　丝锥是加工内螺纹的工具，有手用丝锥和机用丝锥，如图 2-9 所示。

丝锥由柄部和工作部分组成。柄部是攻螺纹时被夹持的部分，起传递力矩的作用。工作部分由切削部分 L_1 和校准部分 L_2 组成，校准部分有完整的牙型，用来修光和校准出的螺纹，并引导丝锥沿轴向前进。

丝锥分粗牙和细牙两类。手用丝锥的材料一般用合金工具钢制造，也有用轴承钢制造的。机用丝锥都用高速钢制造。

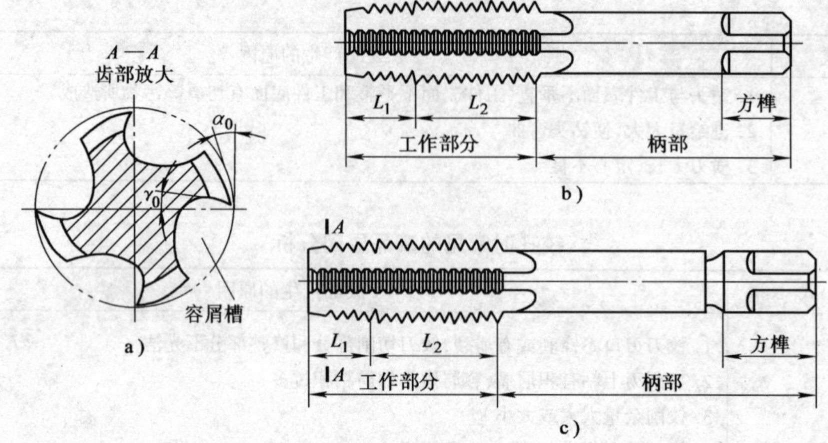

图 2-9 丝锥

a）切削部分放大图 b）手用丝锥 c）机用丝锥

攻螺纹时，为了减小切削力和延长丝锥寿命，一般将整个切削工作量分配给几支丝锥来承担。通常 M6～M24 丝锥每组有两支；M6 以下及 M24 以上的丝锥每组有三支；细牙丝锥为两支一组。成组丝锥切削用量的分配形式有两种：锥形分配和柱形分配。

锥形分配即一组丝锥中，每支丝锥的大、中、小径都相等，只是切削部分的长度及锥角不等。当攻通孔螺纹时，只用头攻（初锥）一次切削即可完成。攻不通孔螺纹时，为了增加螺纹的有效长度，才分别采用头攻（初锥）、二攻（中锥）和三攻（底锥）进行切削。

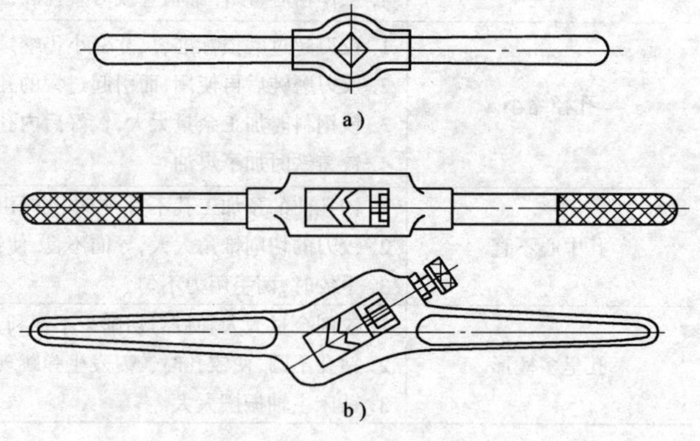

图 2-10 普通铰杠

a）固定式 b）活络式

柱形分配（不等径丝锥）即头攻（第一粗锥）、二攻（第二粗锥）的大径、中径、小径都比三攻（精锥）小。头攻、二攻的中径一样大、小径不一样大，头攻大径小，二攻大径大。柱形分配的丝锥，切削省力，每支丝锥磨损差别小，寿命长，攻制的螺纹表面粗糙度值小。

(2) 铰杠 铰杠是手动攻螺纹时用来夹持丝锥的工具。铰杠分普通铰杠和丁字形铰杠两类，如图 2-10、2-11 所示。

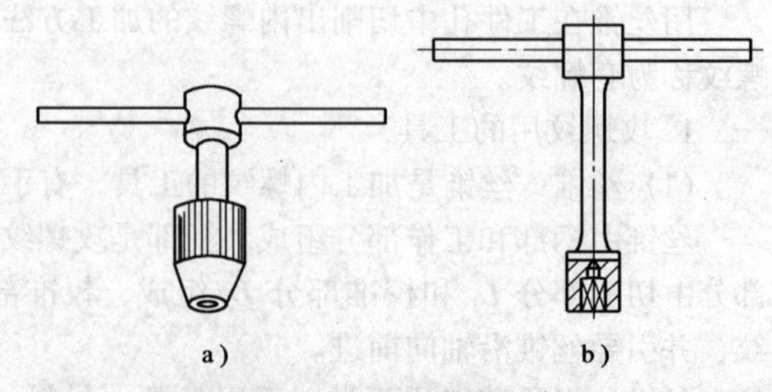

图 2-11 丁字形铰杠

a）活络式 b）固定式

(3) 保险夹头 在钻床上攻螺纹时，要用保险夹头来夹持丝锥，以免当丝锥在负荷过大时或攻不通孔到达孔底时产生丝锥折断或损坏工件等现象。

常用的保险夹头有两种：即钢球式保险夹头和锥体摩擦式保险夹头。

2. 攻螺纹前底孔直径的确定

攻螺纹前的底孔直径（即钻孔直径）必须大于螺纹标准规定的螺纹内径。底孔直径的大小，要根据工件材料的塑性大小和钻孔的扩张量来考虑，使攻螺纹时既有足够的空隙来容纳被挤出金属，又能保证加工出的螺纹得到完整的牙形。钻普通螺纹底孔确定钻头直径参考以下的经验公式。

加工钢和塑性较大的材料，扩张量中等的条件下：

钻头直径 $$D = d - P$$

式中 d——螺纹外径；

P——螺距。

加工铸铁和塑性较小的材料、扩张量较小的条件下：

钻头直径 $$D = d - (1.05P \sim 1.1P)$$

3. 套螺纹用的工具

板牙是加工外螺纹的工具。圆板牙就像一个圆螺母，只是在它上面钻有几个排屑孔并形成切削刃。用板牙在外圆柱面上（或外圆锥面）切削出外螺纹的加工方法，称为套螺纹。

套螺纹用的工具有板牙如图 2-12 所示和板牙架如图 2-13 所示。板牙有封闭式和开槽式两种结构。

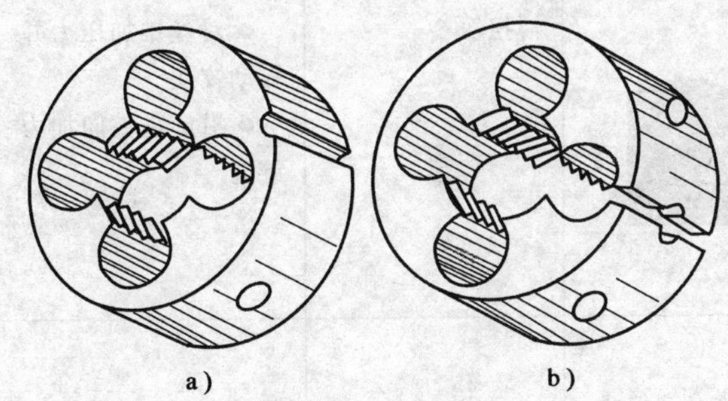

图 2-12 板牙

a）封闭式 b）开槽式

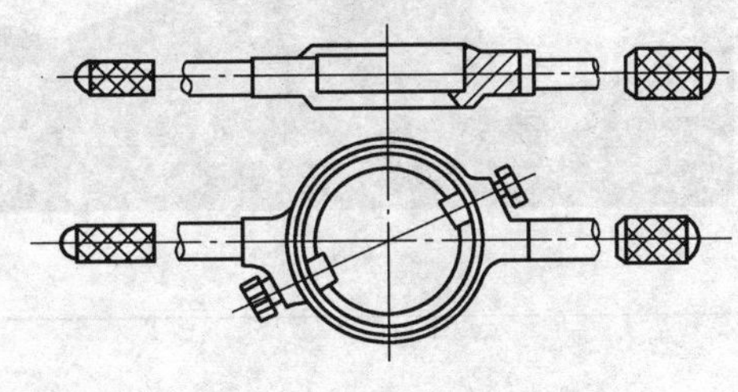

图 2-13 板牙架

4. 套螺纹前圆柱杆直径的确定

与丝锥一样，用板牙在钢料上套螺纹时，圆柱杆直径应比螺纹的外径（公称直径）小一些。

圆柱杆直径可用下列经验公式计算：

圆柱杆直径 $$D = d - 0.13P$$

式中 d——螺纹外径（mm）；

P——螺距（mm）。

训练内容（一）：攻螺纹

教学要求：能够正确地进行攻螺纹操作

操作步骤：

作 业 图	操作步骤及说明	相关知识及要点
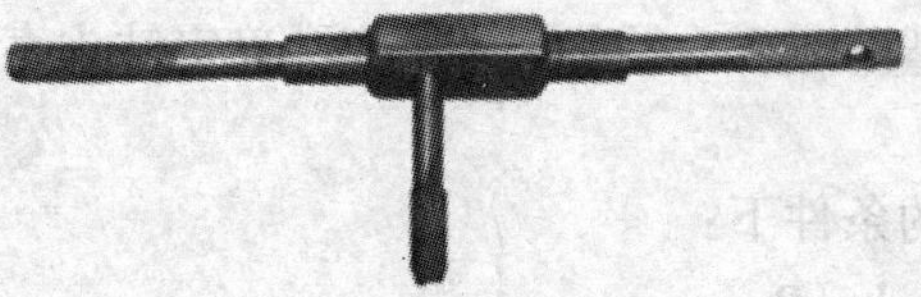	1. 将头锥装在铰杠上	● 选择适合丝锥大小的铰杠 ● 要固紧好 ● 一般攻 M5 以下的螺纹孔，宜用固定铰杠 ● 工件的装夹位置要正确
	2. 将丝锥插入底孔内 3. 旋进 2～3 牙，在旋进时不要撬扭	● 攻螺纹前的底孔必须倒角 ● 通孔螺纹两端都倒角 ● 丝锥应垂直孔的表面插入 ● 两手用力要均匀 ● 对丝锥加压力并转动铰杠 ● 沿旋进方向加力旋进
	4. 检查垂直度状况	● 当切入 1～2 圈时观察和校正丝锥的位置 ● 保证丝锥与孔端面垂直 ● 可以用肉眼直接观察 ● 或用 90°角尺从丝锥的两侧检查 ● 调整丝锥的角度

（续）

作业图	操作步骤及说明	相关知识及要点
	5. 进一步向右旋进攻出螺纹 6. 逆向旋出 7. 反复进行前面步骤，直到完成攻螺纹	● 旋进 1/4 圈 ● 铰杠每转 1/2 ~ 1 圈，应倒转约 1/2 圈 ● 边攻螺纹边检查垂直度
	8. 经常清除孔内的切屑以防堵塞 9. 头锥攻好后，依次用中锥、底锥继续攻螺纹	● 攻不通孔螺纹时，要经常退出丝锥，排除孔中的切屑 ● 步骤与头锥加工方法相同

攻螺纹时常见的废品原因分析

废品形式	废品产生的原因
烂牙	1. 螺纹底孔直径太小，丝锥不易切入，孔口烂牙 2. 换用二锥、三锥时，与已切出的螺纹没有旋合好就强行攻制 3. 头锥攻螺纹不正，用二锥、三锥时强行纠正 4. 对塑料材料未加切削液或丝锥不经常倒转，而把已切出的螺纹啃伤 5. 丝锥磨钝或切削刃有粘屑 6. 丝锥铰杠掌握不稳，攻铝合金等强度较低的材料时，容易被切烂
滑牙	1. 攻不通孔螺纹时，丝锥已到底仍继续扳转 2. 在强度低的材料上攻较小螺纹时，丝锥已切出螺纹仍继续加压力，或攻完退出时连铰杠转出
螺孔攻歪	1. 丝锥位置不正确 2. 机攻时丝锥与螺孔不同轴
螺纹牙深不够	1. 攻螺纹前底孔直径太大 2. 丝锥磨损

套螺纹时常见的废品原因分析

废品形式	废品产生的原因
烂牙	1. 未进行必要的润滑，板牙把工件上螺纹粘去一部分 2. 板牙一直不倒转，切屑堵塞把螺纹啃坏 3. 圆杆直径太大 4. 板牙歪斜太多，借正时造成烂牙

（续）

废品形式	废品产生的原因
螺纹歪斜	1. 圆杆端部倒角不良，使板牙位置不易放准，切入时歪斜 2. 两手用力不均，使板牙位置发生歪斜
螺纹中径小（齿形瘦小）	1. 板牙铰杠经常摆动和借正位置，使螺纹切去过多 2. 板牙已切入，仍继续加压力
螺纹太浅	1. 圆杆直径太小 2. 板牙调节得直径过大

训练内容（二）：钻孔、攻螺纹综合操作

实训工件图号：Q-K04

操作流程：

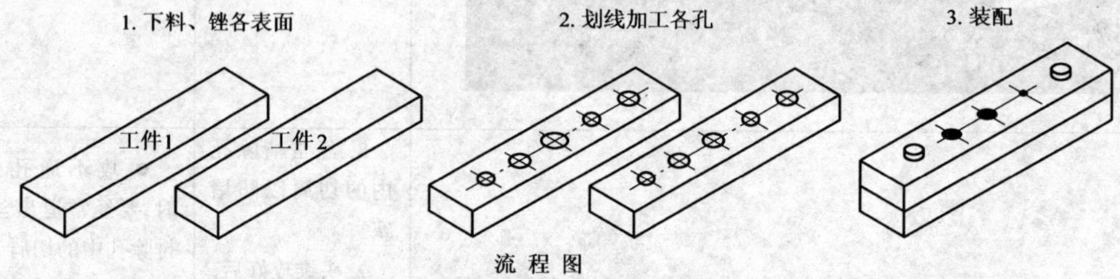

流 程 图

教学要求： 1. 能够进行钻孔、攻螺纹操作

2. 能够正确地掌握钻床的操作方法

操作步骤：

作 业 图	操作步骤及说明	相关知识及要点
工件1　工件2	1. 下料 ※工件 1、2 相同	● 去毛刺 ● 检查尺寸
B　A　C	2. 锉削 *A* 面 3. 锉削 *B* 面 4. 锉削 *C* 面	● 两块都要锉削 ● 锉到机加工纹消失 ● 锉纹沿长度方向 ● 两块都要锉削 ● 检查垂直度 锉到机加工纹消失
E　D　F	5. *D*、*E*、*F* 面划线 6. 粗加工 *D*、*E*、*F* 面 7. 精锉 *D*、*E*、*F* 面	● 按照图样要求划线 ● 两块都要加工 ● 锉到离划线线条 0.5mm 以内 ● 两块都要加工 ● 锉到离划线线条 0.5mm 以内

（续）

作　业　图	操作步骤及说明	相关知识及要点
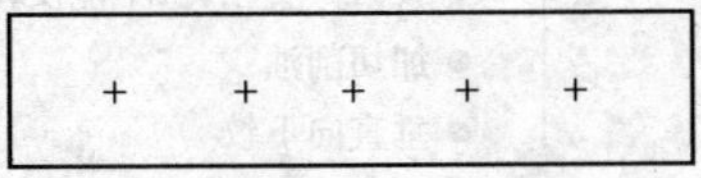	8. 划钻孔位置线	● 两块都要划线 ● 使用划线架 ● 第一和第五个孔为六角螺栓联接孔 ● 第二个为圆柱头螺钉联接 ● 第三个沉头螺钉联接 ● 第四个销联接
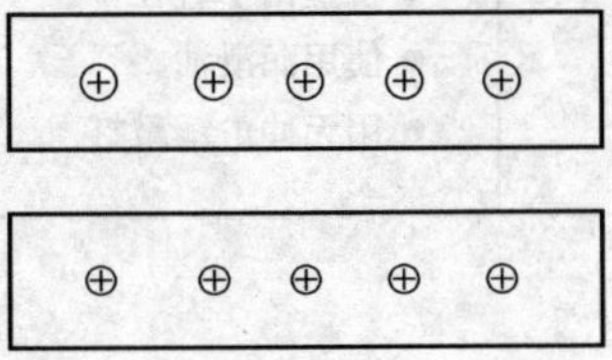	9. 打中心样冲眼 10. 划圆周线 11. 检查划线线条	● 中心不要偏 ● 两块都要打中心样冲眼 ● 两块都要划线 ● 使用划线圆规 ● 用游标卡尺 ● 两块都要检查
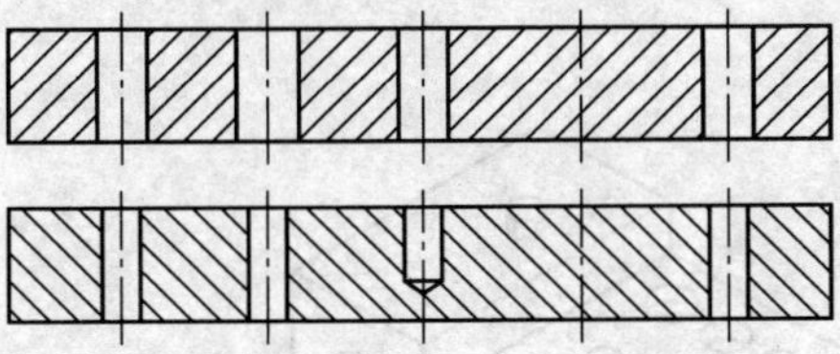	12. 零件 2 钻孔 ※确定钻头直径	● 先钻螺纹底孔 ● 第一、二、五个为通孔 ● 第三个为不通孔 ● 不通孔要注意深度 ● 检查攻螺纹用的底孔 ● 销孔装配时作
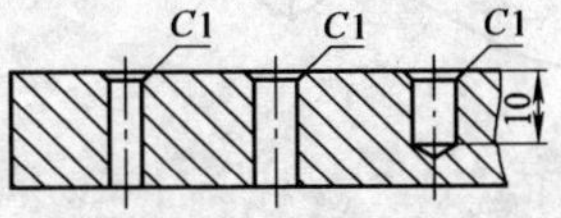 C1　C1　C1　10	13. 倒角	● 用倒角钻头倒角 ● 两面倒角均为 C1
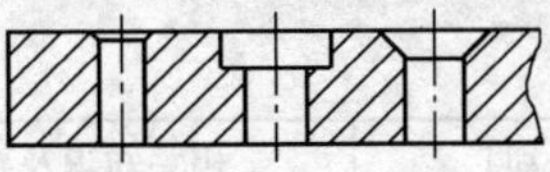	14. 零件 1 钻孔 15. 零件 1 锪孔 16. 倒角	● 先钻小直径的孔 ● 销孔要装配时钻 ● 注意锪沉孔、锪锥孔的深度 ● 调整钻床的速度 ● 用钻头倒角
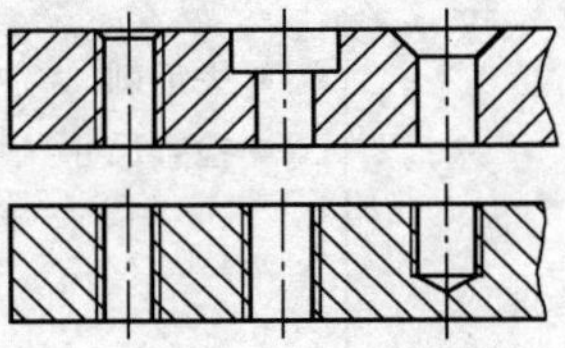	17. 攻螺纹 18. 修整零件 1 和 2 的四边	● 先攻小直径的螺纹孔 ● 保证垂直度 ● 注意不通孔的深度 ● 清除伤痕、毛刺 ● 各棱边倒角 C0.1
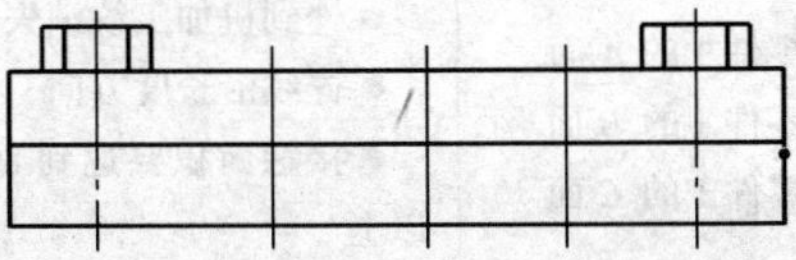	19. 装配零件 1 和 2 20. 配钻 ϕ5mm 绞孔的底孔 21. 倒角	● 使零件 1 和 2 的各边齐平一致 ● 可靠地旋紧螺栓 ● 先钻 ϕ4.5mm 孔 ● 再扩钻 ϕ4.8mm 孔 ● 用钻头倒角

（续）

作 业 图	操作步骤及说明	相关知识及要点
	22. 铰 ϕ5mm 孔	● 铰刀一直正转，不能反转 ● 加切削油 ● 垂直向下铰
	23. 清洁铰过的孔 24. 打入销子 25. 交出	● 清除切屑等 ● 检查销子直径 ● 使用润滑油 ● 用无冲击锤敲打

训练内容（三）：综合练习操作

实训工件图号：Q-K05

作业流程：

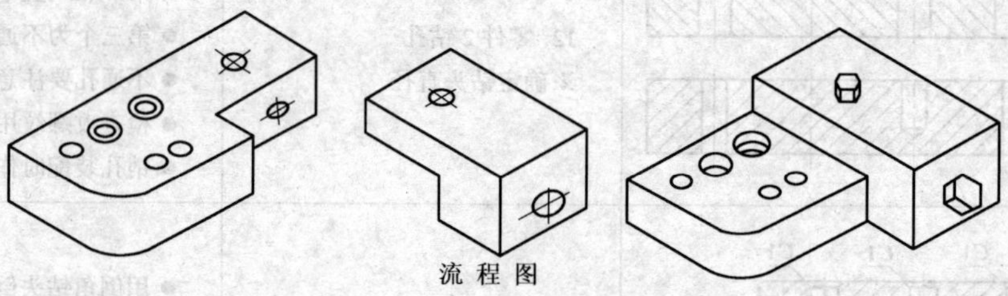

流 程 图

教学要求： 1. 能够进行锉削操作

2. 能够进行钻孔、锪孔、铰孔、攻螺纹操作

3. 能够进行基本装配操作

操作步骤：

作 业 图	操作步骤及说明	相关知识及要点
工件1 工件2	1. 下料	● 去毛刺 ● 检查尺寸
A B C	2. 锉削零件 1 的 *A* 面 3. 锉削零件 1 的 *B* 面 4. 锉削零件 1 的 *C* 面	● 锉到机加工纹消失 ● 锉纹沿长度方向 ● 接触面积要达到 80% 以上

（续）

作 业 图	操作步骤及说明	相关知识及要点
	5. 零件 1 的 D、E、F 面划线 6. 粗加工零件 1 的 D、E、F 面 7. 精加工零件 1 的 D、E、F 面	● 按照图样要求划线 ● 锉到离划线线条 0.5mm 以内 ● 尺寸精度在 0.05mm 以内 ● 锉纹沿长度方向
	8. 零件 1 的 G、H 面划线 9. 切割	● 按照零件图样要求 ● 正反面划线 ● 注意检查尺寸 ● 离划线线条 1mm 以内
	10. 粗加工 G、H 面 11. 半精加工零件 1 的 G 面 12. 精加工零件 1 的 H 面 ※保证尺寸 70mm 13. 精加工零件 1 的 G 面 ※保证尺寸 40mm 14. 各棱边倒角 C0.5	● 锉到离划线线条 0.5mm 以内 ● 尺寸精度为 +0.1mm ● 不要切入边角部 ● 尺寸精度在 0.05mm 以内 ● 锉纹沿长度方向 ● 不要切入边角部
	15. 零件 1 的钻孔位置划线 16. 打中心样冲眼 17. 划圆周线 18. 检查划线尺寸	● 按照图样尺寸 ● 中心要正确 ● 用划线圆规划 ● 用游标卡尺
	19. 零件 1 钻孔 ※注意孔是否偏心 ※侧面 1 个 M6 螺纹底孔	● 一般先钻小直径的孔 ● 确定底孔直径，选择钻头 ● 钻螺纹底孔 ● 要注意不通孔的深度

（续）

作　业　图	操作步骤及说明	相关知识及要点
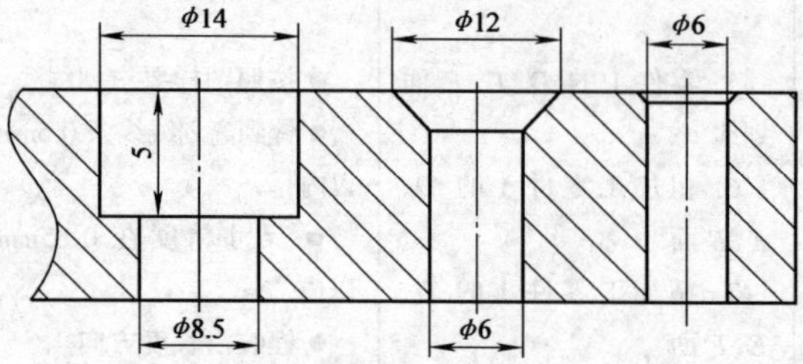	※大平面上 3 个 M8 螺纹底孔 ※一个销孔 ※二个沉孔 20. 螺纹底孔倒角	● 选择钻头 ● 先钻孔后铰孔 ● 先钻孔后锪孔 ● *C*1
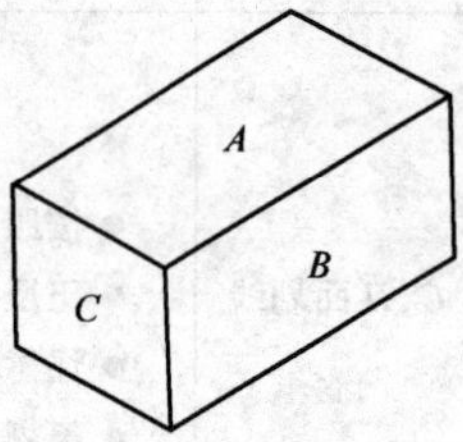	21. 锉削零件 2 的 *A* 面 22. 锉削零件 2 的 *B* 面 23. 锉削零件 2 的 *C* 面	● 锉到机加工纹消失 ● 锉纹沿长度方向 ● 接触面积要过到 80% 以上
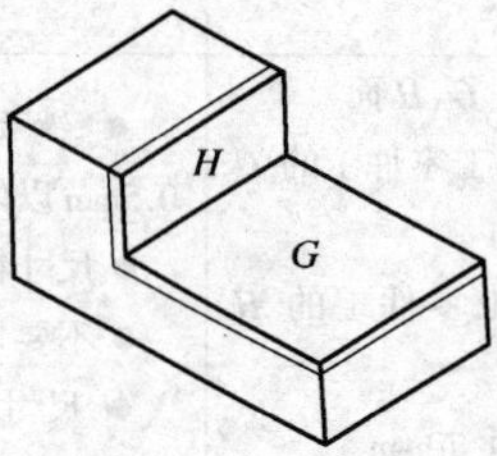	24. 零件 2 的 *G*、*H* 面划线 25. 切割 26. 粗加工	● 按照图样要求 ● 离开划线线条 1mm 以内 ● 锉到离划线线条 0.5mm 以内
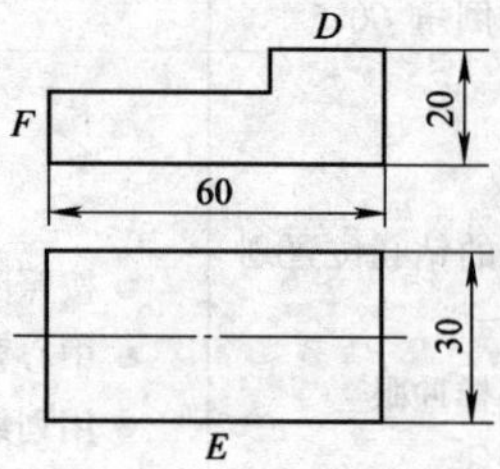	27. 零件 2 的 *D*、*E*、*F* 面划线 28. 精加工零件 2 的 *D*、*E*、*F* 面 ※加工 *D* 面保证尺寸 20mm ※加工 *E* 面保证尺寸 30mm ※加工 *F* 面保证尺寸 100mm	● 按图样要求 ● 尺寸精度在 0.05mm 以内 ● 锉纹沿长度方向
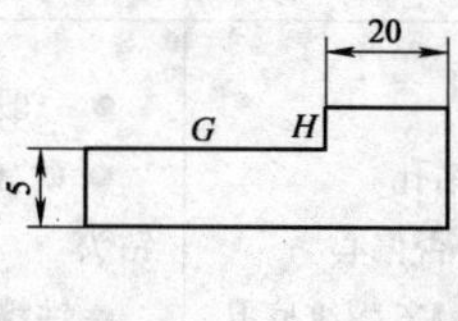	29. 半精加工零件 2 的 *G* 面 30. 精加工零件 2 的 *H* 面 ※保证尺寸 20mm 31. 精加工零件 2 的 *G* 面 ※保证尺寸 5mm 32. 各棱边倒角	● 尺寸精度为 + 0.1mm 以内 ● 不要切入边角部 ● 尺寸精度在 + 0.5mm 以内 ● 锉纹沿长度方向 ● 不要切入边角部

（续）

作 业 图	操作步骤及说明	相关知识及要点
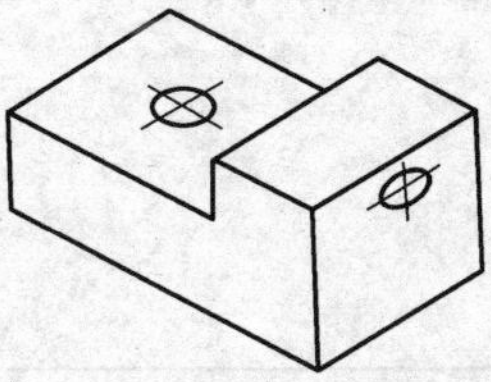	33. 零件 2 钻孔位置划线 34. 打中心样冲眼 35. 划圆周线 36. 检查划线尺寸 37. 零件 2 钻孔 ※注意孔是否偏心 38. 倒角	● 按照图样 ● 中心要正确 ● 用划线圆规 ● 用游标卡尺 ● 先钻小孔 ● 要注意不通孔的深度 ● *C*1
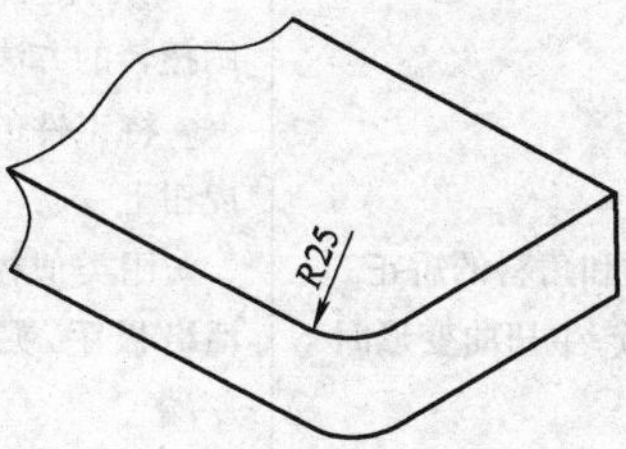 R25	39. 加工零件 1 的圆弧 ※ *R*25	● 沿划线线条锉削 ● 锉纹沿长度方向
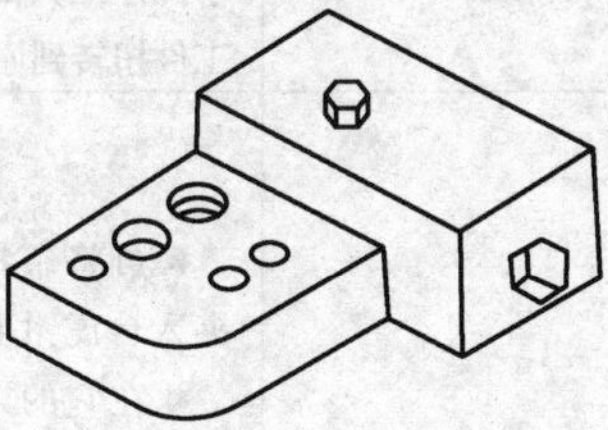	40. 零件 1 攻螺纹 41. 零件 1、2 装配 42. 交出	● 对齐配合面位置 ● 牢牢地旋紧螺栓 ● 清洗干净

课题七 矫 正

一、矫正概念

消除条料、棒料或板料不应有的弯曲或翘曲变形等缺陷，这种工作称为矫正。

矫正可在机器上进行，也可用手工进行矫正。手工矫正由钳工用锤子在平台、铁砧或台虎钳等工具上进行，包括扭转、弯曲、延展和伸张等方法，使工件恢复到原来的形状。

矫正过程中，材料由于受锤打，金属组织变得紧密，所以矫正后，金属材料表面硬度增加，性能变脆。这种在冷加工塑性变形过程中产生的材料变硬现象叫做冷作硬化。冷化硬作后的材料给进一步的矫正或其他冷加工带来困难，必要时可进行退火处理，使材料恢复到原来的机械性能。

二、手工矫正工具

1. 矫正平板和铁砧

平板用作矫正较大面积板料或工件的基座。铁砧用作敲打条料或角钢时的砧座。

2. 软、硬手锤

矫正一般材料，通常使用钳工锤子和方头锤子。矫正已加工过的表面、薄钢件或有色金属制件，应使用软锤子（如铜锤、木锤和橡胶锤等）。

3. 螺旋压力机

用于矫正较长轴类零件或棒料。

4. 抽条和方条

抽条是用条状薄板料弯成的简易手工具，用于抽打较大面积的薄板料。木方条是用质地较硬的檀木制成的专用工具，用于敲打板料。

5. 检验工具

平板、90°角尺、钢直尺和百分表等。

训练内容：常用的矫正方法

作业图	矫正方法	说明
	1. 条料和角料的矫正 ※条料产生扭曲变形时	● 条料扭曲变形时，可用扭转的方法进行矫正 ● 将工件的一端夹在台虎钳上 ● 用类似板手的工具或活络板手，夹在工具的另一端 ● 左手按住工具上部，右手握住工具的末端，施力使工件扭转到原来的形状
a) b)	※条料产生弯曲变形时	● 可将条料弯曲附近处夹入台虎钳上 ● 在它的末端用板手朝相反的方向扳动，使弯曲处初步板直 ● 也可将条料的弯曲处放在台虎钳口内，利用台虎钳将客观存在初步夹直
	※条料在厚度方向上弯曲时	● 可先将条料的凸面向上放在砧铁上，锤打凸面 ● 再将条料平放在铁砧上，锤打弯形弧短的一边材料 ● 经锤击后使下边材料伸长而变直
	※角钢扭曲时	● 将平直部分放在铁砧上，锤击上翘一面 ● 锤击时应由边向里、由重到轻 ● 锤击一遍后，反方向再锤击另一面，方法相同 ● 注意手扶平直一端距离锤击处远些

（续）

作 业 图	矫正方法	说 明
	※角钢向里翘曲时	● 将角钢翘曲的高起处向上平放在砧座上 ● 向里翘起时，锤击角钢的一条边的凸起处 ● 由重到轻的锤击，角钢的外侧面会逐渐趋于平直 ● 角钢与砧座接触的一条边必须和砧面垂直
	※角钢向外翘曲时	● 向外翘起时，应锤击角钢凸起的一条边 ● 不能锤击凸起的面 ● 经锤击后，角钢凸起的内侧面也会随着角钢的边一起逐渐平直
	2. 棒类、轴类的矫直 ※锤击法矫直	● 棒料的弯曲，一般采用锤击法进行矫直 ● 矫直前，应先检查棒料的弯曲程度和弯曲部位，并作记号 ● 把棒料的凸起部位向上放在平板上 ● 用锤子连续锤击棒料凸起的部位
a） b）	※在螺杆压力机上矫直	● 先把轴装在顶尖上或架在V形块上，使轴转动，划出弯曲部位 ● 矫直时，把轴放在V形块上，凸起部位向上 ● 转动螺杆使压块在凸起部位，可适当地压过头一些 ● 用百分表检查轴的弯曲情况

（续）

作 业 图	矫正方法	说 明
圆木	※卷曲线材的拉直	● 卷曲细长线材，可用伸张来矫直 ● 将卷曲线材的一端夹在虎钳上 ● 从钳口处的一端开始，把线在一圆木上绕一圈 ● 用左手握住圆木向后拉，右手展开线材，把它拉直
凸起	3. 板料的矫平 ※板料中间凸起	● 矫平板料是一种比较复杂的操作 ● 根据翘起的情况不同，采用适当地矫正方法 ● 板料矫平时，千百万不能锤击凸起部位 ● 锤击时，应锤击边缘，从外到里逐渐由重到轻，由密到稀

课题八　钳工综合操作

训练内容（一）：镇纸的制作

操作流程：

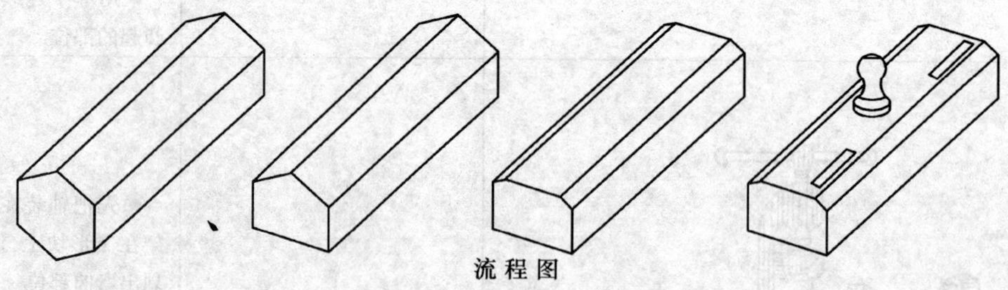

流 程 图

教学要求：掌握手工加工的基本技术

操作步骤：

作 业 图	操作步骤及说明	相关知识及要点
a *b* A	1. 下料 ※六棱棒料 2. 加工 *A* 面	● 去毛刺 ● 检查尺寸 ● 以交点 *a*、*b* 为大致基准 ● 沿长度方向修整 ● 误差为 0.1mm 以内

（续）

作　业　图	操作步骤及说明	相关知识及要点
B	3. 划厚度尺寸线 4. 加工 *B* 面	● 一次清楚地划出 ● 误差 0.1mm 以内 ● 沿长度方向修整
C	5. 加工端面 *C*	● 要加工成直角 ● 沿纵向修整
规定尺寸 D	6. 划出总长尺寸线 7. 加工总长尺寸的 *D* 面	● 一次清楚地划出 ● 误差为 0.2mm 以内 ● 沿纵向修整
	8. 划钻孔位置线 9. 打中心样冲眼	● 根据图样划线 ● 要打在正中心位置
	10. 钻孔 11. 攻螺纹	● 不要偏离中心 ● 注意钻孔深度 ● 丝锥要垂直攻入
1 10 40 40 10	12. 划刻印的位置线 13. 刻印标记 ※标记刻日期及姓名	● 用铅笔划线 ● 注意刻印位置 ● 一次正确地刻印出
	14. 对 *C*、*D* 面进行倒角 15. 对四周进行修整	● 交点处要形成一点 ● 倒角宽度要整齐 ● 沿长度方向修整 ● 按规定方向进行修整 ● 清除伤痕、打痕等 ● 直到刻印标记后的刻印记号消失为止

（续）

作　业　图	操作步骤及说明	相关知识及要点
	16. 用砂纸精加工四周 17. 检查捏手 18. 用砂纸精加工捏手 19. 将捏手旋入主体 20. 交出	● 直到锉纹消失为止 ● 有无伤痕、打痕 ● 螺纹旋合深度 ● 直到机加工纹消失为止

训练内容（二）：制作中心冲头

实训工件图号：Q-ZZ01

操作流程：

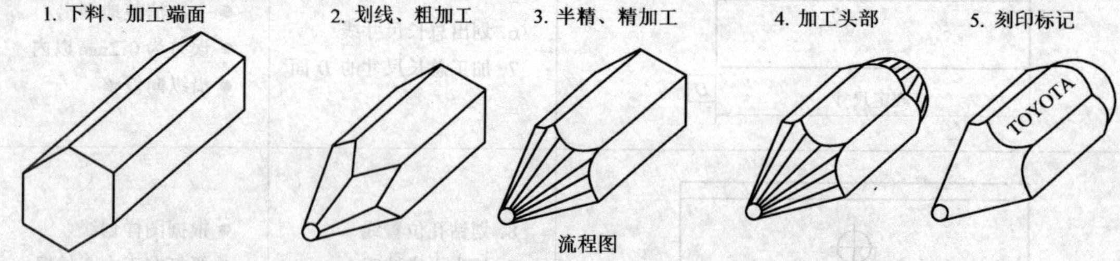

流程图

教学要求：1. 掌握手工加工作业的基本技术

2. 学会曲面加工方法

操作步骤：

作　业　图	操作步骤及说明	相关知识及要点
*A*面	1. 下料 ※六棱棒料 ※尺寸 12mm 2. 加工左端面 *A*	● 去毛刺 ● 按规定尺寸 ● 检查尺寸 ● 注意成直角
*B*面 规定尺寸	3. 划总长尺寸线 4. 加工出总长尺寸 *B* ※保证尺寸 110mm	● 根据图样划总长尺寸线 ● 一次清楚地划出 ● 误差在 0.1mm 以内
φ2 5　55	5. 加工圆锥形头部 ※划线 ※粗加工 ※尺寸 55mm、5mm、2mm	● 根据图样划线 ● 一次清楚地划出 ● 加工到离划线线条 1mm 的位置
	※半精加工 ※精加工曲面	● 各多边形要相等 ● 使圆弧线、圆弧交点齐平

（续）

作　业　图	操作步骤及说明	相关知识及要点
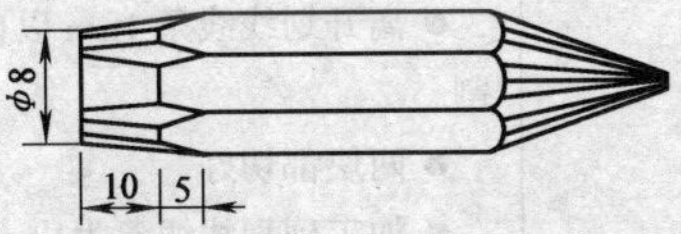	6. 加工圆锥形顶部 ※划线 ※粗加工 ※半精加工 ※尺寸 10mm、5mm、φ8mm	● 根据图样划线 ● 一次清楚地划出 ● 加工到离划线线条1mm 的位置 ● 各多边形要相等
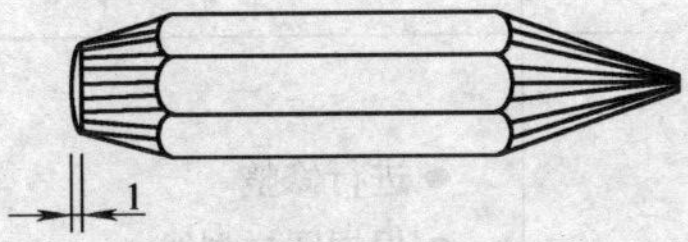	7. 精加工圆锥顶部 ※顶部弧面尺寸 1mm	● 直到锉纹消失为止
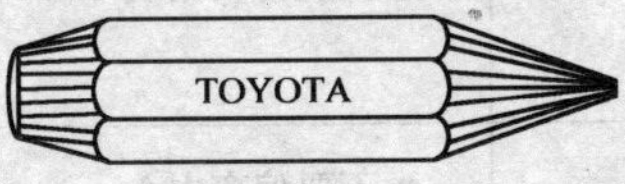	8. 刻印标记 ※标记刻姓名 9. 修整四周	● 边刻印边检查位置 ● 直到刻印标记打好后，刻印记号消失为止 ● 清除伤痕、打痕等
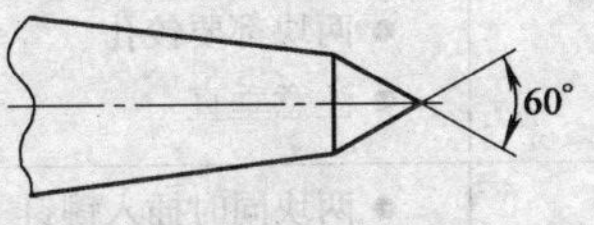	10. 对头部和顶部进行淬火 11. 头部磨出中心顶尖 12. 交出	● 用双面砂轮机 ● 磨成 60°

训练内容（三）：制作卡钳

实训工件图号：Q-ZZ02

操作流程：

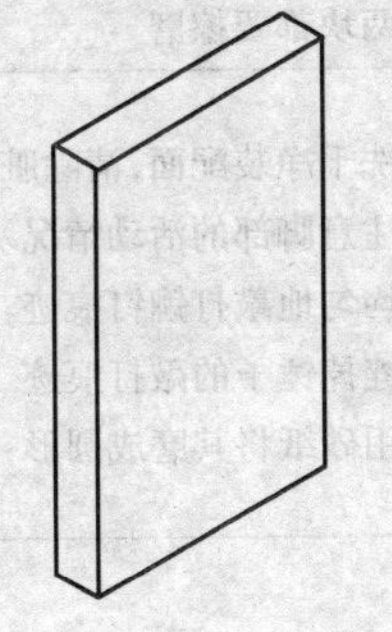
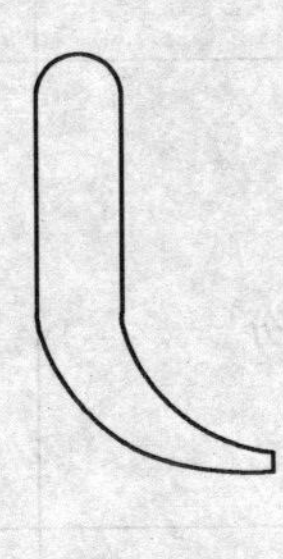
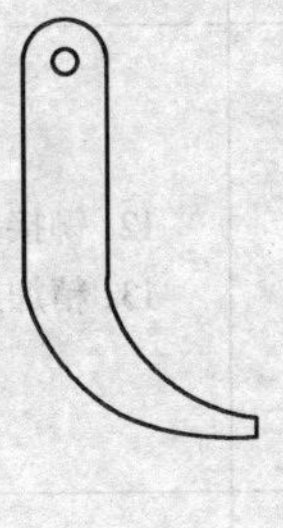
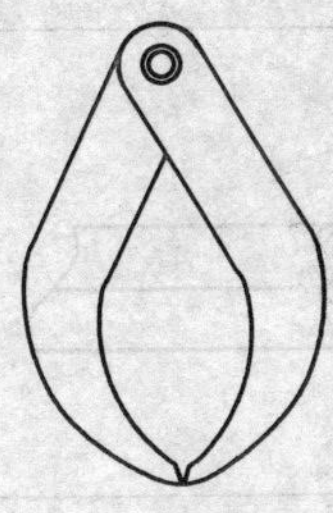

流程图

教学要求： 1. 掌握手工加工作业的基本技术

2. 学会曲面加工方法

操作步骤：

作　业　图	操作步骤及说明	相关知识及要点
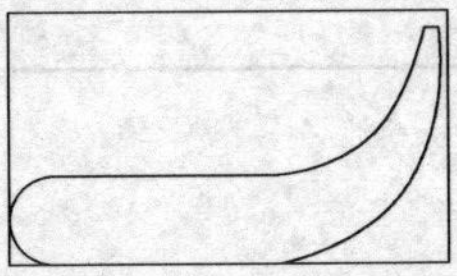	1. 下料 2. 划线	● 去毛刺 ● 检查尺寸 ● 根据图样划线 ● 一次清楚地划出 ● 两块都要划线

（续）

作　业　图	操作步骤及说明	相关知识及要点
	3. 切割 4. 粗加工	● 离开划线线条 1mm 以内的位置切割 ● 两块都切好 ● 加工到划线线条为止 ● 两块都加工好
	5. 精加工四周 6. 划钻孔位置线	● 进行修整 ● 根据图样划线 ● 两块都要划线
$\phi 6$	7. 钻孔 8. 铰孔	● 不要偏离中心 ● 两块都要钻孔 ● 两块都要铰孔 ● 注意垂直
	9. 精加工圆弧头部 10. 修整四周 11. 用砂纸精加工四周	● 两块同时插入铆钉 ● 不要从划线线条开始切入 ● 锉纹要齐 ● 清除伤痕 ● 两块都修整好 ● 直到锉纹消失为止 ● 两块都要擦磨
	12. 铆接头部 13. 精加工铆接部分	● 洗干净装配面，清除脏物等 ● 注意脚部的活动情况 ● 均匀地敲打铆钉痕迹 ● 锉掉锤子的敲打痕迹 ● 用砂纸将其磨成圆形
	14. 精加工两脚（测量面） 15. 交出	● 使两脚相吻合 ● 根据图样检查

训练内容（四）：制作划线架

实训工件图号：Q-ZZ03

操作流程：

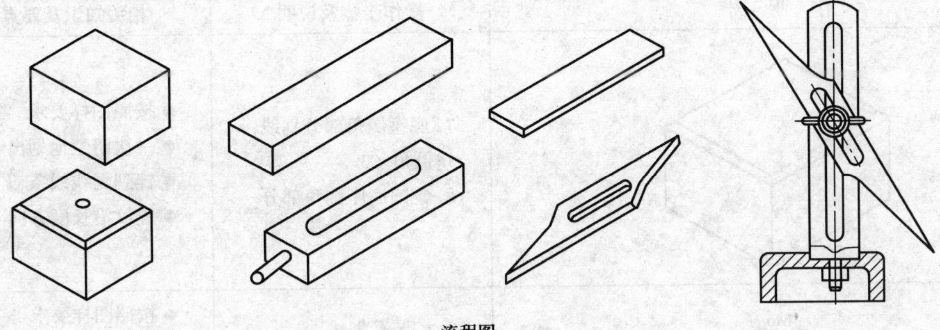

流程图

教学要求： 1. 掌握手工加工作业的基本技术

2. 能够进行钻孔、攻螺纹操作

操作步骤：

作 业 图	操作步骤及说明	相关知识及要点
底座 划针杆 划针	1. 下料 ※底座料 ※划针杆料 ※划针料	● 尺寸按图样 ● 去毛刺 ● 检查尺寸
A B C	2. 锉削底座的 A 面 3. 锉削底座的 B 面 4. 锉削底座的 C 面	● 锉到机加工纹消失 ● 锉纹沿长度方向 ● 检查垂直度 ● 接触面积达到 75% 以上
D	5. 划线	● 按照图样要求 ● 一次清楚地划出
45 65 25	6. 精锉底座的 D、E、F 面 ※锉 D 面保证尺寸 25mm ※锉 E 面保证尺寸 45mm ※锉 F 面保证尺寸 65mm	● 尺寸精度在 ± 0.05mm 以内 ● 平行度在 0.05mm 以内 ● 锉纹沿长度方向 ● 接触面积要达到 75% 以上

（续）

作 业 图	操作步骤及说明	相关知识及要点
	7. 底座倒角部分划线 ※倒角 C3 8. 锉削底座倒角部分	● 按照图样要求 ● 一次清楚地划出 ● 锉到划线线条 ● 锉纹沿长度方向
M6	9. 安装孔划线 10. 钻孔 11. 倒角 12. 攻螺纹 13. 四周轻倒角	● 按照图样要求 ● 一次清楚地划出 ● 不要使中心偏移 ● C0.5～C1.0 ● 要保证垂直 ● C0.1
A B C	14. 锉削划线杆的 A 面 15. 锉削划线杆的 B 面 16. 锉削划线杆的 C 面	● 锉到机加工纹消失 ● 锉纹沿长度方向 ● 检查垂直度 ● 接触面积达到 75%以上
150 26 8	17. 划线 18. 精锉划线杆的 D、E、F 面 ※锉 D 面保证尺寸 8mm ※锉 E 面保证尺寸 26mm ※锉 F 面保证尺寸 150mm	● 按照图样要求 ● 一次清楚地划出 ● 尺寸精度在 ±0.05mm 以内 ● 平行度误差在 0.05mm 以内 ● 锉纹沿长度方向 ● 接触面积要达到 75%以上
	19. 划线杆长孔部分划线 20. 钻孔排料	● 按照图样划线 ● 划线后用游标卡尺检查 ● 用 φ8mm 钻头 ● 不要使中心偏移 ● 孔之间要搭接好
	21. 切割 22. 粗加工	● 离划线线条 1mm 以内 ● 锉到离划线线条 0.5mm 以内
G I J H	23. 锉削 G、H 圆弧面 24. 精锉 I、J 面	● 沿划线线条锉削 ● 锉纹沿长度方向 ● 尺寸精度在 ±0.05mm 以内 ● 锉纹沿长度方向

（续）

作　业　图	操作步骤及说明	相关知识及要点
	25. 划针螺杆螺纹部分划线	● 按照图样划线 ● 划线后用游标卡尺检查
	26. 切割 27. 粗加工 28. 精加工	● 离划线线条 1mm 以内 ● 锉到离划线线条 0.05mm 以内 ● 不要切入边角部
	29. 切割 30. 粗加工 31. 精加工	● 离划线线条 1mm 以内 ● 锉到离划线线条 0.05mm 以内 ● 不要切入边角部
	32. 加工螺纹部外圆 ※尺寸 ϕ6mm 33. 端部 60° 34. 套螺纹	● 先锉成等边多棱形 ● 然后锉削成圆柱形 ● 要保证圆度 ● 倒角要均匀 ● M6X1.25 板牙 ● 要保证垂直 ● 一直套到根部
	35. 加工划线针杆头部圆弧 36. 四周轻倒角	● 沿划线线条锉削 ● 锉成圆滑的曲面 ● 倒角 *C*0.1
C A B	37. 锉削划针的 *A* 面 38. 锉削划针的 *B* 面 39. 锉削划针的 *C* 面	● 锉到机加工纹消失 ● 锉纹沿长度方向 ● 锉到机加工纹消失 ● 锉纹沿长度方向 ● 锉到机加工纹消失 ● 锉纹沿长度方向 ● 尺寸精度在 ± 0.05mm 以内
	40. 划线	● 按照图样尺寸 ● 划线后用游标卡尺检查

（续）

作　业　图	操作步骤及说明	相关知识及要点
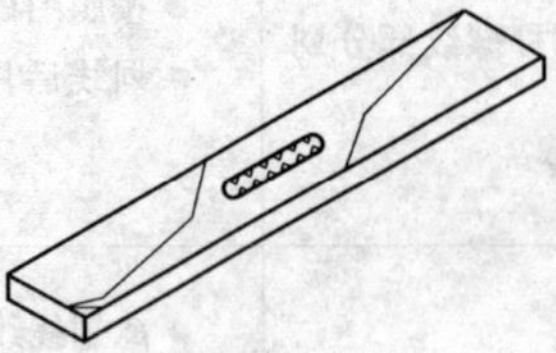	41. 钻孔排料 42. 切割 43. 粗加工	● 用 ϕ8mm 钻头 ● 不要使中心偏移 ● 孔之间要搭接好 ● 离划线线条 1mm 以内 ● 不要切入划线线条 ● 锉到离划线线条 0.5mm 以内 ● 不要切入划线线条
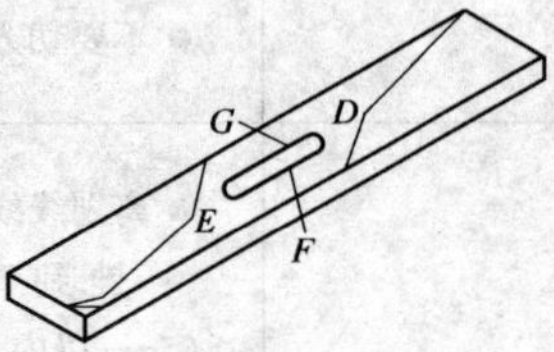 G D E F	44. 锉削 D、E 圆弧面 45. 精锉 F、G 面	● 沿划线线条锉削 ● 锉纹沿长度方向 ● 尺寸精度在 ±0.05mm 以内
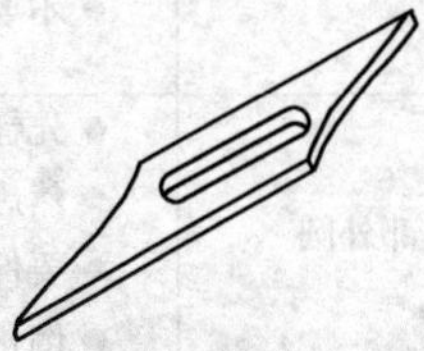	46. 切割 47. 粗加工	● 切割到划线线条 1mm 以内 ● 不要切入划线线条 ● 锉到离划线线条 0.5mm 以内 ● 不要切入划线线条
 H I J K	48. 锉削 H、I、J、K 面	● 沿划线线条锉削 ● 从圆弧部开始锉削 ● 锉纹沿长度方向
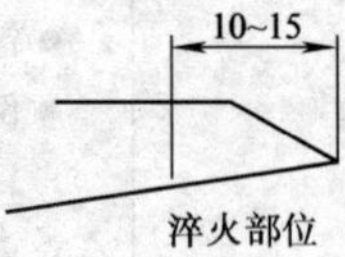 10~15 淬火部位	49. 加工针尖 50. 针尖淬火 51. 装配 52. 交出	● 按照图样 ● 要使针尖部形成一点 ● 火焰淬火 ● 将底座和划线杆牢固地装配好 ● 用碟形螺母固紧划针

第三部分　铣削加工

铣削加工是在铣床上利用刀具的旋转运动和工件的移动（或转动），使工件得到图样所要求的精度和表面质量的加工方法。

铣削的加工精度较高，其经济精度一般为 IT9～IT8 级，最高可达到 IT5 级。表面粗糙度为 $R_a12.5\mu m$～$R_a1.6\mu m$，最高可达到 $R_a0.2\mu m$ 级。因此，铣削加工是机械制造业中的主要工种之一。

铣削加工的范围较广，可以铣削平面、台阶、沟槽、特形面、特形槽、齿轮、螺旋槽，以及切断和镗孔等（图 3-1）。

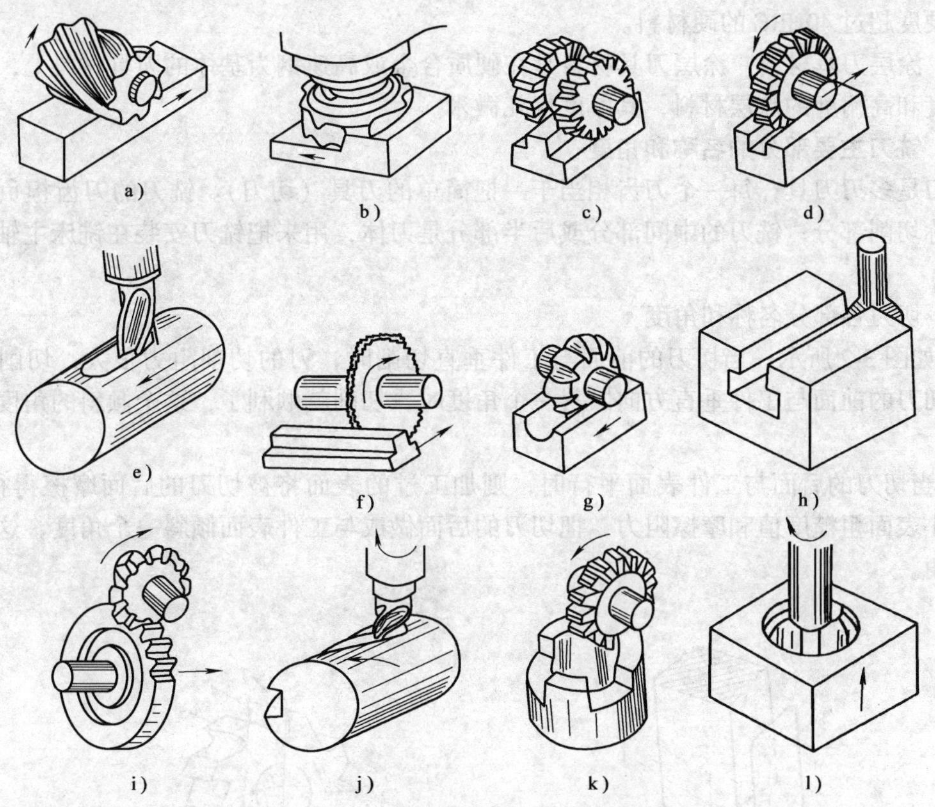

图 3-1　铣削加工的基本内容

a）圆柱形铣刀铣平面　b）面铣刀铣平面　c）铣台阶　d）铣矩形通槽　e）铣键槽
f）切断　g）铣成形面　h）铣特形槽　i）铣齿轮　j）铣螺旋槽　k）铣牙嵌式离合器　l）镗孔

课题一　铣削的基本知识

铣削是以铣刀旋转作主运动，工件或铣刀作进给运动的切削加工方法。

一、铣刀材料

(1) 高速钢　高速钢是高速工具钢的简称。它是以钨 (W)、铬 (Cr)、钒 (V)、钼 (Mo) 和钴 (Co) 为主要合金元素的高速钢。

高速钢的强度较高，韧性较好，能磨出锋利的刃口，并具有良好的工艺性，能锻造，并易加工，是制造刀具的良好材料。

W18Cr4V是属钨系高速钢，是通用高速钢中典型的一种，是钨质量分数为18%、铬的质量分数为4%、钒的质量分数为1%、碳的质量分数为0.75%左右的高速钢。其抗弯强度、冲击韧度和磨锐性等都较好。

(2) 硬质合金钢　硬质合金钢是由高硬度难熔的金属碳化物和金属粘结剂构成，用粉末冶金工艺制成。用于制造刀具的硬质合金，碳化物有碳化钨 (WC)、碳化钛 (TiC) 等，粘结剂以钴 (Co) 为主。硬质合金的硬度为89～94HRA (74～82HRC)，硬度高，耐磨性好。其允许的最高工作温度为800～1000℃，因此切削速度可比高速钢高几倍，可用作高速切削或加工硬度超过40HRC的硬材料。

(3) 涂层刀具材料　涂层刀具材料是在硬质合金或高速钢为基体的刀具材料上，涂上一层高硬度和高耐磨的涂层材料，其厚度仅几微米。

二、铣刀主要部分的名称和角度

铣刀是多刃刀具，每一个刀齿相当于一把简单的刀具 (切刀)。铣刀的刀齿担负切削工作，又称切削部分；铣刀的中间部分或后半部分是刀体，用来把铣刀安装在铣床主轴或刀杆上。

(1) 切刀各部分名称和角度

1) 如图3-2所示，当切刀的前面与工件垂直切削时，刀的切削阻力很大，切削条件不好；当切刀的前面与工件垂直方向倾斜一个角度时，切削就顺利了，这个倾斜的角度就是前角。

2) 当切刀的后面与工件表面平行时，则加工过的表面将被切刀的后面摩擦得很粗糙。为了减小表面粗糙度值和摩擦阻力，把切刀的后面做成与工件表面倾斜一个角度，这个角度就是后角。

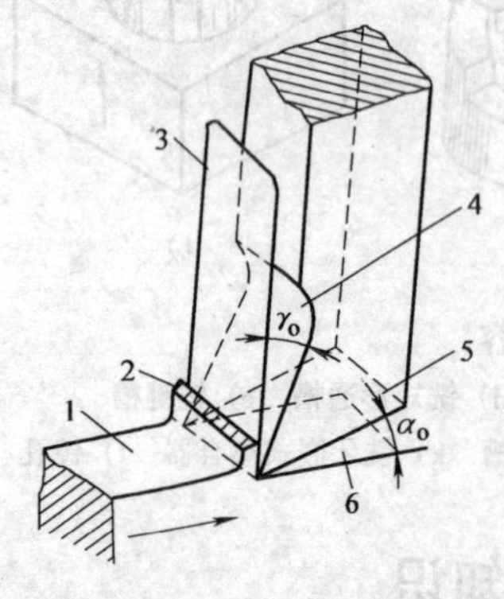

图3-2　切刀各部分名称及角度

1—待加工表面　2—切屑　3—基面　4—前刀面　5—后刀面　6—已加工表面

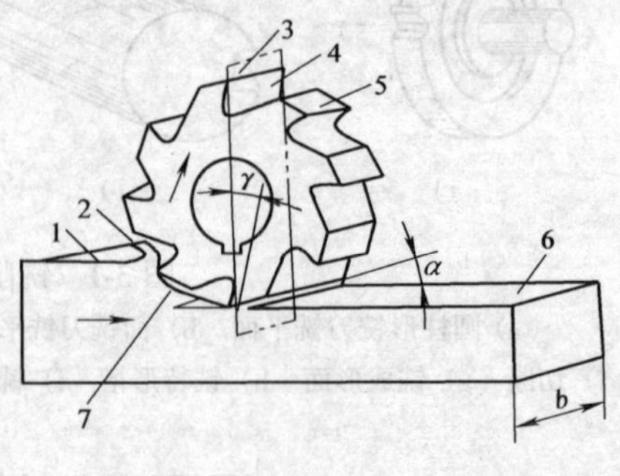

图3-3　圆柱形铣刀及其组成部分

1—待加工面　2—切屑　3—基面　4—前面　5—后面　6—切削平面　7—过渡表面

（2）圆柱形铣刀各部分名称和角度

如图 3-3 所示，若把几把切刀分布在一个圆周上，组成圆柱形铣刀。圆柱形铣刀的前角和后角在铣削时的作用，是和切刀的前角和后角相同的。

三、铣刀的种类、规格及标记

（1）按切削部分的材料分类

1）高速钢铣刀：一般形状较复杂的铣刀和成形铣刀，大多用高速钢制造。为了节省材料，直径较大而不太薄的铣刀，大都做成镶齿的。为了提高生产效率和铣刀寿命，成形铣刀很多采用涂层刀齿。

2）硬质合金铣刀：面铣刀多采用硬质合金刀片做刀齿。其他铣刀采用硬质合金刀片的也日渐增多。

（2）按铣刀用途分类

1）加工平面用的铣刀：加工平面用的铣刀主要有面铣刀和圆柱形铣刀，加工小平面，也可用立铣刀、三面刃盘铣刀。

2）加工沟槽用的铣刀：加工沟槽用的铣刀有立铣刀、三面刃铣刀，如图 3-4 所示。

3）加工键槽用的铣刀：加工键槽用有键槽铣刀和盘形槽铣刀，如图 3-5 所示。

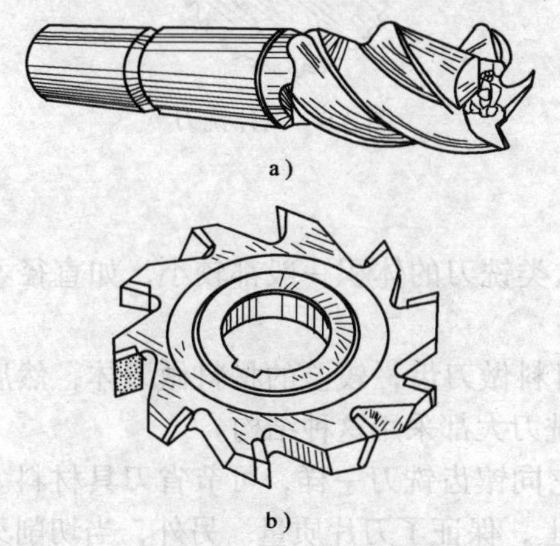

图 3-4　铣沟槽用的铣刀

a）立铣刀　b）三面刃盘铣刀

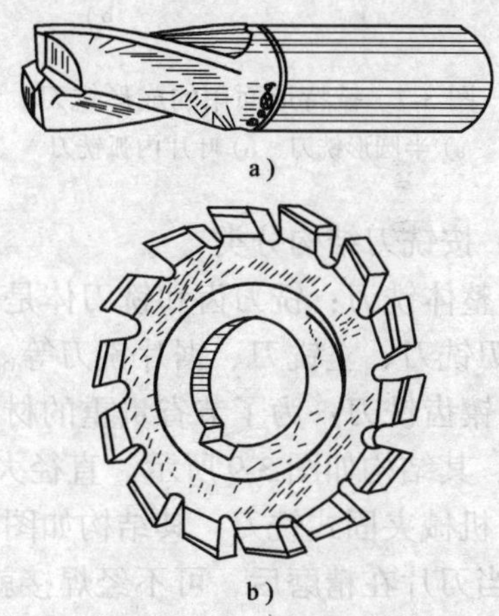

图 3-5　铣键槽用的铣刀

a）键槽铣刀　b）盘形槽铣刀

4）加工特形槽用的铣刀：如图 3-6 所示，有 T 形槽铣刀、燕尾槽铣刀和角度铣刀等。

5）加工成形面用的铣刀：根据成形面的形状而专门设计的成形铣刀又称特形铣刀，如图 3-7 所示，有半圆形铣刀和专门加工叶片成形及特殊形状的根部沟槽的专用铣刀。另外，铣齿轮用的齿轮铣刀等，都是成形铣刀。

6）切断用的铣刀：如图 3-8 所示，锯片铣刀用于切断，这种铣刀也可用作开窄槽。

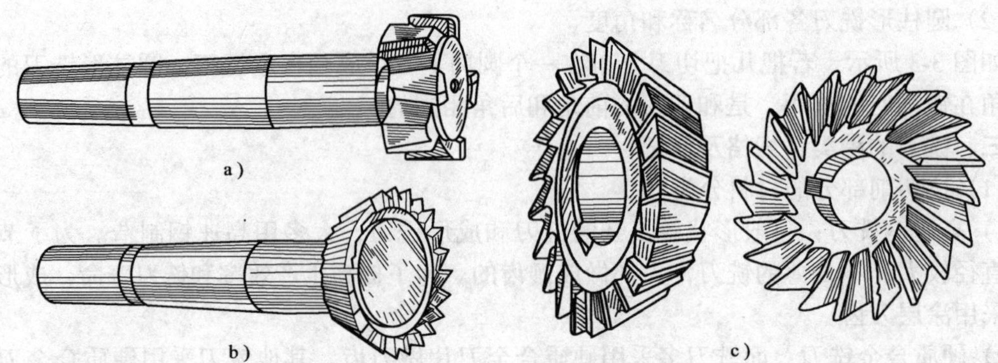

图 3-6　铣特形槽用的铣刀

a）T形槽铣刀　b）燕尾槽铣刀　c）角度铣刀

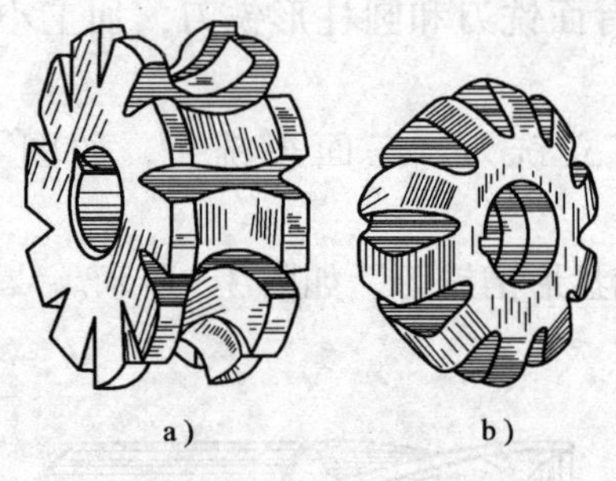

图 3-7　铣特形面用的成形铣刀

a）半圆形铣刀　b）叶片内弧铣刀

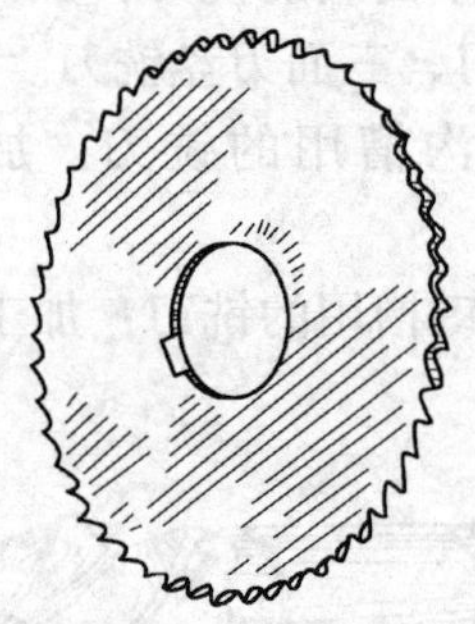

图 3-8　锯片铣刀

（3）按铣刀结构分类

1）整体铣刀：铣刀齿和铣刀体是一个整体。这类铣刀的体积一般都较小，如直径不大的三面刃铣刀、立铣刀、锯片铣刀等。

2）镶齿铣刀：为了节省贵重的材料，用好的材料做刀齿，较差的材料做刀体，然后镶合而成，其结构如图 3-9 所示。直径大的铣刀和面铣刀大都采用这种结构。

3）机械夹固式铣刀：其结构如图 3-10 所示，它同镶齿铣刀一样，可节省刀具材料。这种铣刀当刀片在精磨后，可不经焊接就固定在刀体上，保证了刀片质量。另外，当切削刃用钝后，只要转一个角度就可继续使用，直到几条切削刃全部用钝后，然后再换上新刀片。可节省磨刀时间，提高生产率。

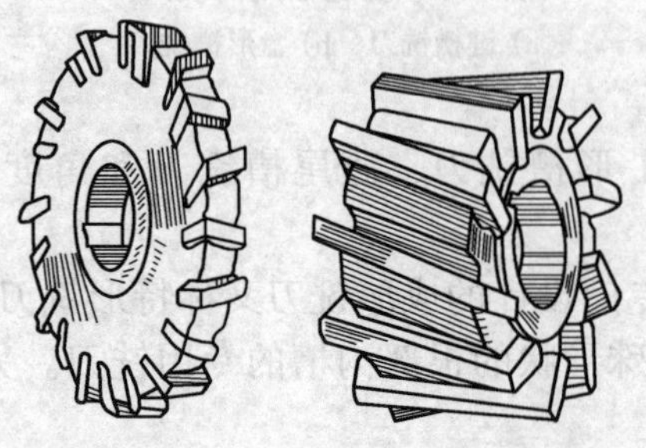

图 3-9　镶齿铣刀

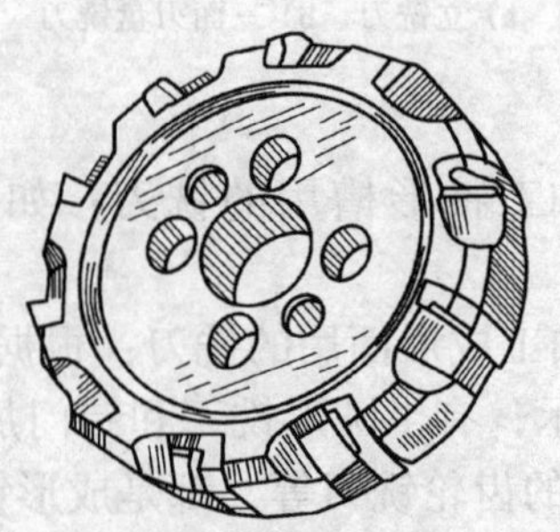

图 3-10　机械夹固式端铣刀

(4) 铣刀的标记

为了便于辨别铣刀的规格、材料和制造单位等，在铣刀上刻有标记。铣刀标记的内容主要包括下列几方面：

1) 制造厂的商标　我国制造铣刀的工具厂很多，主要有：上海工具厂、哈尔滨量具刃具厂、成都量具刃具厂等，各厂都有自己的标记。

2) 制造铣刀的材料　一般均用材料的牌号表示，如 W18Cr4V。

3) 铣刀尺寸规格的标记　铣刀尺寸规格的标注方法，随铣刀的形状不同而略有区别。

圆柱形铣刀、三面刃铣刀和锯片铣刀等均以外圆直径×宽×内孔直径来表示。如在圆柱形铣刀上标有 80×100×32，则表示此铣刀的外圆直径为 80mm、宽度为 100mm、内孔直径为 32mm。

立铣刀和键槽铣刀等一般只标注外圆直径。

角度铣刀和半圆铣刀等，一般以外圆直径×宽度×内孔直径×角度（或圆弧半径）表示。如在角度铣刀上标有 75×20×27×60°，则表示外径尺寸为 75mm、宽度（或圆弧厚度）为 20mm、孔径为 27mm 的 60°角度铣刀。同样在半圆铣刀的标记尾有 8R 等，则表示圆弧半径为 8mm。

铣刀上所标的尺寸，均为基本尺寸，在使用和刃磨后，尺寸会发生变化，故在使用时加以注意。

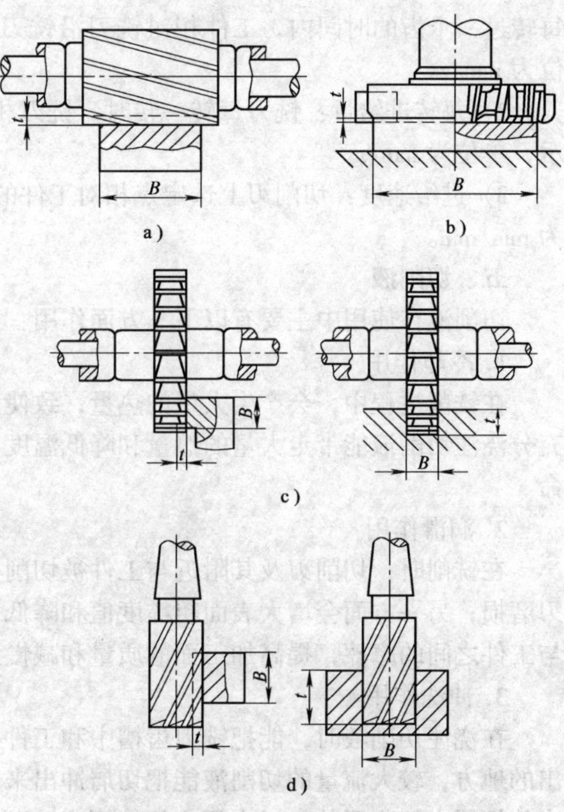

图 3-11　铣削层宽度（B）和铣削层深度（t）

a) 圆柱形平面铣刀铣削　b) 面铣刀铣削

c) 盘形铣刀铣削　d) 立铣刀铣削

四、铣削用量

1. 铣削的基本运动

铣床为了实现铣削加工，必须使铣刀和工件作相对运动。工作运动包括主运动和进给运动两种。

(1) 主运动　形成机床切削速度或消耗主要动力的运动。铣削时，铣刀的旋转运动是主运动。

(2) 进给运动　使工件的多余材料不断被去除的工作运动。包括断续进给和连续进给。分沿工作台面长度方向的纵向进给；沿工作台面宽度方向的横向进给；垂直进给等的进给运动。

2. 铣削用量

铣削用量包括背吃刀量、铣削速度和进给量。合理选择铣削用量，对提高生产率、改善表面质量和加工精度，都有密切关系。

(1) 铣削层宽度　背吃刀量又称铣削宽度，它与铣削原理中的切削宽度含义不同。铣削层对工件而言，是指铣刀在一次进给中所切掉工件表层的宽度，用符号 B 表示，单位是 mm。

(2) 铣削层深度　深度是指铣刀在一次进给中所切掉工件的厚度，即指工件的表面和待加工表面的垂直距离。用符号 t 表示，单位是 mm。

在实际加工中，铣削层宽度和铣削层深度，如图 3-11 所示。

(3) 铣削速度　铣削速度是指切削刃选定点相对于工件的主运动的瞬间速度，用符号 v 表示，单位是 m/min。

铣削速度在铣床上是以主轴的转速来调整的。一般在操作中是选择好合适的铣削速度后，再根据铣削速度来计算铣床主轴转速。

$$v = \pi D_0 n / 1000$$

式中　v——铣削速度（m/min）；

D_0——铣刀直径（mm）；

n——铣刀转速（r/min）。

(4) 进给量和进给速度　刀具在进给运动方向上相对工件的位移量，称为进给量，是以连续进给获得的。表示进给量的方法，在铣削中有三种。

1) 每齿进给量：铣刀每转过一个齿时，刀齿相对工件在进给方向上的位移量。即铣刀每转过一个齿的时间内，工件相对铣刀沿铣刀进给方向所移动的距离。用符号 f_z 表示，单位为 mm/z。

2) 每转进给量：铣刀每转一转时，铣刀相对工件在进给方向上的位移量。用符号 f 表示，单位为 mm/r。

3) 进给速度：切削刃上选定点相对工件的进给运动的瞬间速度。用符号 v_f 表示，单位为 mm/min。

五、切削液

切削液在使用中主要有以下三方面作用：

1. 冷却作用

在铣削过程中，会产生大量的热量，致使刀尖附近的温度很高，而使切削刃磨损加快。充分浇注切削液能带走大量的热量和降低温度，有利于提高生产率、产品质量和延长铣刀寿命。

2. 润滑作用

在铣削时，切削刃及其附近与工件被切削处发生强烈的摩擦。这种摩擦一方面会使切削刃磨损；另一方面会增大表面粗糙度值和降低表面质量。润滑性好的切削液，可以减少铣刀与工件之间的摩擦，提高加工面的质量和减慢刀齿磨损。

3. 冲洗作用

在浇注切削液时，能把铣刀齿槽中和工件上的切屑冲去，尤其在铣削沟槽等切屑不易排出的地方，较大流量的切削液能把切屑冲出来。使铣刀不因切屑阻塞而受影响；也可避免细小的切屑在切削刃与加工表面之间挤压摩擦而影响表面质量。

4. 切削液的选用

切削液应根据工件材料、刀具材料和加工工艺等条件来选用。

1) 粗加工时，由于切削量大，产生的热量多，温度高，而对表面质量的要求却不高，应采用以冷却为主的切削液，如苏打水、乳化液等。

2）精加工时，对工件表面质量的要求较高，并希望铣刀寿命长，要求切削液具有良好的润滑作用。另外，精加工时切削量少，产生的热量也少，所以精加工时应选用以润滑作用为主的油类切削液。主要采用矿物油，少数采用动物油和植物油。

3）铣削不锈钢和高强度材料时，粗加工用较稀的乳化液；精加工用含有添加剂的煤油、浓度高的乳化液和硫化油等。

4）铣削铸铁和黄铜等脆性材料时，由于切屑呈细小颗粒状，和切削液混合后，容易堵塞冷却系统、机床导轨和丝杠、铣刀齿槽等。因此一般不用切削液。必要时可用煤油、乳化液和压缩空气。

5）用硬质合金作高速切削时，由于刀齿的耐热性好，故一般不用切削液，必要时用乳化液。

课题二　铣床的主要部件及操纵机构

铣床生产率高，加工范围广，是目前机械制造业被广泛采用的工作母机之一。铣床的种类很多，铣床的主轴水平方向为卧式铣床，主轴铅垂方向为立式铣床。本部分主要以卧式铣床为介绍对象，铣削加工方法及步骤以立式铣床为例介绍。

卧式铣床和立式铣床的外形如图 3-12、3-13 所示。

图 3-12　国产卧式铣床

图 3-13　日本 VF2 立式铣床

训练内容：了解铣床的主要结构及铣床的维护保养

教学要求：1. 了解铣床的主要结构

2. 了解铣床附件的作用

3. 了解铣床的维护及保养

作业内容：

铣床主要部件操纵机构的名称及作用

名称	部 件 图	主 要 作 用
主轴及主轴变速机构		● 主轴是铣床的主要部件 ● 主轴伸出部分装一带锥孔的空心轴 ● 空心轴的锥度一般为 7:24 ● 空心轴用于安装铣刀刀轴 ● 主轴变速机构安装在床身内 ● 主轴变速机构将主电动机的旋转运动通过齿轮啮合传递给主轴 ● 通过外部的手柄和转盘等操纵机构，可得到各种不同的转速
铣床通电开关		● 按钮位置在床身上面 ● 左边按钮为切削液排出及停止 ● 右边旋钮为铣床电源开关
主轴起动操纵杆		● 床头上面有一拉杆，主要控制机床主轴起动及停止 ● 向上推拉杆为起动 ● 向下拉拉杆为停止

（续）

<table>
<tr><th>名称</th><th>部 件 图</th><th>主 要 作 用</th></tr>
<tr><td rowspan="2">主轴转速的选择方法</td><td></td><td>● 根据加工零件材料和铣刀材料的不同，主轴应选择不同的转速，达到最佳切削效果
● 主轴转速主要通过床头侧面的三个手柄变换来实现
● 左面变速盘上共分 3 组 12 个级别的转速，最高转速 1760r/min，最低转速 68r/min
● 右面手柄与字母 A、B、C、D 相对应
● 选择一个转速时，是将左面手柄与右面手柄结合起来使用</td></tr>
<tr><td></td><td>● 例如：选择转速 325r/min 的方法是
● 将左边变速盘上带有 325r/min 的那组与上面凸起符号对齐
● 本组共有四个转速 1760AC、705BC、325AD、130BD
● 在 325 后面的字母是 AD，所以将右边手柄调整为 AD 即为 325r/min
● CD 孔的中间孔为空挡孔
● 注意当变换转速时，必须将主轴停止</td></tr>
<tr><td>纵向工作台</td><td>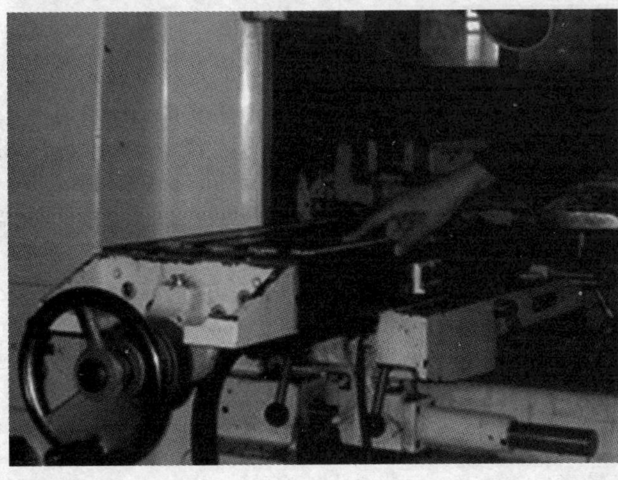</td><td>● 纵向工作台是用来安装夹具和工件，并作纵向运动的
● 纵向工作台上有三条 T 形槽，用于安放 T 形螺钉，以固定夹具和工件
● T 形槽上部是宽为 18H7 的直角槽，通过键可对夹具和工件起定位作用
● 工作台前侧面上的一条 T 形槽用来安装自动挡块，以控制铣削长度
● 工作台的台面上，导轨和 T 形槽的精度要求很高，以保证工件、夹具的安装和加工的准确性</td></tr>
</table>

（续）

名称	部 件 图	主 要 作 用
横向工作台		● 铣床的进给运动有工作台的纵向进给、横向进给和升降台的垂直进给 ● 进给运动由进给变速箱传递 ● 横向工作台在纵向工作台的下面，用来带动工作台作横向运动
 升降台	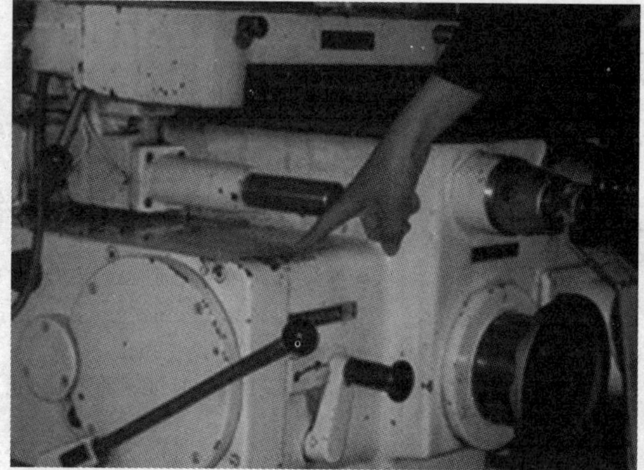	● 升降台安装在床身前侧垂直导轨上 ● 借助升降丝杠可支撑工作台，并带动工作台作上下移动 ● 机床进给系统中的电动机变速机构等都安装在升降台内 ● 升降台的精度和刚度都要求较高，否则铣削时会产生很大振动，影响工件的加工精度 ● 注意国产铣床与日本 VF2 的不同之处 ● 国产机床在主轴不旋转的情况下，机床没有自动进给，而 VF2 机床主轴不转时自动进给不受影响 ● 国产机床横向、纵向、升降只能一个方向移动，不能同时移动，而 VF2 日本机床可三个方向同时移
 进给变速机构		● 进给变速机构安装在升降台内 ● 电动机通过变速机构将运动传至工作台，并通过外部的手柄等操纵机构使工作台获得 20～1000mm/r 的进给速度以适应铣削的需要 ● 图中右边为起动开关 ● 右边第二个手轮为进给速度变速盘 ● 第三个手柄为挡位选择手柄 ● 操作时是这三个手柄配合调整进给速度

（续）

名称	部 件 图	主 要 作 用
进给变速机构		进给速度变换方法： ● 首先按起动按钮将电动机起动 ● 然后顺时针旋转变换盘，使之旋转到旋转不动为止 ● 然后看变换盘左侧的符号，当该符号与变换盘选择手柄上的符号相同时，选择相应的挡位 ● 例如变换进给速度至300mm/min ● 看变速盘上面300mm/min的那组前端的符号是什么，与挡位选择上面的那个符号对应 ● 将挡位手柄选择开关变换到与变换盘300mm/min那一组对应的挡位 ● 旋转变换盘使其300这个数与基线对齐 ● 注意当挡位选择手柄在选择的过程中，进给电动机必须停止 ● 当进给速度变换盘变换速度时，进给电机打开

作业内容：铣床的日常维护和保养

铣床的保养状况对铣床的寿命、精度有十分密切的关系。铣床的维护保养工作主要有以下几方面：

1）在工作开始和结束时，将铣床各部位擦拭干净。

2）工作前应先检查机床各部机构和运动部件是否完好，并检查各手柄和旋钮是否处在合理的位置。

3）每天对丝杠、导轨等部位都应该擦干净并加润滑油。

4）对润滑系统应按说明书要求按期加油或更换润滑油，每天对注油孔、手拉油泵等部位及时加油。

5）工作台上不准乱放工具和毛坯等杂物。

6）操作时要集中精力，绝不能在机床运转时离开工作岗位

7）在工作过程中，如发现异常现象和不规则响声，应立即停机，并请机修工及时排除故障。

课题三 更换铣刀

在铣床上加工任何一个工件，都必须把铣刀正确地安装在铣床的主轴上。安装的方法和步骤，根据铣刀结构的不同而略有区别。一般情况下，铣刀装在刀轴上，刀轴上的圆锥体与铣床的主轴锥孔配合。

训练内容：快速更换铣刀

教学要求：1. 掌握安全、正确的操作方法

2. 掌握几种快速更换铣刀的安装方法

操作步骤：

作　业　图	操作步骤及说明	相关知识及要点
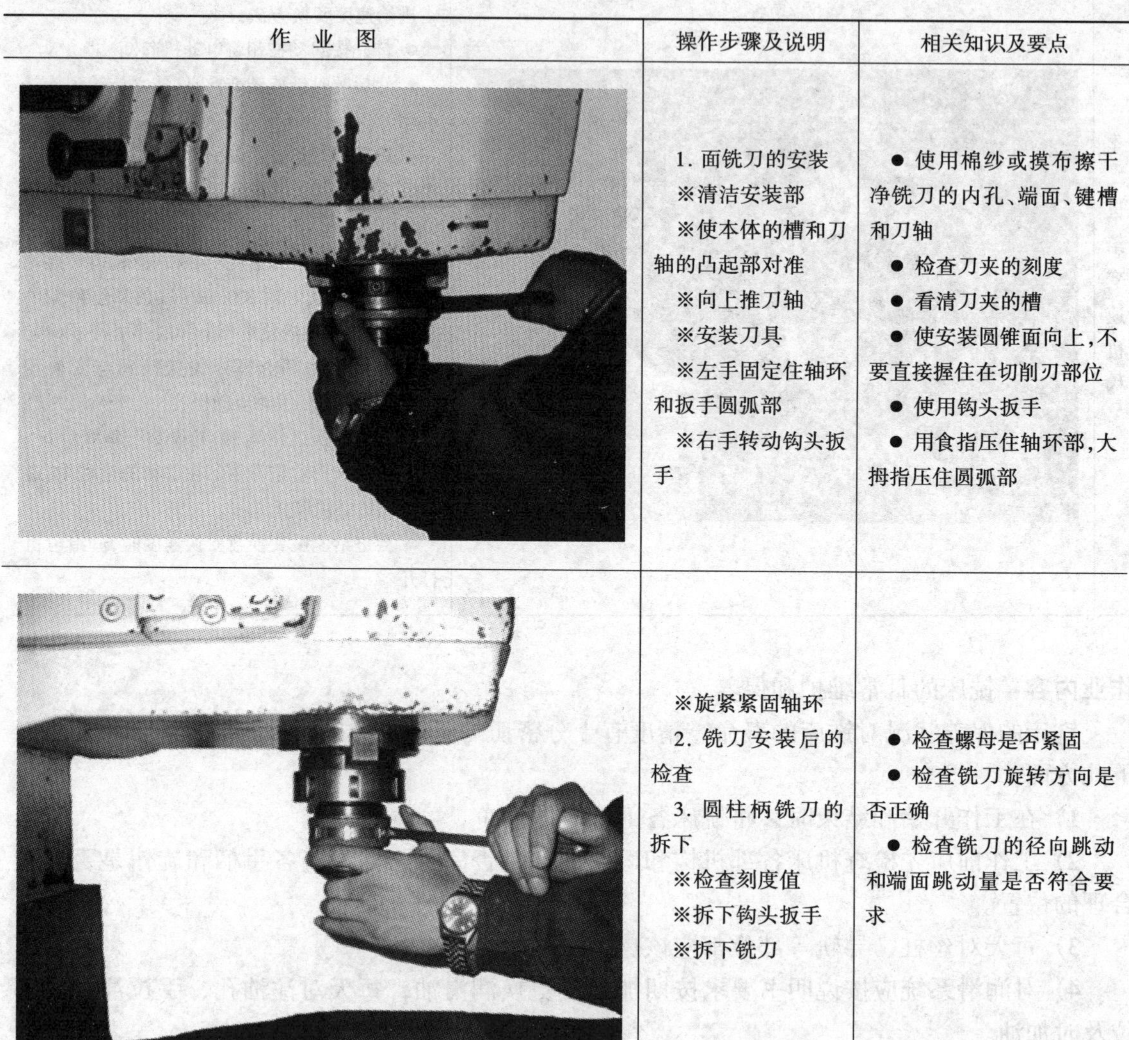	1. 面铣刀的安装 ※清洁安装部 ※使本体的槽和刀轴的凸起部对准 ※向上推刀轴 ※安装刀具 ※左手固定住轴环和扳手圆弧部 ※右手转动钩头扳手	● 使用棉纱或摸布擦干净铣刀的内孔、端面、键槽和刀轴 ● 检查刀夹的刻度 ● 看清刀夹的槽 ● 使安装圆锥面向上，不要直接握住在切削刃部位 ● 使用钩头扳手 ● 用食指压住轴环部，大拇指压住圆弧部
	※旋紧紧固轴环 2. 铣刀安装后的检查 3. 圆柱柄铣刀的拆下 ※检查刻度值 ※拆下钩头扳手 ※拆下铣刀	● 检查螺母是否紧固 ● 检查铣刀旋转方向是否正确 ● 检查铣刀的径向跳动和端面跳动量是否符合要求

课题四　工件的安装

在铣床上加工中小型工件时，一般都采用机用虎钳来装夹；对中型和大型工件，则采用压板来装夹。在成批大量生产时，采用专用夹具来装夹，还有利用分度头和回转工作台来装夹等。不论采用哪一种夹具和方法，其目的是使工件装夹稳固；不产生工件变形和损坏已加工好的表面。因此安装好工件是铣削的一项重要工作。

训练内容：安装虎钳及安装工件

教学要求：1. 掌握机用虎钳（平口虎钳）的安装及定位

2. 掌握用机用虎钳安装工件的方法

3. 掌握用压板安装工件的方法

操作步骤：

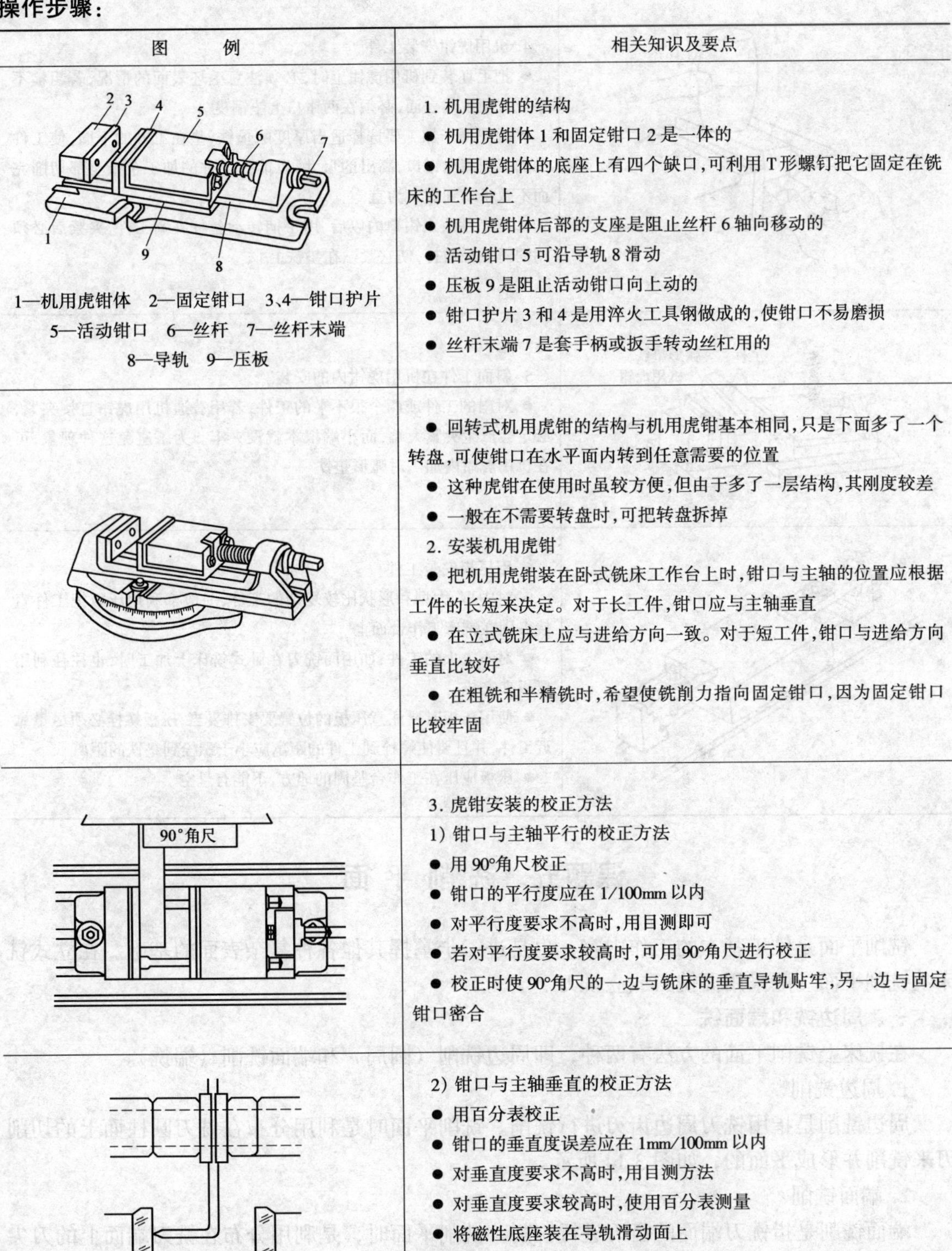

图　　例	相关知识及要点
1—机用虎钳体　2—固定钳口　3、4—钳口护片 5—活动钳口　6—丝杆　7—丝杆末端 8—导轨　9—压板	1. 机用虎钳的结构 ● 机用虎钳体 1 和固定钳口 2 是一体的 ● 机用虎钳体的底座上有四个缺口，可利用 T 形螺钉把它固定在铣床的工作台上 ● 机用虎钳体后部的支座是阻止丝杆 6 轴向移动的 ● 活动钳口 5 可沿导轨 8 滑动 ● 压板 9 是阻止活动钳口向上动的 ● 钳口护片 3 和 4 是用淬火工具钢做成的，使钳口不易磨损 ● 丝杆末端 7 是套手柄或扳手转动丝杠用的
	● 回转式机用虎钳的结构与机用虎钳基本相同，只是下面多了一个转盘，可使钳口在水平面内转到任意需要的位置 ● 这种虎钳在使用时虽较方便，但由于多了一层结构，其刚度较差 ● 一般在不需要转盘时，可把转盘拆掉 2. 安装机用虎钳 ● 把机用虎钳装在卧式铣床工作台上时，钳口与主轴的位置应根据工件的长短来决定。对于长工件，钳口应与主轴垂直 ● 在立式铣床上应与进给方向一致。对于短工件，钳口与进给方向垂直比较好 ● 在粗铣和半精铣时，希望使铣削力指向固定钳口，因为固定钳口比较牢固
90°角尺	3. 虎钳安装的校正方法 1) 钳口与主轴平行的校正方法 ● 用 90°角尺校正 ● 钳口的平行度应在 1/100mm 以内 ● 对平行度要求不高时，用目测即可 ● 若对平行度要求较高时，可用 90°角尺进行校正 ● 校正时使 90°角尺的一边与铣床的垂直导轨贴牢，另一边与固定钳口密合
	2) 钳口与主轴垂直的校正方法 ● 用百分表校正 ● 钳口的垂直度误差应在 1mm/100mm 以内 ● 对垂直度要求不高时，用目测方法 ● 对垂直度要求较高时，使用百分表测量 ● 将磁性底座装在导轨滑动面上 ● 使百分表的测量头接触固定钳口

（续）

图　　例	相关知识及要点
	4. 机用虎钳安装工件 ● 把毛坯装到机用虎钳上时，必须注意毛坯表面的情况，若粗糙不平或有硬皮的表面，必须在两钳口上垫铜皮 ● 为了便于加工要选择适当厚度的垫铁，垫在工件的下面，使工件的加工面高出钳口，高出的尺寸，以能把工件的加工余量全部切削完而不致于切到钳口为宜 ● 把工件放入钳口内以后，用手柄转动丝杆夹紧工件，夹紧后必须用铜锤轻轻敲打，使它紧贴在垫铁上
工件　弧形垫铁　机用虎钳	5. 斜面工件在机用虎钳内的安装 ● 对斜的工件或两个很不平的工件，若用普通机用虎钳直接夹紧，必定会产生夹紧大端，而小端根本就没夹牢。为了避免这种现象，可在机用虎钳内加一对弧形垫铁
	6. 用压板安装工件 ● 对中型、大型和形状比较复杂的工件，一般都利用压板把工件直接夹固在铣床工作台面上 ● 对不太大的工件，如用面铣刀在卧式铣床上加工时，也往往利用压板来安装 ● 使用压板时要注意压板的位置要安排妥当，压板螺栓必须尽量靠近工件，并且要使螺栓到工件的距离应小于螺栓到垫铁的距离 ● 压板应压在工作台坚固的地方，不能有悬空

课题五　铣削平面

铣削平面是铣工基本的工作内容，也是进一步掌握其他各种复杂表面的基础。在立式铣床上铣削平面一般采用面铣刀或立铣刀。

一、周边铣和端面铣

在铣床上铣削平面的方法有两种，即周边铣削（圆周）和端面铣削（端铣）。

1. 周边铣削

周边铣削是指用铣刀周边齿刃进行铣削。铣削平面时是利用分布在铣刀圆柱面上的切削刃来铣削并形成平面的，如图 3-14 所示。

2. 端面铣削

端面铣削是指铣刀端面的齿刃进行铣削。铣削平面时，是利用分布在铣刀端面上的刀尖来形成平面，如图 3-15 所示。

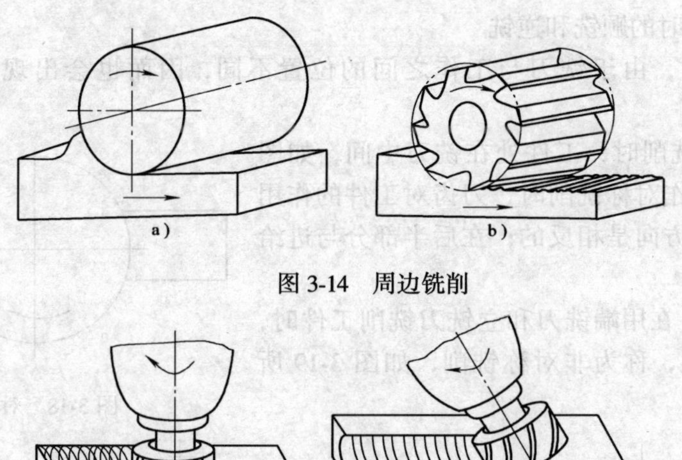

图 3-14　周边铣削

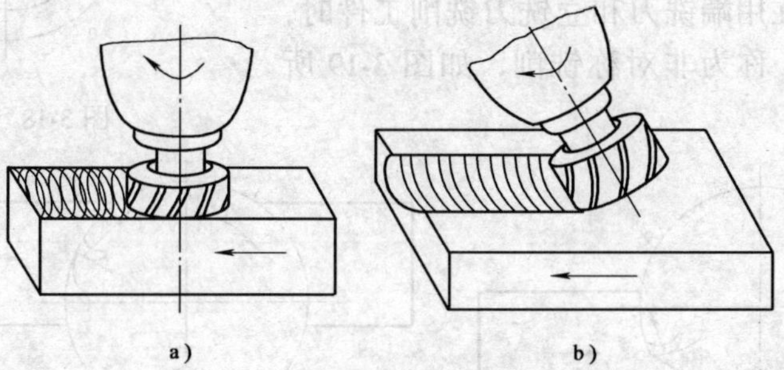

图 3-15　端面铣削

二、顺铣和逆铣

根据铣刀在切削时对工件作用力的方向与工件移动方向的区别分为顺铣和逆铣。

1. 圆柱铣刀或圆盘铣刀铣削时的顺铣和逆铣

1）顺铣：铣刀旋转方向与工件送进方向相同的铣削，如图 3-16 所示，即铣刀刀齿作用在工件上的力 F,这个作用力在进给方向上的铣削分力 F_t，与工件的进给方向相同时的铣削方式称为顺铣。

2）逆铣：铣刀旋转方向与工件送进方向相反的铣削，如图 3-17 所示，即铣刀刀齿作用在工件上的力 F_f，这个作用力在进给方向上的铣削分力 F_t，与工件进给方向相反时的铣削称为逆铣。

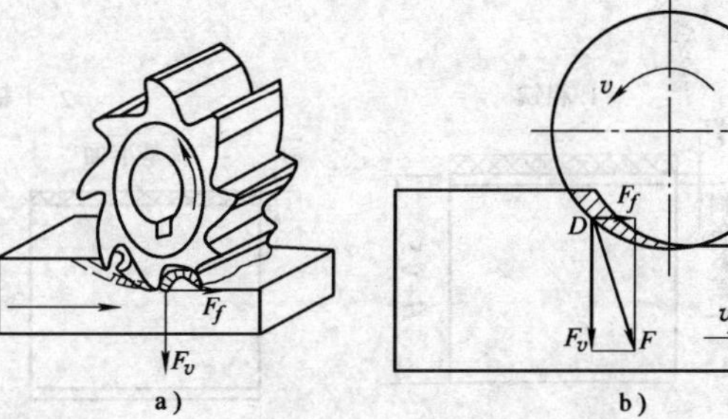

图 3-16　顺铣

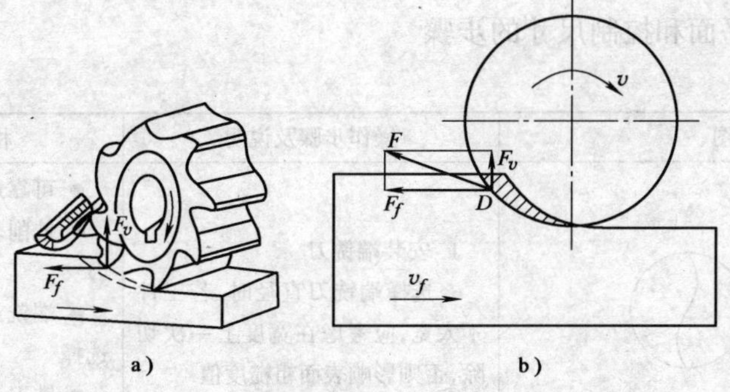

图 3-17　逆铣

2. 用端铣刀铣削时的顺铣和逆铣

用端铣刀铣削时，由于铣刀与工作之间的位置不同，因而也会出现顺铣和逆铣现象。

1）对称铣削：铣削时，工件处在铣刀中间，如图 3-18 所示。端铣刀在作对称铣削时，刀齿对工件的作用力，在前半边与进给方向是相反的；在后半部分与进给方向一致。

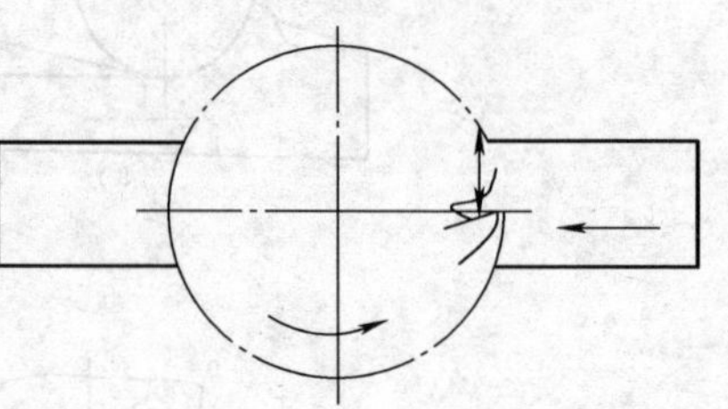

图 3-18　对称铣

2）非对称铣削：在用端铣刀和立铣刀铣削工件时，工件偏在铣刀的一边，称为非对称铣削，如图 3-19 所示。

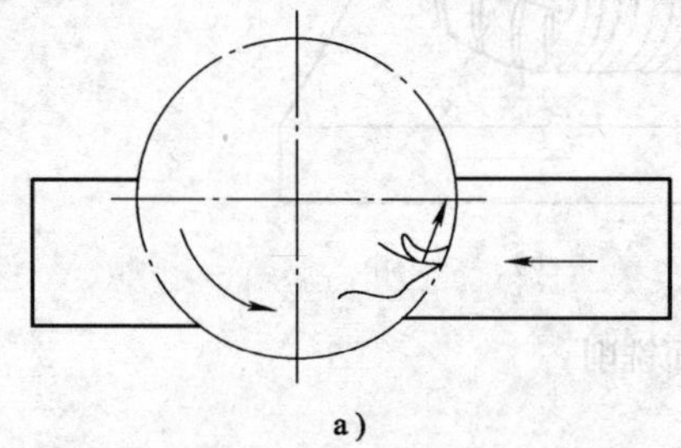

a）

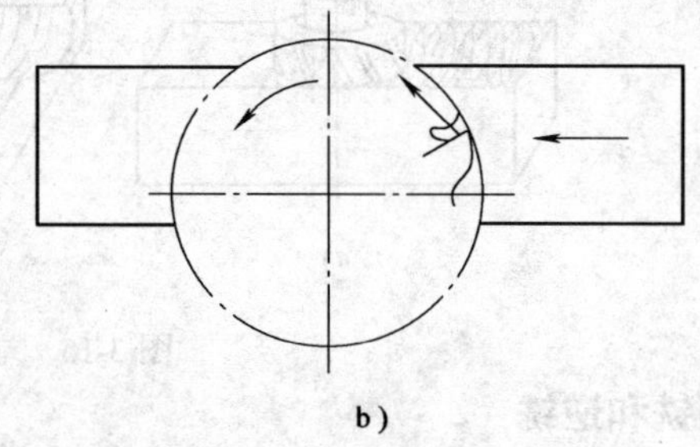

b）

图 3-19　非对称铣

训练内容（一）：铣削平面和控制尺寸

操作流程：

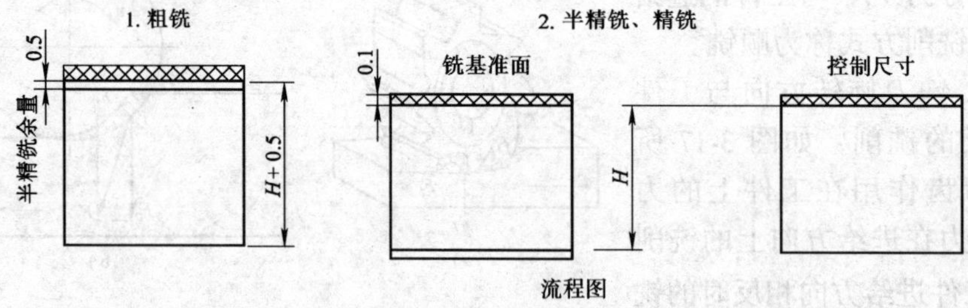

流程图

教学要求：掌握铣削平面和控制尺寸的步骤

操作步骤：

作　业　图	操作步骤及说明	相关知识及要点
	1. 安装端铣刀 ※选择端铣刀直径时，若工件不太宽，应考虑在宽度上一次切除，否则影响表面粗糙度值	● 可靠地进行快换安装操作 ● 铣削较大平面一般选择端铣刀 ● 端铣刀的直径按铣削层宽度选择 ● 铣刀直径等于铣削层宽度 B 的 1.2～1.5 倍

（续）

作 业 图	操作步骤及说明	相关知识及要点
	2. 选择夹具和安装工件 ※一般尺寸不大，形状简单的毛坯，采用机用虎钳装夹工件 3. 选择切削用量 ※用查表法或计算法	● 安装夹紧时，以使面积大的表面向上 ● $v=150\text{m/min}$ $f_z-0.05\text{mm}$/刃 $n=(\quad)\text{r/min}$
0.5	4. 进行试铣削 ※ 对合铣刀 ※ 给定背吃刀量 ※ 刻度对准“0” ※ 试切削 ※ 测量厚度	● 背吃刀量 0.5mm ● 铣削到能够测量的长度 ● 使用游标卡尺 ● 通常一次铣削的余量最大为 5mm
0.5 半精铣余量 $H+0.5$	5. 铣削	● 尺寸要求为工序完工尺寸 + 0.5mm ● H 为给定尺寸 ● 半精铣余量留 0.5mm ● 通常当切削余量很大时，可分几次车削
基准面 H $H+0.5$	6. 设定切削条件 7. 铣削基准面 ※半精铣 8. 拆下工件	● $v=200\text{mm/min}$ $f_z=0.04\text{mm}$/刃 ● 背吃刀量 0.1mm ● 检查加工面
15 0.1 H $H+0.5$	9. 重新装夹工件 10. 进行试切削 11. 测量厚度	● 使基准面向下 ● 背吃刀量为 0.1mm ● 仅铣削能够进行测量的长度 ● 使用千分尺

三、铣平面的质量分析

铣削平面质量的好坏，可用表面粗糙度和平面度来衡量。

1. 影响表面粗糙度的因素主要有

进给量太大，铣刀不锋利，铣刀跳动太大，振动大等。

2. 影响平面度的因素主要有

用圆柱铣刀铣削时，铣刀的圆柱度不好。用端铣刀铣削时，铣床主轴与工件进给方向不垂直等。

四、工件的检验方法

工件全部铣削完后，应作全面检验。对第一个工件来说，每铣好一个面后，就应该进行检验，合格后再继续下面几个工件。

1. 检验表面粗糙度

表面粗糙度一般采用标准样板来比较。标准样板是按照加工方法分组的，由于加工方法不同，切出的刀纹形状也不同，所以要用相同的刀纹样板来比较。

2. 检验平面度

对于铣工，用刀口形直尺来检验平面的平面度最为普遍，检验方法如图 3-20 所示。

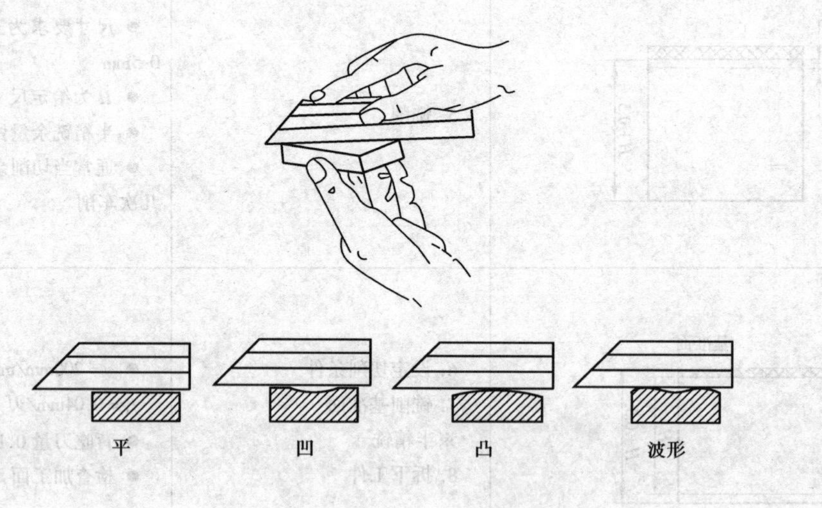

图 3-20　用刀口形直尺检验平面

3. 检验垂直度

两个平面相互之间的垂直度，一般用 90°角尺来检验，检验方法如图 3-21 所示。

4. 检验平行度和尺寸精度

加工好的工件，应对尺寸精度和平行度同时进行检验。检验时用千分尺或游标卡尺测量工件的四角及中部，观察各部分尺寸的差值，这个差值就是平行度误差。另外检查所有的尺寸是否都在图样所规定的尺寸范围以内。在成批生产中，可用百分表同时检验零件的尺寸精度和平面度。

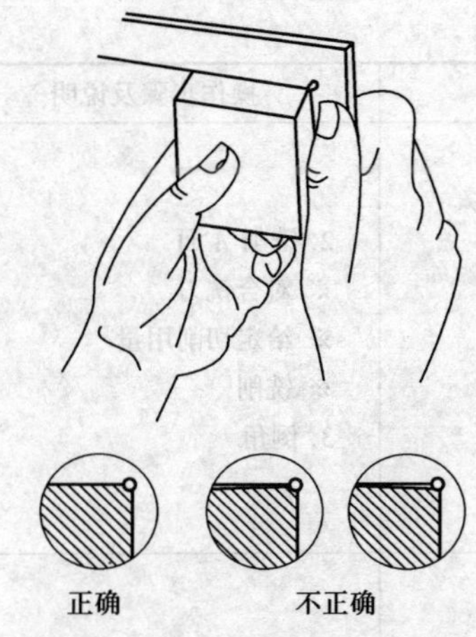

图 3-21 用 90°角尺检验垂直度

训练内容（二）：用方棒料铣削六面体（粗铣工序）

操作流程图：

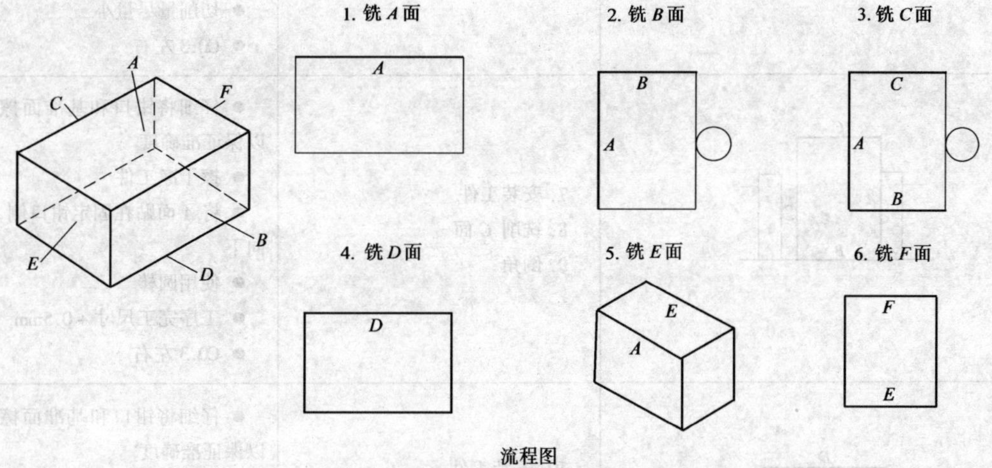

流程图

教学要求： 1. 学会铣削垂直面和平行面的加工方法

2. 掌握由方棒料粗铣六面体的步骤和要领

操作步骤：

作 业 图	操作步骤及说明	相关知识及要点
铜片 搁铁 搁铁	1. 安装工件和铣刀 ※熟悉加工图 ※选择基准面 ※确定加工次数 ※选择铣刀	● 机用虎钳的底面为基准面 ● 铣平行面是指该面与基准面平行 ● 使毛坯面积大的面向上 ● 如果夹紧面的平行度很差，则应进行试铣削 ● 氧化层部分垫上铜板 ● 使用钢直尺搁铁

（续）

作　业　图	操作步骤及说明	相关知识及要点
A 铜片 搁铁　搁铁	2. 铣削 *A* 面 ※ 对合铣刀 ※ 给定切削用量 ※ 铣削 3. 倒角	● 粗铣的主要目的是把加工余量大的部分切除，使精铣时获得合理的背吃刀量 ● $v = 150\text{m/min}$ $f_z = 0.05\text{mm/刃}$ $n = (\quad)\text{r/min}$ ● 切削量应尽量小 ● C0.3 左右
B A	4. 安装工件 5. 铣削 *B* 面 6. 倒角	● 将 *A* 面贴在固定钳口侧面 ● 擦干净 *A* 面及钳口侧面 ● 为了使 *A* 面与固定钳口贴合的更紧，使用圆棒 ● 圆棒位于固定钳口接触面的中央附近 ● 切削量尽量小 ● C0.3 左右
C A B	7. 安装工件 8. 铣削 *C* 面 9. 倒角	● 仔细将钳口和基准面擦干净以保证准确度 ● 擦干净工件 ● 将 *A* 面贴在固定钳口侧，*B* 面向下 ● 使用圆棒 ● 工序完工尺寸 +0.5mm ● C0.3 左右
D B　C A	10. 安装工件 11. 铣削 *D* 面 ※留精加工余量 12. 倒角	● 仔细将钳口和基准面擦干净以保证准确度 ● 擦干净工件 ● 将 *B* 面贴在固定钳口侧，*A* 面向下 ● 工序完工尺寸 +0.5mm ● C0.3 左右
E A	13. 安装工件 ※临时安装工件 ※ 调整垂直度 ※正式旋紧装好工件	● 将 *A* 面贴在固定钳口侧，*E* 面向上 ● 工件在钳口中央稍靠右侧 ● 使 *B* 面稍微倾斜并轻轻旋紧虎钳 ● 使用角尺测量，用木锤敲打 ● 边用 90°角尺测量，边调整工件位置 ● 位置准确后

（续）

作　业　图	操作步骤及说明	相关知识及要点
E A	14. 铣削 E 面 15. 倒角	● 切削量尽量小 ● 要求与上面相同
F A E	16. 安装工件 17. 铣削 F 面 18. 倒角 19. 检验	● 将 A 面贴在固定钳口侧，E 面向下 ● 擦干净钳口及工件 ● 工序完工尺寸 +0.5mm ● C0.3 左右 ● 测量尺寸

训练内容（三）：用圆棒料铣削六面体（粗铣工序）

操作流程：

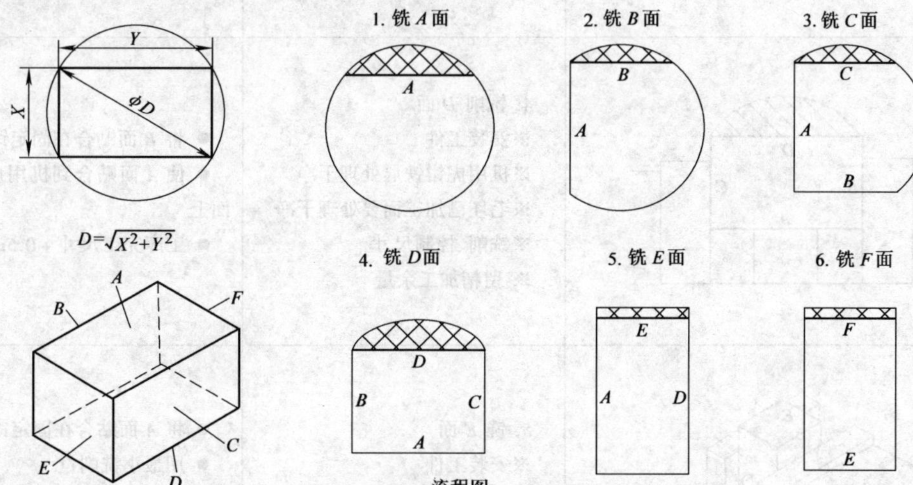

流程图

教学要求： 掌握由圆棒料铣成六面体的步骤

操作步骤：

作　业　图	操作步骤及说明	相关知识及要点
A 铜片 固定钳口 纸	1. 铣 A 面 ※检查毛坯 ※安装工件 ※铣削 ※对合铣刀 ※给定切削用量 ※铣削	● 检查直径 ϕD 尺寸 ● 氧化层部分垫上铜皮和纸片 ● 夹紧位置应在直径处 ● 用卡尺测量 ● $v=150\text{m/min}$ ● $f_z=0.05\text{mm/Z}$

（续）

作 业 图	操作步骤及说明	相关知识及要点
B A 铜片 固定钳口 纸	2. 铣削 *B* 面 ※装夹工件 ※机用虎钳铁屑处理干净 ※毛坯已加工面要处理干净 ※对合铣刀 ※铣削	● 将 *A* 面贴合在固定钳口上 ● *A* 面是 *B* 面的加工基准 ● 为了保证 *A* 面与 *B* 面的垂直度，氧化层部分垫上铜皮和纸片 ● 用游标卡尺测量，保证铣刀的正确位置
C A B 固定钳口	3. 铣削 *C* 面 ※装夹工件 ※虎钳铁屑处理干净 ※毛坯已加工面要处理干净 ※对合铣刀 ※铣削、控制尺寸 ※留精加工余量	● 将 *A* 面贴合在固定钳口上 ● 使 *B* 面贴合到机用虎钳的底面上 ● 氧化层部分垫上铜皮和纸片 ● 用钢直尺测量保证铣刀的正确位置 ● 工序完工尺寸 +0.5mm
D B C A	4. 铣削 *D* 面 ※安装工件 ※机用虎钳铁屑处理干净 ※毛坯已加工面要处理干净 ※铣削、控制尺寸 ※ 留精加工余量	● 将 *B* 面贴合在固定钳口上 ● 使 *A* 面贴合到机用虎钳的底面上 ● 工序完工尺寸 +0.5mm
E 直角尺	5. 铣 *E* 面 ※安装工件 ※铣削 ※各棱边倒角 ※检查垂直度	● 将 *A* 面贴合在固定钳口上 ● 用最小铣削量 ● C0.3 ● 用90°角尺检查，使 *B* 面垂直度为 0.1/70
F A E	6. 铣 *F* 面 ※安装工件 ※虎钳铁屑处理干净 ※毛坯已加工面要处理干净 ※铣削、控制尺寸 ※留精加工余量 ※各棱边倒角	● 将 *A* 面贴合在固定钳口上 ● 使 *E* 面贴合到虎钳的底面上 ● 工序加工尺寸 +0.5mm ● C0.3

训练内容（四）：精铣六面体

实训工件图号：X－001

操作流程：

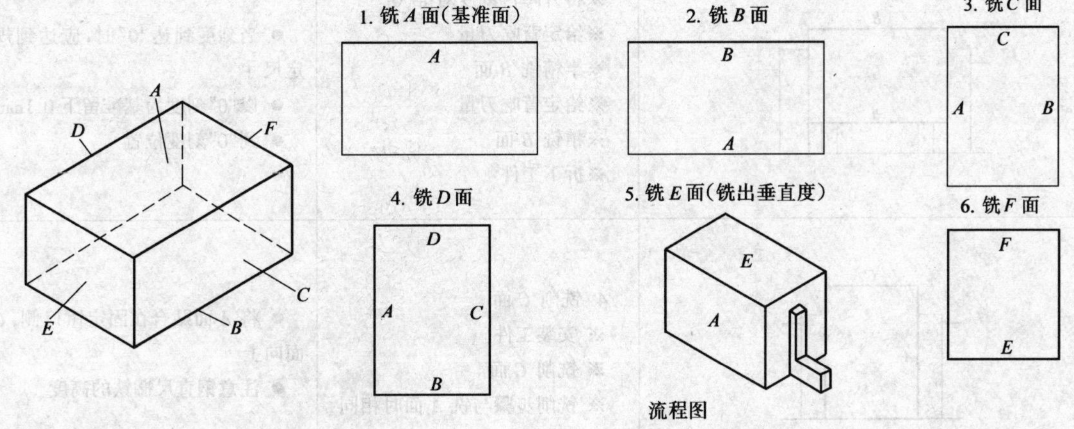

流程图

教学要求：掌握精铣六面体的步骤和要领

操作步骤：

作　业　图	操作步骤及说明	相关知识及要点
搁铁	1. 安装端铣刀及工件 ※ 设定切削条件 ※安装铣刀 ※安装工件 ※ 对合铣刀 ※ 退到铣削开始的位置	● $v = 200$m/min $f_z = 0.03$mm/刃 ● 使工件大的面积向上，垫钢直尺搁铁，旋紧机用虎钳 ● 使铣刀贴到工件上面 ● 离开工件 10mm
A 搁铁	2. 铣削 A 面 ※铣削 ※铣削完后，铣刀退到铣削开始的位置 ※ 拆下工件 去毛刺	● 背吃刀量约 0.1mm ● 一定要在降下(0.2 刻度值)升降台之后 ● 在工件完全离开铣刀时 ● 用锉刀或砂纸
B A	3. 铣削 B 面 ※ 安装工件(翻一个面) ※ 对铣刀 ※ 使铣刀贴到工件上面 ※ 试铣削 ※测量	● 使 A 面向下 ● 切入深度约 0.1mm ● 停止主轴旋转，使铣刀退出 20mm 以上 ● 用游标卡尺测量

（续）

作　业　图	操作步骤及说明	相关知识及要点
B A	※将升降台刻度对准“0” ※给定背吃刀量 ※半精铣 *B* 面 ※给定背吃刀量 ※精铣 *B* 面 ※拆下工件	● 当刻度到达“0”时，应达到规定尺寸 ● 以“0”刻度为基准留下 0.1mm ● 到“0”刻度位置
C A	4. 铣削 *C* 面 ※ 安装工件 ※ 铣削 *C* 面 ※ 铣削步骤与铣 *A* 面时相同	● 将 *A* 面贴合在固定钳口侧，*C* 面向上 ● 注意钢直尺搁铁的高度
D A　B C	5. 铣削 *D* 面 ※ 安装工件 ※ 铣削 *D* 面 ※ 铣削步骤与铣 *C* 面时相同	● 将 *A* 面贴合在固定钳口侧，*C* 面向下 ● 注意钢直尺搁铁的高度
E A	6. 铣削 *E* 面 ※ 安装工件 ※ 使工件稍向右侧倾斜，轻轻旋紧机用虎钳 ※ 使用 90°角尺调整到垂直位置	● 装在机用平口虎钳的中央偏右，不用钢直尺搁铁 ● 用锤子轻轻敲打 ● 用力旋紧平口虎钳 ● 再次检查垂直度
E A　B	※ 使铣刀贴到工件上面 ※ 铣削 *E* 面 ※ 拆下工件 ※ 检查垂直度	● 用最小铣削量
F A　B E	7. 铣削 *F* 面 ※ 安装工件 ※ 铣削 *F* 面 ※ 铣削步骤与铣 *E* 面时相同 ※ 倒角 ※ 检查各尺寸精度	● 将 *A* 面贴合在固定钳口侧，*E* 面向下 ● C0.2 左右

精铣六面体主要注意铣出的平面与基准面平行和与基准面垂直。要使铣出的平面与基准面垂直或平行，不但与虎钳钳口的正确位置有关，主要与工件的安装有关。在安装时，除了要在活动钳口处放置一根圆棒外，还要仔细地把钳口和基准面擦干净。若固定钳口与底面的垂直度误差很大时，还可以在零件基准面与固定钳口之间垫上长条的纸片或铜皮。

课题六 铣削台阶和沟槽

因为带台阶和沟槽的零件是很多的，所以在铣床上铣台阶和沟槽，其工作量仅次于铣削平面。铣台阶和沟槽除了与铣平面的精度要求一样以外，还有较高的尺寸精度和形位精度要求。

台阶通常采用三面刃铣刀和立铣刀，对大的台阶和有特殊要求的零件，也有用端铣刀和组合铣刀等刀具来铣削的。

铣直角沟槽用的铣刀，除三面刃盘铣刀外，也有用槽铣刀和合成铣刀加工。对封闭的沟槽则都采用立铣刀和键槽铣刀加工。

键槽铣刀的结构与立铣刀基本相同，一般都是双面刃的，端面刃能直接切入工件，故在铣封闭槽之前可不必预先钻孔。

训练内容： 铣削台阶

实训图号： X－002

操作流程图：

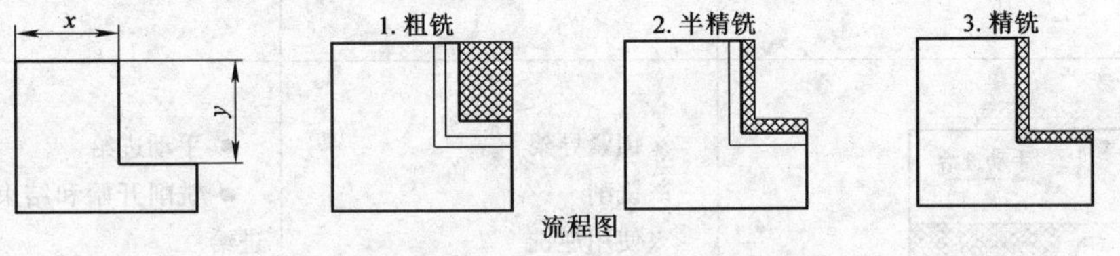

流程图

教学要求： 1. 掌握控制铣削台阶尺寸的方法

2. 掌握铣削台阶的步骤

操作步骤：

作 业 图	操作步骤及说明	相关知识及要点
5 搁铁	1. 准备 ※检查机用平口虎钳 ※安装毛坯	● 钳口平行度误差应在 0.01mm 以内 ● 清除钳口底面的伤痕，并擦干净 ● 选择钢直尺搁铁，使工件铣削高度要高于钳口 ● 用木锤敲打上面使底面紧贴搁铁

（续）

作　业　图	操作步骤及说明	相关知识及要点
30	2. 粗铣 ※安装两刃立铣刀 ※选择切削条件 ※使铣刀靠近毛坯	● 切除大部分加工余量 ● 铣刀的外伸部分不要伸出过多，用力旋紧 ● $v=30\text{m/min}$ ● 快速移动工作台，到离毛坯30mm的位置
Y−0.5	※起动主轴旋转 ※将铣刀贴到工件上面 ※移动导架 ※将升降台的刻度置于“0” ※给定背吃刀量 ※升高升降台	● 慢慢地升起升降台 ● 规定尺寸−0.5mm （留0.5mm的精铣余量）
划线线条 X+0.5	※将铣刀贴到工件侧面 ※移动工作台 ※将导架的刻度设定到“0” ※给定背吃刀量	● 慢慢地转动导架使它们接触 ● 规定尺寸+0.5mm （留0.5mm的精铣余量） ● 加工余量大时可分几次铣削
手动进给 逆铣	※锁紧导架 ※铣削 ※使用逆铣 ※停止主轴 ※拆下工件	● 手动进给 ● 铣削开始和结束时要慢慢地进给 ● 使用切削油 待铣刀退出后再拆
	3. 半精铣 ※清洁机用平口虎钳和工件 ※安装工件 ※换上4刃瓣立铣刀 ※改变切削条件	● 要紧贴搁铁，使用木锤 ● 铣刀伸出部分不要过长 ● $v=36\text{m/min}$ $f_z=0.08\text{mm/刃}$
10	※使工件靠近铣刀 ※起动主轴轴旋转 ※将铣刀贴到加工面 ※给定背吃刀量0.1mm ※将铣刀贴到工件侧面 ※给定背吃刀量0.1mm	● 移动工作台 ● 在离左端面10mm处 ● 刚接触到的程度 ● 调到便于记忆0.1mm单位的刻度位置

（续）

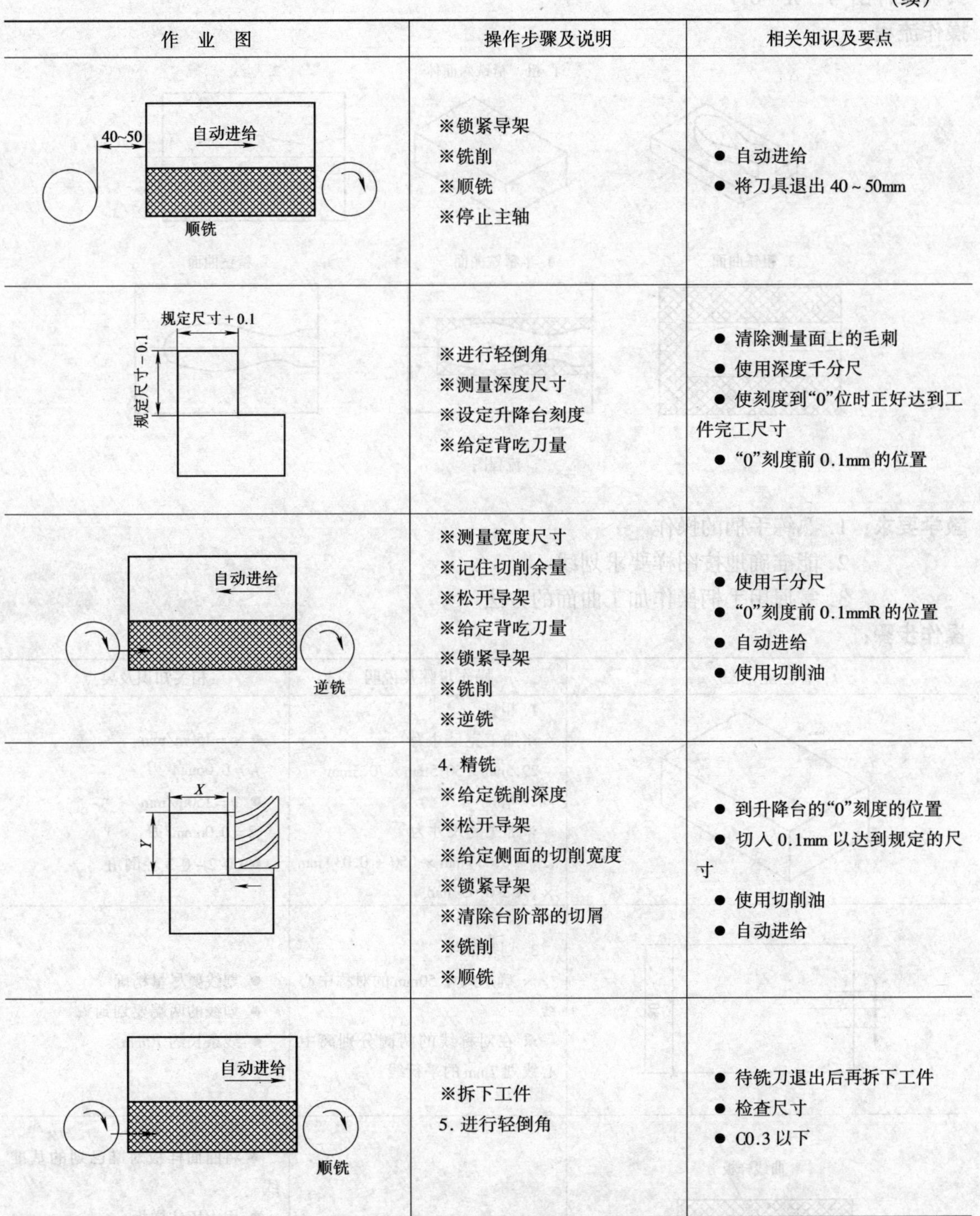

作　业　图	操作步骤及说明	相关知识及要点
40~50 自动进给 顺铣	※锁紧导架 ※铣削 ※顺铣 ※停止主轴	● 自动进给 ● 将刀具退出 40 ~ 50mm
规定尺寸 + 0.1 规定尺寸 - 0.1	※进行轻倒角 ※测量深度尺寸 ※设定升降台刻度 ※给定背吃刀量	● 清除测量面上的毛刺 ● 使用深度千分尺 ● 使刻度到“0”位时正好达到工件完工尺寸 ● “0”刻度前 0.1mm 的位置
自动进给 逆铣	※测量宽度尺寸 ※记住切削余量 ※松开导架 ※给定背吃刀量 ※锁紧导架 ※铣削 ※逆铣	● 使用千分尺 ● “0”刻度前 0.1mmR 的位置 ● 自动进给 ● 使用切削油
X Y	4. 精铣 ※给定铣削深度 ※松开导架 ※给定侧面的切削宽度 ※锁紧导架 ※清除台阶部的切屑 ※铣削 ※顺铣	● 到升降台的“0”刻度的位置 ● 切入 0.1mm 以达到规定的尺寸 ● 使用切削油 ● 自动进给
自动进给 顺铣	※拆下工件 5. 进行轻倒角	● 待铣刀退出后再拆下工件 ● 检查尺寸 ● C0.3 以下

课题七　铣 削 曲 面

训练内容：按划线铣削曲面外形

实训工件图号：X－011

操作流程：

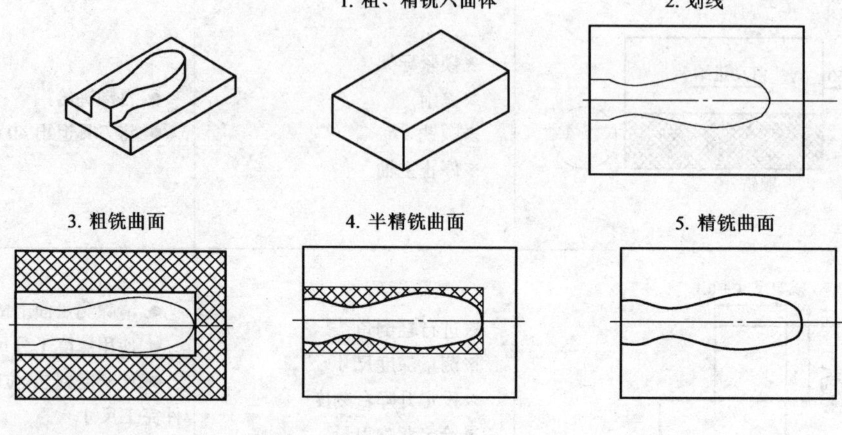

流程图

教学要求：1. 熟练手柄的操作

2. 能准确地按图样要求划线

3. 掌握用手柄操作加工曲面的方法

操作步骤：

作　业　图	操作步骤及说明	相关知识及要点
	1. 粗铣 ※加工完尺寸为 29.5mm×50.5mm×70.5mm 2. 精铣 ※加工完尺寸为 (29±0.03)mm×(50±0.03)mm×(70±0.05)mm	● $v=150$m/min $f_z=0.06$mm/刃 ● $v=150$m/min $f_z=0.06$mm/刃 ● C0.2～0.3 轻倒角
7 7 50	3. 划基准线 ※ 确定尺寸 50mm 的对称中心线 ※ 在对称线的两侧分别离中心线划 7mm 的平行线	● 划线要尽量精确 ● 划线的两端要划到头 ● 线条长约 10mm
曲线样板	※ 用样板划曲线	● 将曲面样板对准已划的基准线 ● 用力压住样板 ● 用划线针沿样板曲面进行划线，要尽量准确 ● 使用划线架时，划线架用好后，要使划线针尖向下

（续）

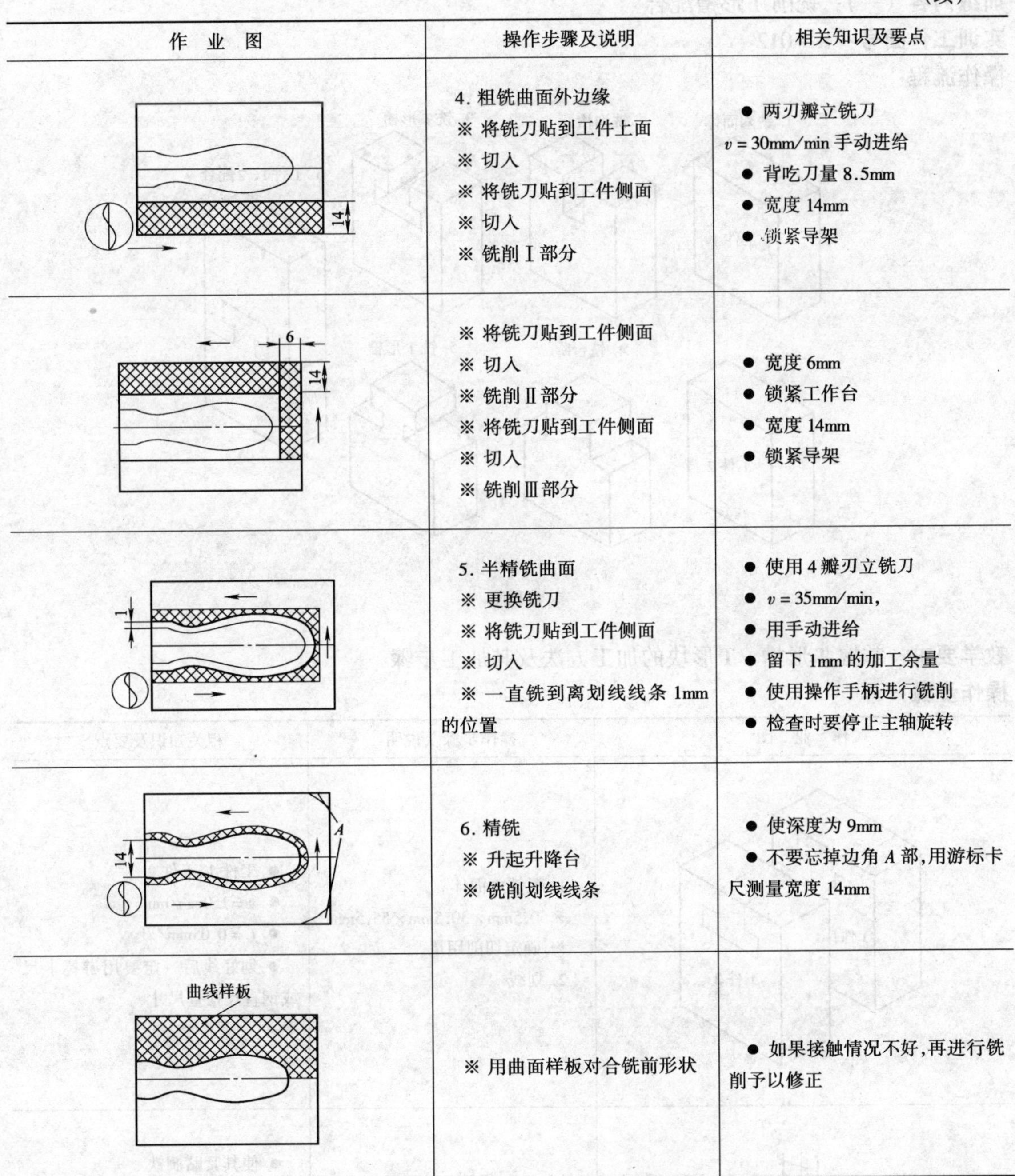

作　业　图	操作步骤及说明	相关知识及要点
	4. 粗铣曲面外边缘 ※ 将铣刀贴到工件上面 ※ 切入 ※ 将铣刀贴到工件侧面 ※ 切入 ※ 铣削Ⅰ部分	● 两刃瓣立铣刀 v = 30mm/min 手动进给 ● 背吃刀量 8.5mm ● 宽度 14mm ● 锁紧导架
	※ 将铣刀贴到工件侧面 ※ 切入 ※ 铣削Ⅱ部分 ※ 将铣刀贴到工件侧面 ※ 切入 ※ 铣削Ⅲ部分	● 宽度 6mm ● 锁紧工作台 ● 宽度 14mm ● 锁紧导架
	5. 半精铣曲面 ※ 更换铣刀 ※ 将铣刀贴到工件侧面 ※ 切入 ※ 一直铣到离划线线条 1mm 的位置	● 使用 4 瓣刃立铣刀 ● v = 35mm/min， ● 用手动进给 ● 留下 1mm 的加工余量 ● 使用操作手柄进行铣削 ● 检查时要停止主轴旋转
	6. 精铣 ※ 升起升降台 ※ 铣削划线线条	● 使深度为 9mm ● 不要忘掉边角 A 部，用游标卡尺测量宽度 14mm
曲线样板	※ 用曲面样板对合铣前形状	● 如果接触情况不好，再进行铣削予以修正

课题八　铣削特种沟槽

机械中有不少零件具有特殊形状的沟槽，如 V 形块上的 V 形槽、铣床工作台上的 T 形槽和横梁上的燕尾槽等。这类特种沟槽，一般用刃口形状与特种沟槽形状相应的铣刀来铣削。在单件生产时，也有采用通用铣刀作多次切削或用组合铣刀来铣削。

训练内容（一）：铣削T形槽配合

实训工件图号：X－012

操作流程：

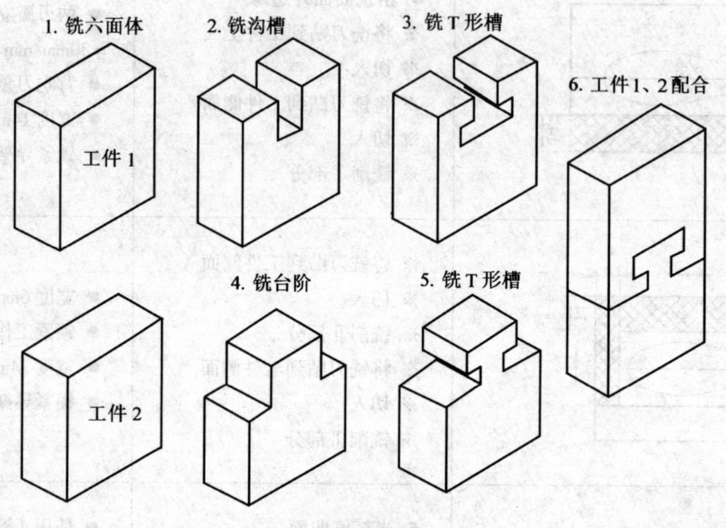

流程图

教学要求：掌握T形槽、T形块的加工方法及其加工步骤

操作步骤：

作　业　图	操作步骤及说明	相关知识及要点
工件1 工件2	1. 粗铣六面体 ※50.5mm×30.5mm×55.5mm ※ 确定切削用量 2. 划线	● 工件1、工件2 ● $v=150$mm/min ● $f_z=0.05$mm/刃 ● 划好线后一定要用游标卡尺或钢直尺检查尺寸
	3. 安装工件1 4. 安装铣刀 ※确定切削用量	● 使其紧贴搁铁 ● 按划线校正工件的位置，使T形槽与工作台进给方向一致 ● 使用两面刃立铣刀 ● 使铣刀位于划线线条的是中央位置 ● $v=30$mm/min ● 手动进给

（续）

作　业　图	操作步骤及说明	相关知识及要点
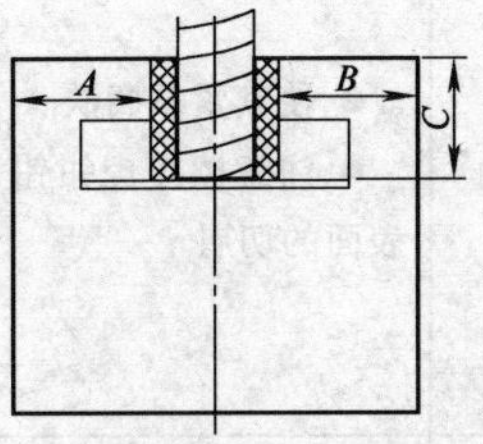	5. 粗铣沟槽 ※粗铣中央部 ※粗铣槽左侧 ※粗铣槽右侧	● 一定要夹紧 ● 使用切削液 ● 全部以逆铣方式进行铣削 ● A = 规定尺寸 + 0.5mm ● B = 规定尺寸 + 0.5mm ● C = 规定尺寸 - 0.5mm
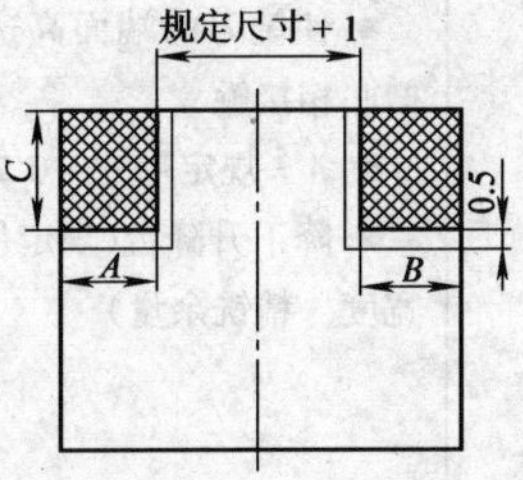 规定尺寸 + 1	6. 安装工件 2 ※粗铣两侧台阶 ※粗铣台阶左侧 ※粗铣台阶右侧	● 使其紧贴搁铁 ● 一定要夹紧 ● 规定尺寸 + 1mm ● A = 规定尺寸 - 0.5mm ● B = 规定尺寸 - 0.5mm ● C = 规定尺寸 - 0.5mm
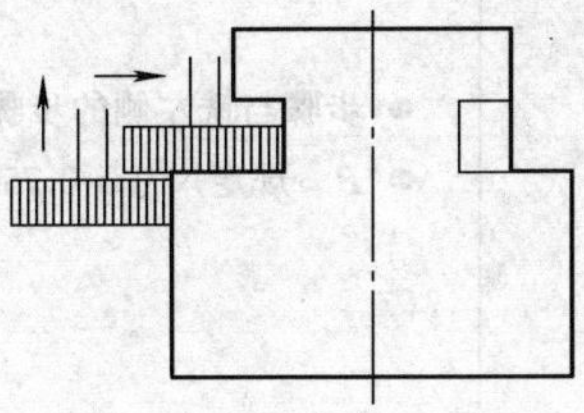	7. 粗铣 T 形槽 ※确定切削用量 ※粗铣左侧下面 ※对合铣刀 ※切入 ※切削	● 使用 T 形槽铣刀 ● v = 25mm/min ● 手动进给 ● 使铣刀接触到左端面，并将刻度调到“0” ● 规定尺寸 - 0.5mm ● 用手动慢慢进给
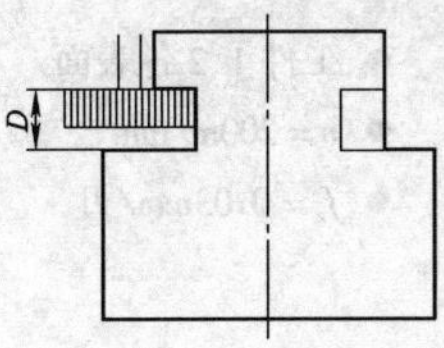	※粗铣左侧上面	● 使升降台下降 ● D = 规定尺寸 - 铣刀宽度 - 精铣余量的距离
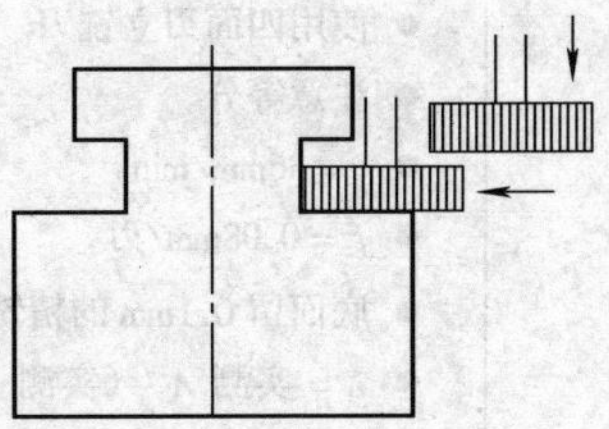	※粗铣右侧上、下面 ※切入 0.5mm ※测量尺寸 ※切入 ※拆下工件 2	● 与粗铣左侧相同 ● 试切削 ● 用钢直尺测量 ● 切入到规定尺寸

（续）

作 业 图	操作步骤及说明	相关知识及要点
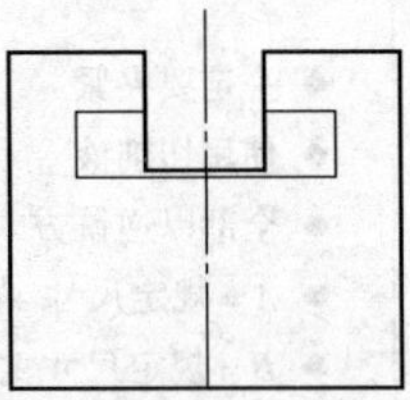	8. 安装工件 1	● 使其紧贴搁铁 ● 注意擦净虎钳钳口及工件上表面的切屑
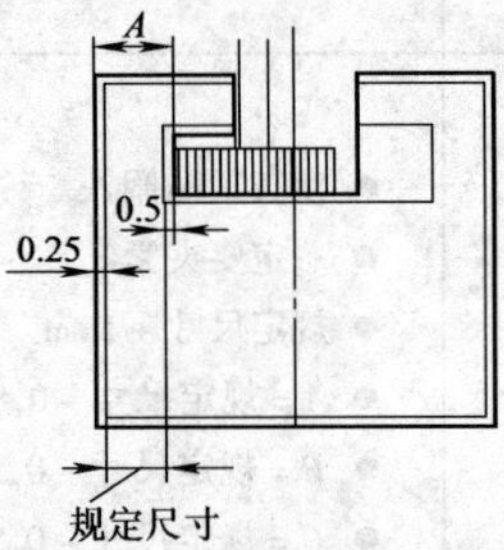 A 0.5 0.25 规定尺寸	9. 粗铣 T 形槽 ※对合铣刀 ※铣 T 形槽削左侧 ※测量左侧尺寸、切入 ※铣 T 形槽上面	● 使铣刀的端面高速到与直角槽底相接触 ● A = 规定尺寸 + 0.75mm ● 降下升降台（规定尺寸 − 铣刀宽度 − 精铣余量）
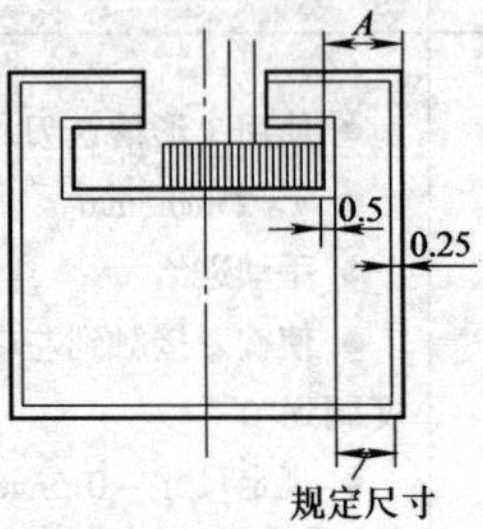 A 0.5 0.25 规定尺寸	※铣削右侧	● 步骤与铣左侧的步骤相同 ● B = 规定尺寸 + 0.75mm
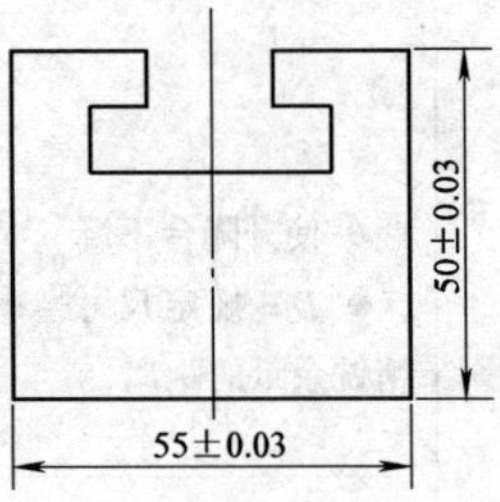 50±0.03 55±0.03	10. 精铣六面体 ※(50 ± 0.03)mm × (30 ± 0.03)mm × 5mm ※ 确定切削用量	● 工件 1、2 各表面 ● v = 200m/min ● f_z = 0.03mm/刃
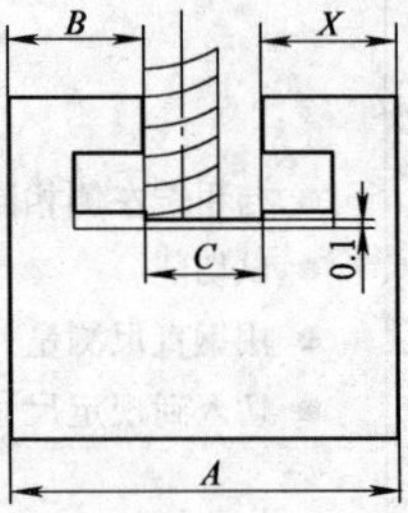 B X C 0.1 A	11. 安装工件 1 ※ 精铣沟槽 ※ 确定切削用量 ※铣底面	● 擦净虎钳钳口及工件表面 ● 使用四面刃立铣刀 ● 注意等分 ● v = 36mm/min ● f_z = 0.08mm/刃 ● 底面留 0.1mm 的精铣余量 ● X = 实测 A −（实测 B + 实测 C）

（续）

作 业 图	操作步骤及说明	相关知识及要点
规定尺寸 A面 B面 深度千分尺 0.1	12. 安装工件2 ※精铣台阶 ※测量	● 注意等分 ● 使用深度千分尺 ● 从 *A* 面起进行测量 ● 切入到规定尺寸 ● 底面留 0.1mm 的精加工余量
铣刀宽度	13. 半精铣、精铣 T 形槽左侧 ※铣左侧下面 ※对合铣刀 ※试铣左侧 ※测量 ※切入	● 使用 T 形槽铣刀 ● $v=50$mm/min ● $f_z=$ 0.08mm/刃 ● 贴到底面 ● 铣削量为 0.1mm ● 使用深度千分尺 ● 侧面留 0.1mm 精铣余量
	※切削 T 形槽左侧 ※铣 T 形槽上面 ※精铣（切入）	● 一定要夹紧 ● 降下升降台（规定尺寸 - 铣刃宽度） ● 留 0.1mm 的精铣余量 ● 切入到规定尺寸（目标尺寸） ● 以顺铣方式进行铣削
深度千分尺 深度千分尺	※测量尺寸 ※铣削右侧 ※将铣刀移动到右侧 ※要领与铣 *A* 面侧的步骤相同	● 用深度千分尺测量 ● 降下升降台 0.1mm ● 用千分尺从左面起进行测量
	14. 半精铣工件 1 的 T 形槽 ※对合铣刀	● 使铣刀位于槽的中央，并贴到底面

（续）

作　业　图	操作步骤及说明	相关知识及要点
0.1 0.1	※试铣削 T 形槽的左侧 ※测量 ※要领与铣工件 2 的 T 形槽相同	● 铣削量为 0.1mm ● 使用千分尺测量 ● 对刀要注意槽两侧等分
	※铣削 T 形槽的右侧	● 与铣削左侧相同
	15. 检查 ※ 使工件 1 与工件 2 相互配合 16. 倒角	● 用游标卡尺检验各部尺寸 ● 观察配合情况 ● C0.5(各倒角部分) ● 仔细地进行倒角

铣削 T 形槽时应注意的问题：

1. T 形槽铣刀在切削时切屑排出非常困难，经常把容屑槽填满而使铣刀失去切削能力，以致使铣刀折断，所以要经常清除切屑。

2. T 形槽铣刀的颈部直径都很小，要注意因铣刀受到过大铣削力和突然的冲击力而折断。

3. 由于排屑不畅，切削时热量不易散失，铣刀容易发热，在铣钢件时，应充分施加切削液。

4. T 形槽铣刀不能用得太钝，因钝的刀具在切削时切削能力大减弱，切削力和切削热会迅速增加。

5. T 形槽铣刀在切削时工作条件非常差，所以要采用较小的进给量和较低的切削速度。

6. 对两头都不穿通的 T 形槽，首先应加工落刀圆孔。

训练内容（二）：燕尾槽配合

实训工件图号：X－013

操作流程：

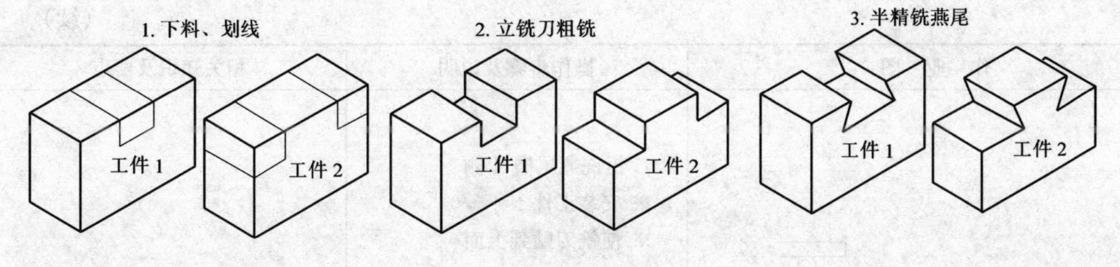

流程图

教学要求：掌握铣削燕尾槽、燕尾块的加工要点和步骤

操作步骤：

作　业　图	操作步骤及说明	相关知识及要点
	1. 检查毛坯尺寸 70mm × 40mm × 50mm 2. 划线 3. 安装工件 1 4. 安装二面刃立铣刀 5. 粗铣工件 1 ※ 设定切削条件	● 工件 1 和工件 2 都检查 ● 划线后一定要用游标卡尺用钢直尺进行检查 ● 沿工件长度方向安装 ● 不要赤手拿铣刀 ● v = 30mm/min；手动进给
27　27 9.5 固定钳口	※ 将铣刀移动到划线线条的中央位置并夹紧导架 ※ 将铣刀贴到上平面，将升降台的刻度对到“0” ※ 切入 ※ 以逆铣的方式进行粗铣	● 不要忘记夹紧 ● 切入深度 9.5mm ● 使用切削油
固定钳口 26 A B 26	※ 粗铣燕尾槽 27mm 的 *A* 侧 ※ 移动导架 5.5mm ※ 粗铣燕尾槽 27mm 的 *B* 侧 ※ 拆下工件 1	● 尺寸 26mm ● 尺寸 26mm
固定钳口 19.5 A 工件 2 B 19.5	6. 粗铣工件 2 ※ 安装工件 2 ※ 粗铣燕尾槽 34.548mm 的 *A* 侧 ※ 粗铣燕尾槽 34.548mm 的 *B* 侧 ※ 拆下工件 2	● 使用 30mm 搁铁 ● 台阶宽 19.5mm ● 深度 9.5mm ● 升降台方向不移动

（续）

作　业　图	操作步骤及说明	相关知识及要点
9.5 54.5	7. 粗铣燕尾槽 *A* 侧 ※ 安装工件 1 ※ 使铣刀贴到上面 ※ 切入 ※ 使铣刀贴到侧面 ※ 切入 ※ 铣削燕尾槽 8. 粗铣燕尾槽 *B* 侧 ※ 拆下工件 1	● 深度 9.5mm ● 注意铣刀对合 ● 移动 54.5mm
23.5	9. 粗铣燕尾块 *A* 侧 ※ 安装工件 2 ※ 升起工作台 2 ~ 4mm，使铣刀贴到侧面 ※ 返回升降台 ※ 铣削 10. 粗铣燕尾块 *B* 侧 ※ 方法同 *A* 侧 ※ 拆下工件 2	● 要领同上 ● 使用 30mm 搁铁 ● 移动 23.5mm ● 深度 9.5mm
9.8	11. 半精铣、精铣燕尾槽 ※ 安装工件 1 ※ 半精铣槽底面	● 使用 30mm 搁铁 ● 夹紧厚度 40mm ● 使用 ϕ20mm 的四面刃立铣刀 ● $v = 35$mm/min $f_z = 0.08$mm/刃 ● 深度 9.8mm
24　24 B　A	※ 半精铣燕尾槽的 *A* 侧 ※ 使铣刀贴到底面 9.8mm 部分 ※ 向侧面切入 0.1mm 进行试切削	● 使用精铣用的角铣刀 ● 60° ± 5′以内

（续）

作　业　图	操作步骤及说明	相关知识及要点
X2　(9.23)　(X_1) 32.88　9.9　A　B　70	※ 放入 ϕ10mm 销子，测量尺寸 ※ 半精铣到尺寸为 X1(32.88) mm + 0.1mm ※ 精铣燕尾槽 A 侧	● 深度 9.9mm ● 宽度 X1(32.88)mm ● 深度 10mm（目标尺寸 ±0.01mm）
9.8	※ 半精铣燕尾槽 B 侧 ※ 精铣燕尾槽 B 侧 ※ X2 = 75mm −（X1 + 9.23mm） ※ 拆下工件 1	● 降下工作台 0.1mm ● 与半精铣 A 侧相同 ● 宽度 X2(32.88)mm ● 用 X2 调整 X1 的误差 ● 深度 10mm，铣到 A 的刻度为止
20.2　20.2	12. 半精铣、精铣燕尾块 ※ 安装工件 2 ※ 半精铣底面 ※ 升起升降台	● 使用 30mm 搁铁 ● 夹紧厚度 40mm ● 使用 ϕ20mm 的四面刃立铣刀 ● 深度 9.8mm ● 使铣刀贴到侧面 20.2mm
52.305　11.348　10　B　A	※ 半精铣燕尾块的 A 侧 ※ 精铣燕尾块的 A 侧 ※ 半精铣燕尾块的 B 面 ※ 精铣燕尾块的 B 面 ※ 用工件 1 配合，直到相互配合稳妥为止 ※ 倒角	● 放入 ϕ10mm 销子，用深度百分尺测量 ● 宽度 11.348mm + 0.1mm ● 深度 9.9mm ● 宽度 11.348mm ● 深度 10mm ● 降下工作台 0.1mm ● 宽度 52.305mm + 0.1mm ● 宽度 52.305mm + 0.3mm ● 深度 10mm ● 边检查尺寸边配合

训练内容（三）：综合练习

实训工件图号：X－014

操作流程：

1. 工件1、2的下料、粗铣六面体(盘铣刀)、划线

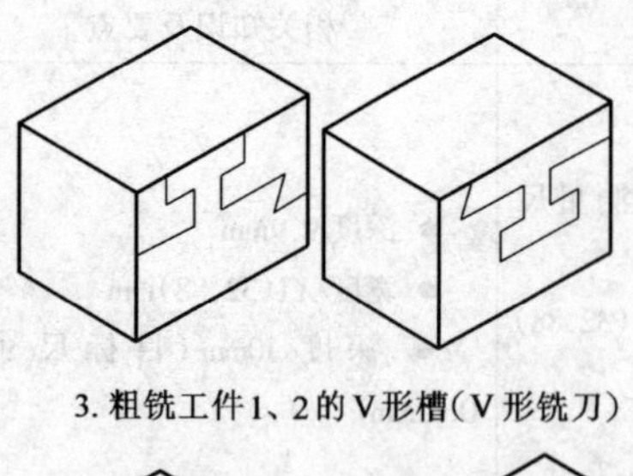

2. 粗铣工件1、2的各阶台(立铣刀)

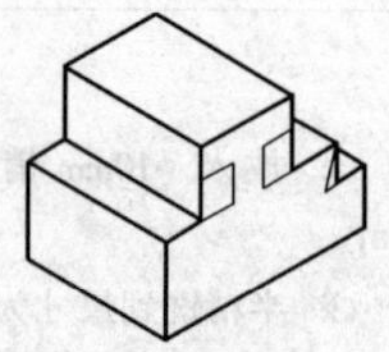

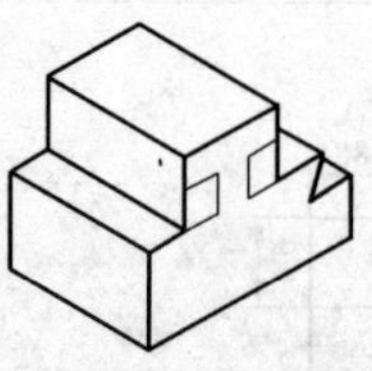

3. 粗铣工件1、2的V形槽(V形铣刀)

4. 粗铣T形槽(T形铣刀)、精铣六面体、精铣各表面

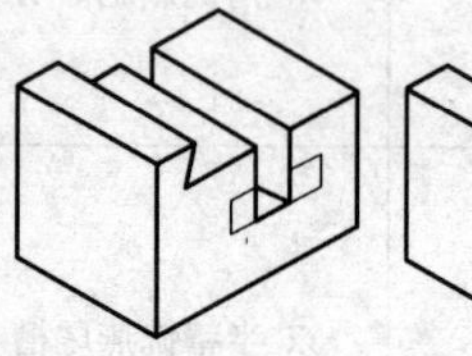

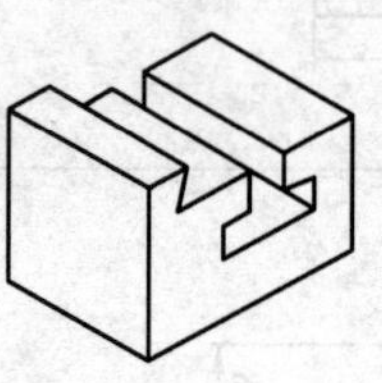

5. 配合

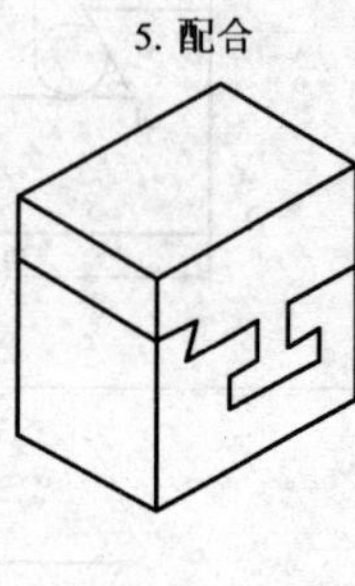

流程图

教学要求：1. 掌握铣V槽的加工要点和步骤

2. 掌握铣削T形槽、T形块的加工要点和步骤

3. 掌握铣削配合要素的加工要点和步骤

作 业 图	操作步骤及说明	相关知识及要点
	1. 准备工作 ※检查毛坯尺寸 55mm×55mm×75mm ※将平口虎钳定位 2. 粗铣六面体 50.5mm×50.5mm×70.5mm 3. 划线	● 清理工作台及毛坯表面 ● 工件1和工件2都检查 ● 底面的平行度误差不大于0.01mm ● v = 200mm/min ● f_v = 0.06/刃 ● 注意两工件配合的方向,不要划错
	4. 安装二面刃立铣刀 ※铣刀直径 ϕ20mm 5. 安装工件1 6. 粗铣 ※ 使铣刀贴到工件上面 ※ 给定背吃刀量 ※ 将铣刀贴到侧面上,升降台的刻度对到“0”	● 不要忘记夹紧 ● 使用30mm垫铁 ● 刚好贴上为合适 ● 9.5mm升降台分两次升起
A B C	※ 靠导杆手柄给定宽度 ※ 夹紧导架 ※ 粗铣 A、B 处台阶,方法相同 ※ 粗铣 C 处台阶,升起工作台	● 不要忘记夹紧 ● 手动逆铣 ● 升高10mm ● 每个面留加工余量0.5mm

（续）

作业图	操作步骤及说明	相关知识及要点
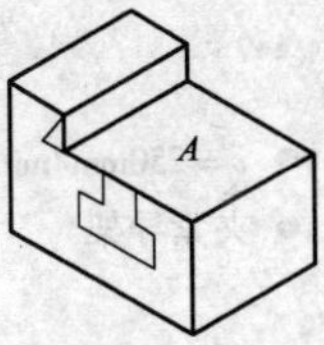 A	7. 安装工件 2 8. 粗铣工件 2 ※ 铣削 A 处台阶 ※ 使铣刀贴到工件上面 ※ 给定背吃刀量 ※ 使铣刀贴到侧面，刻度于“0”对合 ※ 铣削	● 使用 30mm 垫铁，铣刀不换 ● $v=250$mm/min，手动 ● 接触要尽量少 ● 深度 9.5mm ● 铣至规定尺寸 −0.5mm 为止
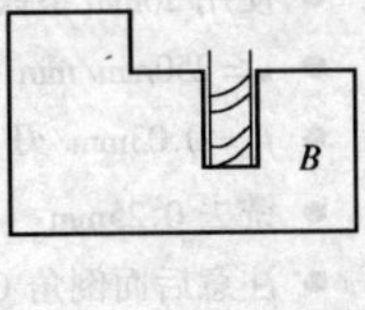 B	※ 铣削槽（粗铣） ※ 给定铣刀背吃刀量 ※使铣刀贴到侧面上，刻度于“0”对合 ※ 铣削 ※拆下工件 2	20mm 分两次切入 ● 深度 9.5mm ● 注意铣刀对合 ● 手动夹紧导杆
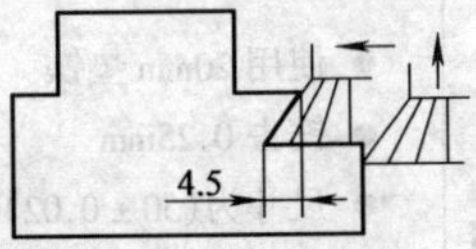 4.5	9. 安装工件 1 10. 安装刀具 11. 粗铣 V 形槽 ※刀具与下平面接触 ※给定背吃刀量 ※铣削 V 形槽处 ※ 拆下工件 1	● 使用 30mm 垫铁 ● V 形槽刀具、底角 60° ● $v=250$mm/min 手动 ● 切入量应尽量少
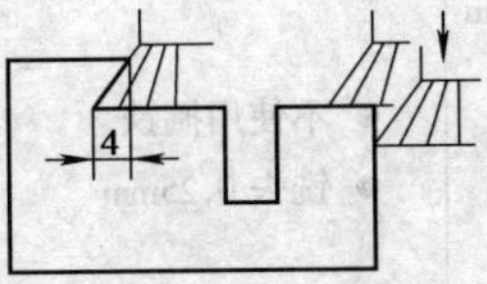 4	12. 安装工件 2 13. 粗铣 V 形槽 ※ 切入方法与工件 1 的方法相同 ※粗铣 V 形槽处 ※切削时注意侧面的余量 ※工件 2 不动	● 使用 30mm 搁铁，刀具不变 ● 注意刀具的安装要有足够的伸长量，防止刀夹碰到工件上 ● 每面余量要不小于 0.5mm
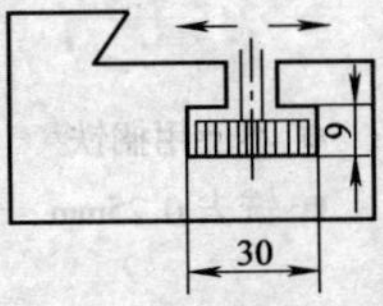 9 30	14. 安装刀具 15. 粗铣 T 形槽 ※使铣刀贴到底平面上 ※使铣刀贴到侧面上，刻度对“0” ※铣削尺寸 4.5mm、9mm、30mm ※ 拆下工件 2	● T 形槽专用刀具 ● $v=250$mm/min，手动 ● 夹紧导架 ● 接触量要尽量少 ● 使刀具中心线与槽的对称中心线重合

（续）

作 业 图	操作步骤及说明	相关知识及要点
	16. 安装工件1 ※ 粗铣V形槽的两侧 ※ 使铣刀贴到底面上 ※ 使铣刀贴到侧面上 ※ 铣削尺寸4.5mm	● v = 250mm/min，手动 ● 夹紧导架
固定钳口 尺寸50的基准面	17. 精铣工件1六面体 ※ 检查机用平口虎钳的定位情况 ※ 安装工件1 ※ 精铣50mm的基准面 ※拆下工件1	● 使用20mm垫铁 ● v = 250mm/min ● f_v = 0.03mm/刃 ● 铣去0.25mm ● 注意后面倒角C0.3
固定钳口 尺寸50的基准面	18. 精铣工件2六面体 ※ 安装工件2 ※ 精铣50mm基准面 ※ 拆下工件2 ※以50mm基准面为基准，精铣工件1、2的50mm尺寸	● 使用20mm垫铁 ● 铣去0.25mm ● 尺寸为(50±0.02)mm
尺寸70的基准面 固定钳口	19. 精铣工件1、2六面体70mm的基准面 ※ 安装工件1 ※ 精铣70mm尺寸的基准面 ※拆下工件1	● 不使用搁铁 ● 铣去0.25mm
尺寸70的基准面 固定钳口	※ 安装工件2 ※ 精铣70mm尺寸的基准面 ※ 拆下工件2	● 不使用搁铁 ● 铣去0.25mm

（续）

作 业 图	操作步骤及说明	相关知识及要点
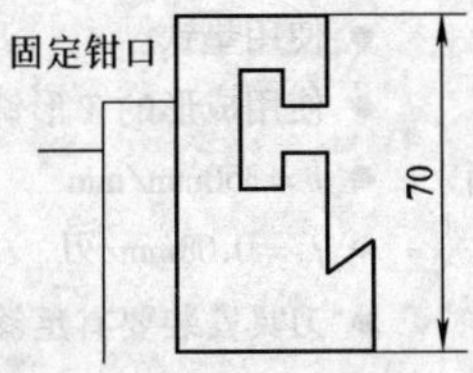 固定钳口 70	20. 精铣工件 1、2 的 70mm 尺寸 ※ 安装工件 1 ※ 以 70mm 基准面为基准精铣 70mm 尺寸 ※拆下工件 1	● 紧贴机用平口虎钳的底面 ● 尺寸为(70 ± 0.02)mm
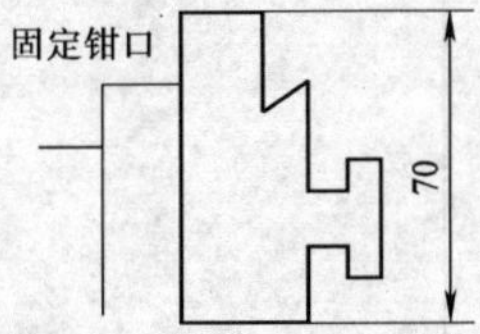 固定钳口 70	※ 安装工件 2 ※ 以 70mm 基准面为基准精铣 70mm 尺寸 ※拆下工件 2	● 紧贴平口虎钳的底面 ● 尺寸为(70 ± 0.02)mm
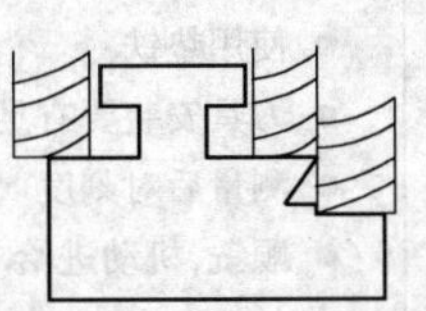	21. 粗铣工件 1 ※安装工件 1 ※安装立铣刀(4 刃) ※ 铣刀接触底平面切入 0.1mm ※铣刀接触侧面切入 0.1mm ※测定目标对好刻度，铣削 ※拆下工件 1	● 使用 30mm 垫铁 ● $v = 350$mm/min ● $f_v = 0.08$mm/刃 ● 采用顺铣 ● 目标尺寸 ± 0.01mm
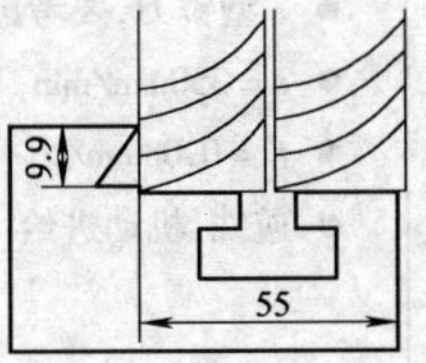 9.9 55	22. 粗铣工件 2 ※安装工件 2 ※铣削上面 ※应在目标尺寸上 + 0.01mm	● 方法与工件 1 相同
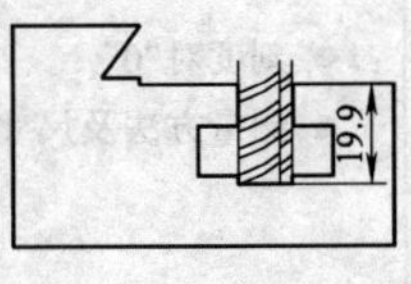 19.9	23. 铣削 T 形槽底面 应在目标尺寸上 + 0.01mm ※拆下工件 2	

（续）

作业图	操作步骤及说明	相关知识及要点
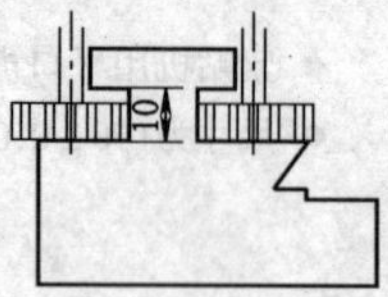 10	24. 精铣T形槽、T形块 ※安装工件1 ※安装刀具 ※底面上对刀，使刀具在底面上及侧面上切入0.1mm ※刻度盘调整对正余量 ※铣削 ※底面及侧面应使刻度达到尺寸要求	● 使用垫铁 ● 使用成形的T形铣刀 ● $v = 350$mm/min ● $f_v = 0.08$mm/刃 ● 刀具安装要有足够的伸长量 ● 顺铣，机动进给 ● 加少量油
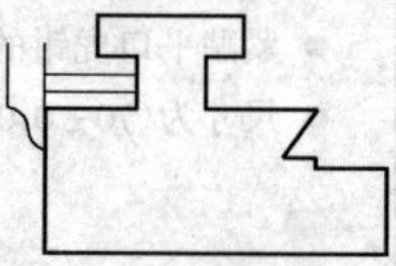	※测量尺寸 ※修正尺寸 ※拆下工件1	
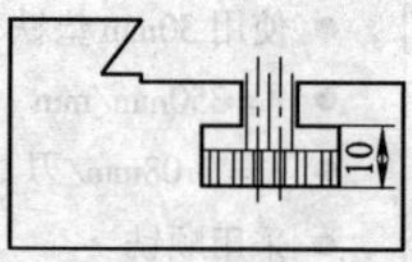 10	※安装工件2 ※安装T形槽铣刀 ※底面和侧面对刀 ※刻度值调整 ※精铣T形槽 ※拆下工件2	● 使用垫铁 ● 刀具安装要有足够的伸长量 ● 测量后对刻度 ● 顺铣，机动进给
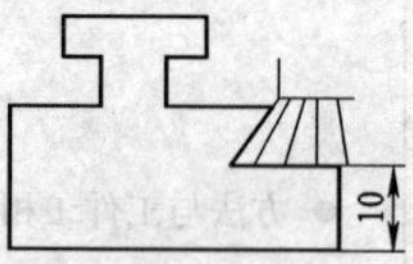 10	25. 精铣V形槽 ※安装工件1 ※安装刀具 ※底平面与刀具接触 ※测量尺寸，刻度对"0" ※底平面留0.1mm余量 ※铣削	● v型铣刀，要考虑伸长量 ● $v = 350$mm/min ● $f_v = 0.08$mm/刃 ● 逆铣，机动进给
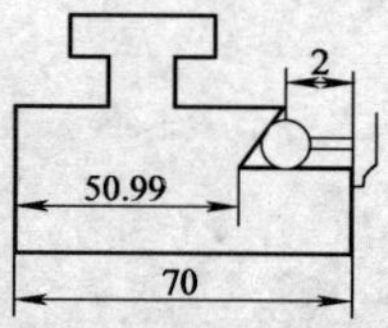 2 50.99 70	※测量 ※精铣 ※ Z = 70mm －（50.99mm + 10.99mm） ※拆下工件1	● 刻度对"0" ● 测量方法及尺寸如图

（续）

作　业　图	操作步骤及说明	相关知识及要点
	※ 安装工件 2 ※ 铣削 ※ 其他方法与工件 1 相同	● 使用 30mm 垫铁 ● 铣至尺寸 ● 加少量切削油
24.26	※测量 ※洗净、检查、装配	

第四部分　实训工件图

说明：1. 工件图分车工、铣工和钳工三部分。

2. 工件结构由浅入深，教师可根据各学校的教学要求选做或参考做。

3. 对工件图中的尺寸，指导教师也可另行给定。

4. 学生在自学时，可根据工件图自行制定操作流程，分析加工方法。

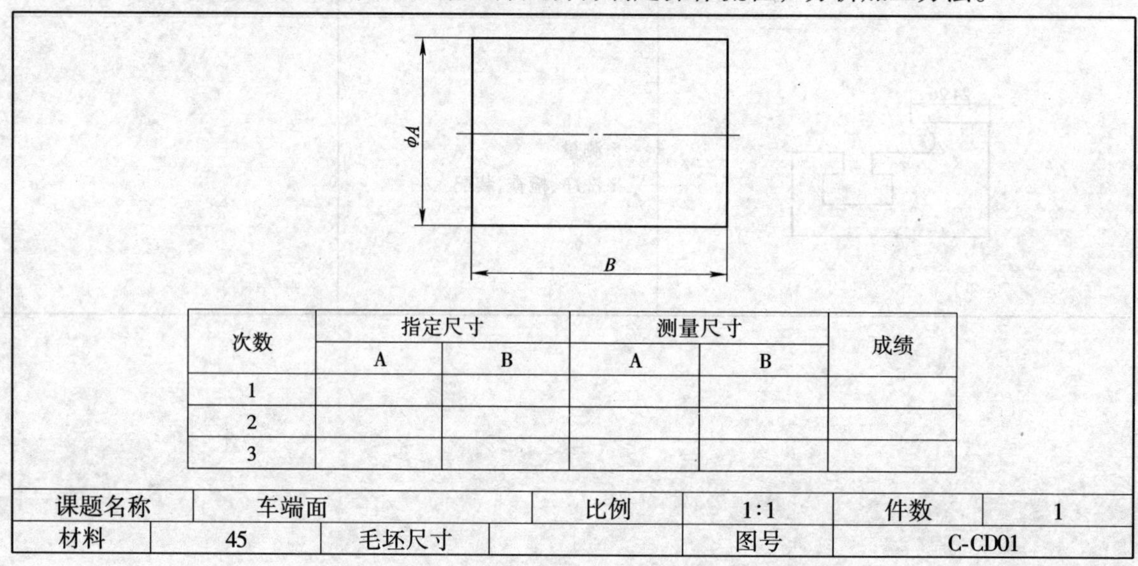

次数	指定尺寸		测量尺寸		成绩
	A	B	A	B	
1					
2					
3					

课题名称	车端面	比例	1:1	件数	1
材料	45	毛坯尺寸		图号	C-CD01

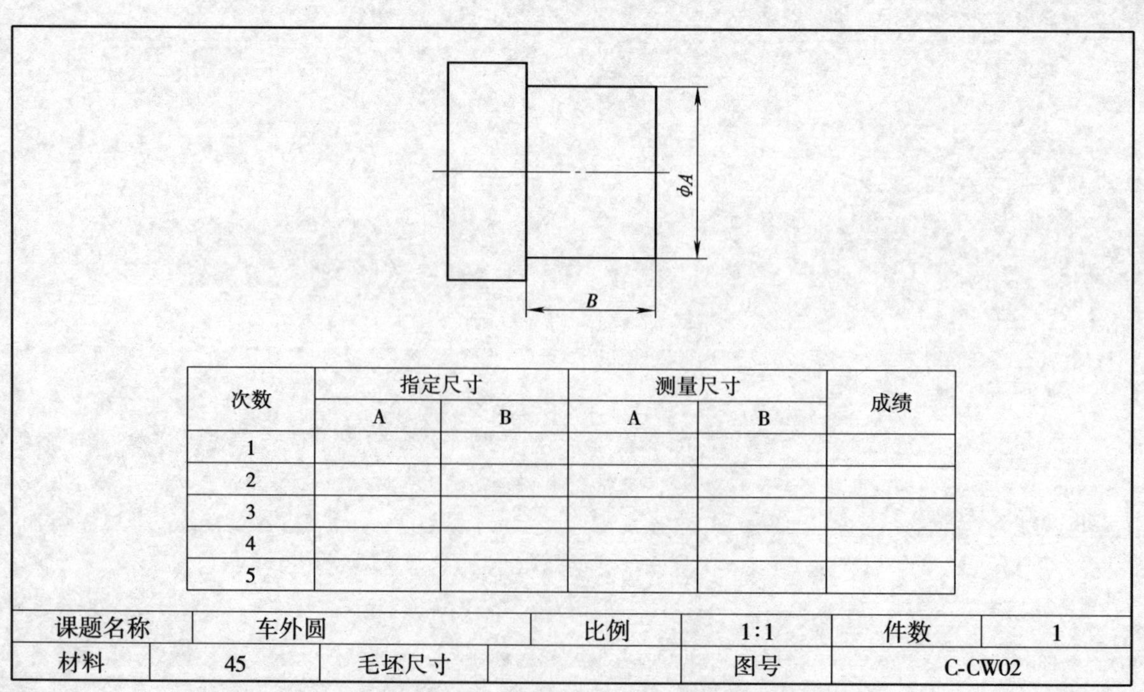

次数	指定尺寸		测量尺寸		成绩
	A	B	A	B	
1					
2					
3					
4					
5					

课题名称	车外圆	比例	1:1	件数	1
材料	45	毛坯尺寸		图号	C-CW02

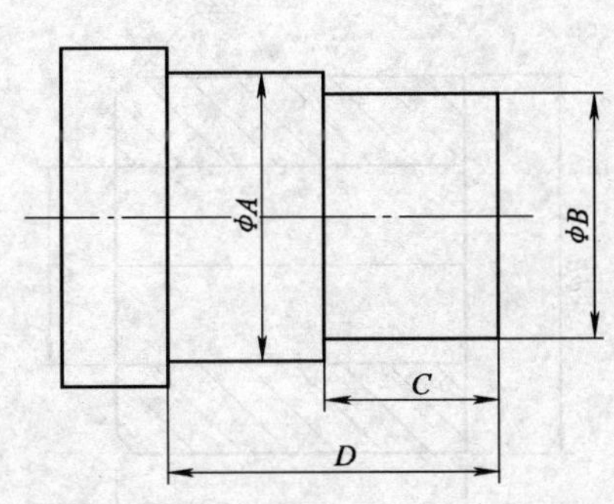

次数	φA		φB		C		D	
	指定尺寸	加工值	指定尺寸	加工值	指定尺寸	加工值	指定尺寸	加工值
1								
2								
3								

课题名称	车台阶		比例	1:1	件数	1
材料	45	毛坯尺寸		图号	C-CJ03	

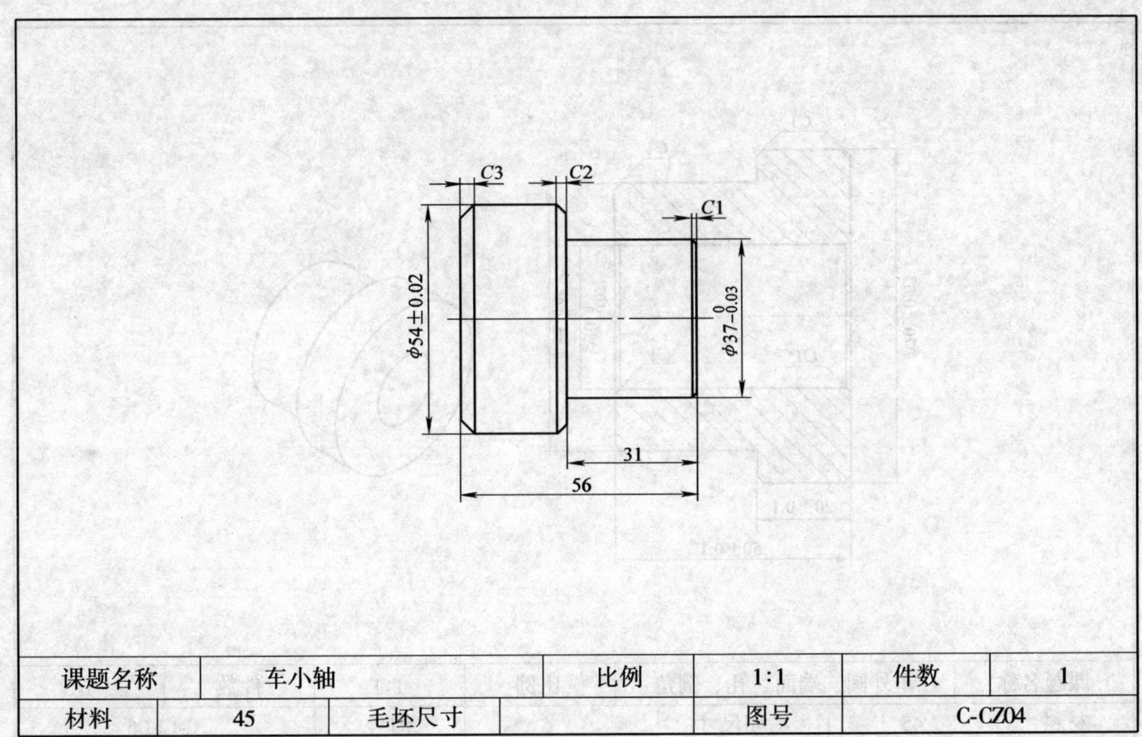

课题名称	车小轴		比例	1:1	件数	1
材料	45	毛坯尺寸		图号	C-CZ04	

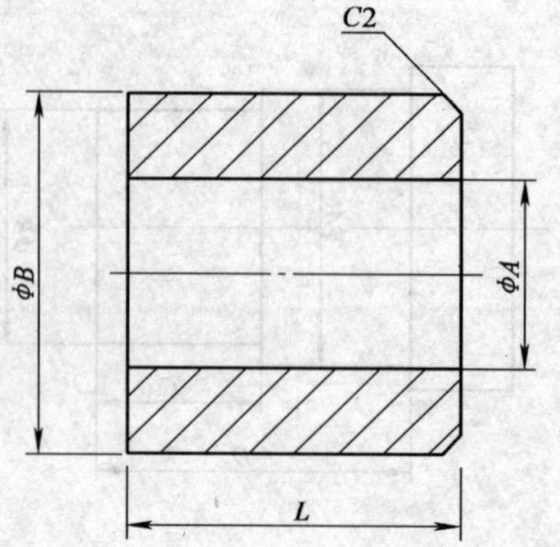

C2

φB

φA

L

<table>
<tr><td rowspan="2">次数</td><td colspan="3">指定尺寸</td><td colspan="3">测量尺寸</td><td rowspan="2">成绩</td></tr>
<tr><td>A</td><td>B</td><td>L</td><td>A</td><td>B</td><td>L</td></tr>
<tr><td>1</td><td></td><td></td><td></td><td></td><td></td><td></td><td></td></tr>
<tr><td>2</td><td></td><td></td><td></td><td></td><td></td><td></td><td></td></tr>
<tr><td>3</td><td></td><td></td><td></td><td></td><td></td><td></td><td></td></tr>
<tr><td>4</td><td></td><td></td><td></td><td></td><td></td><td></td><td></td></tr>
<tr><td>5</td><td></td><td></td><td></td><td></td><td></td><td></td><td></td></tr>
</table>

课题名称	钻孔、车端面、倒角、切断		比例	1:1	件数	1
材料	45	毛坯尺寸		图号	C-CK05	

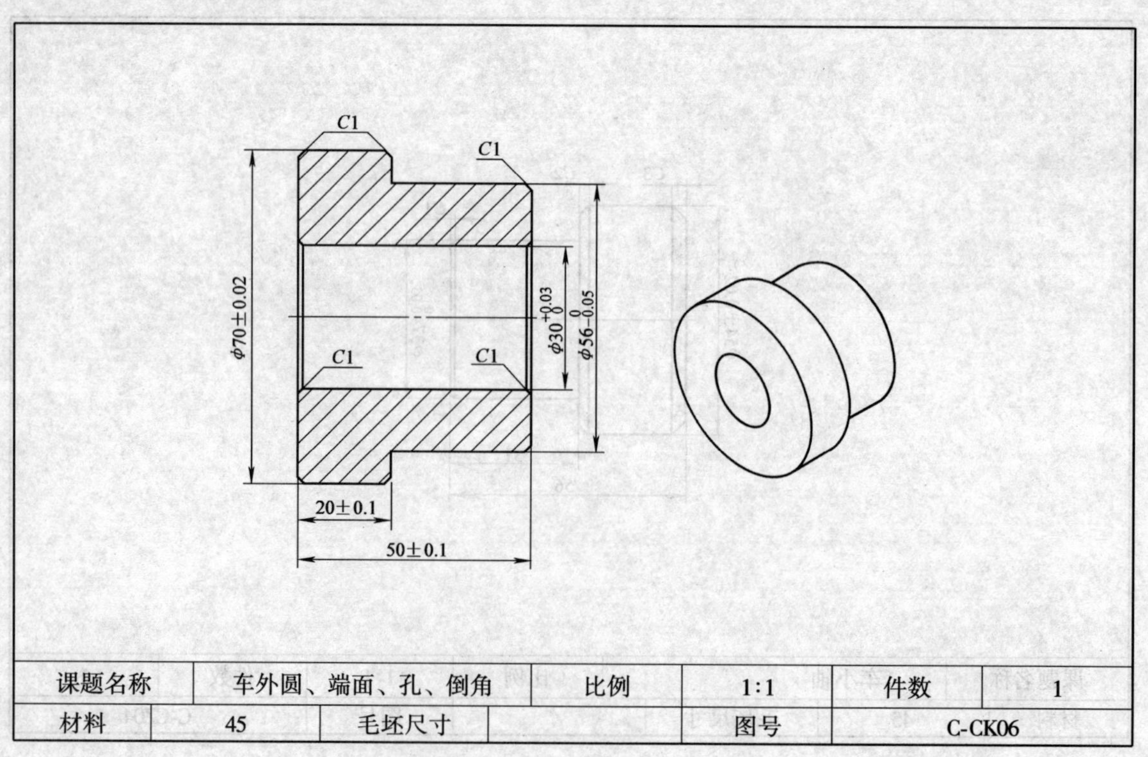

课题名称	车外圆、端面、孔、倒角		比例	1:1	件数	1
材料	45	毛坯尺寸		图号	C-CK06	

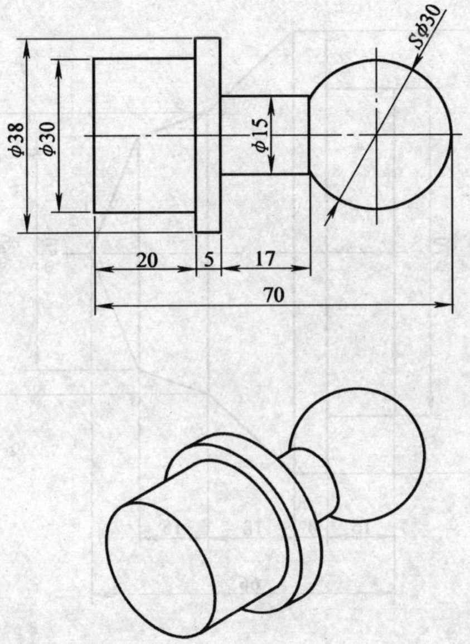

$S\phi 30$

$\phi 38$ $\phi 30$ $\phi 15$

20 5 17

70

课题名称	车曲面		比例	1:1	件数	1
材料	45	毛坯尺寸		图号	C-CQ07	

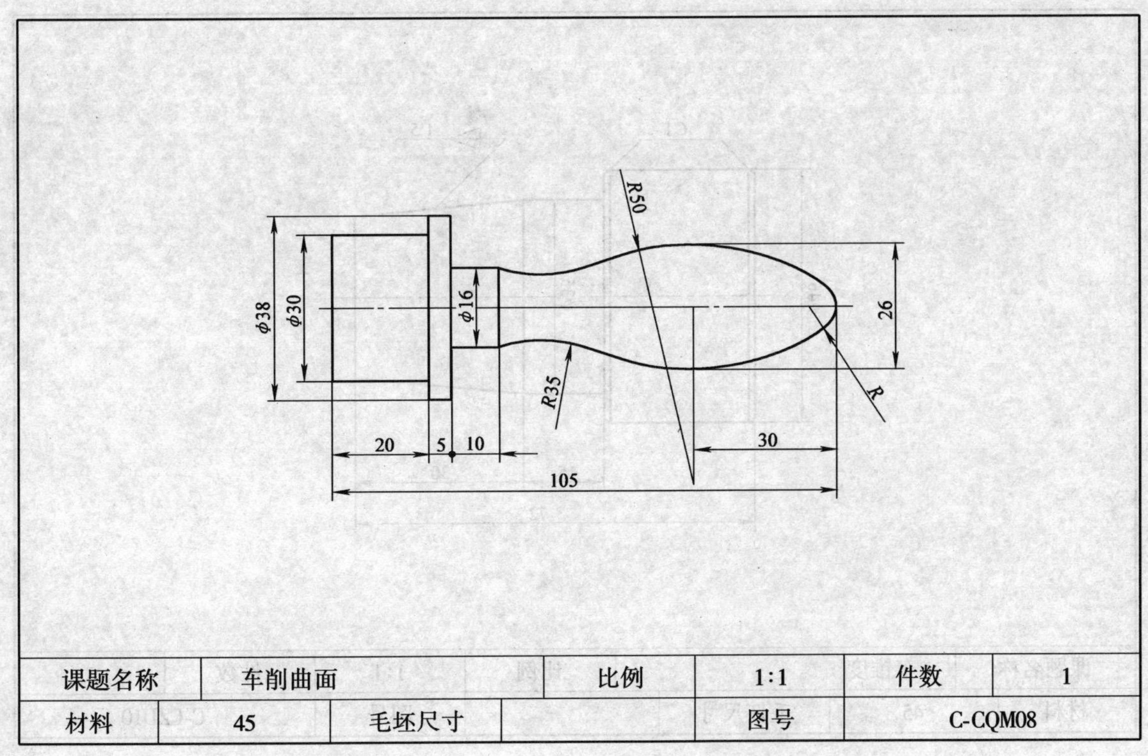

课题名称	车削曲面		比例	1:1	件数	1
材料	45	毛坯尺寸		图号	C-CQM08	

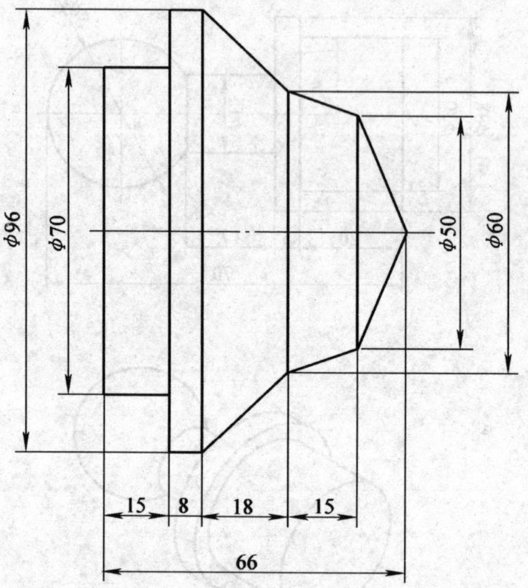

φ96
φ70
φ50
φ60
15
8
18
15
66

课题名称	车任意角锥面		比例	1∶1		件数	1
材料	45	毛坯尺寸			图号	C-CZD09	

C1
1:5
φ46
φ35
15
30
72

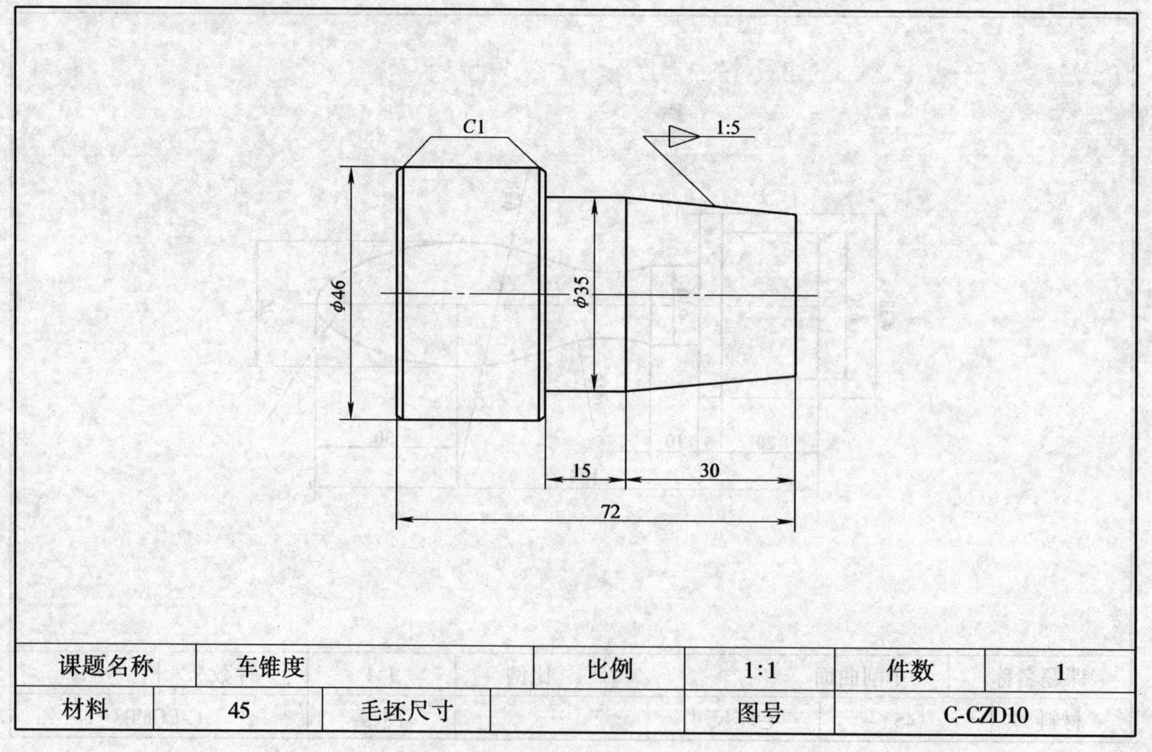

课题名称	车锥度		比例	1∶1		件数	1
材料	45	毛坯尺寸			图号	C-CZD10	

C1
C1
φ46
φ29
1:5
30

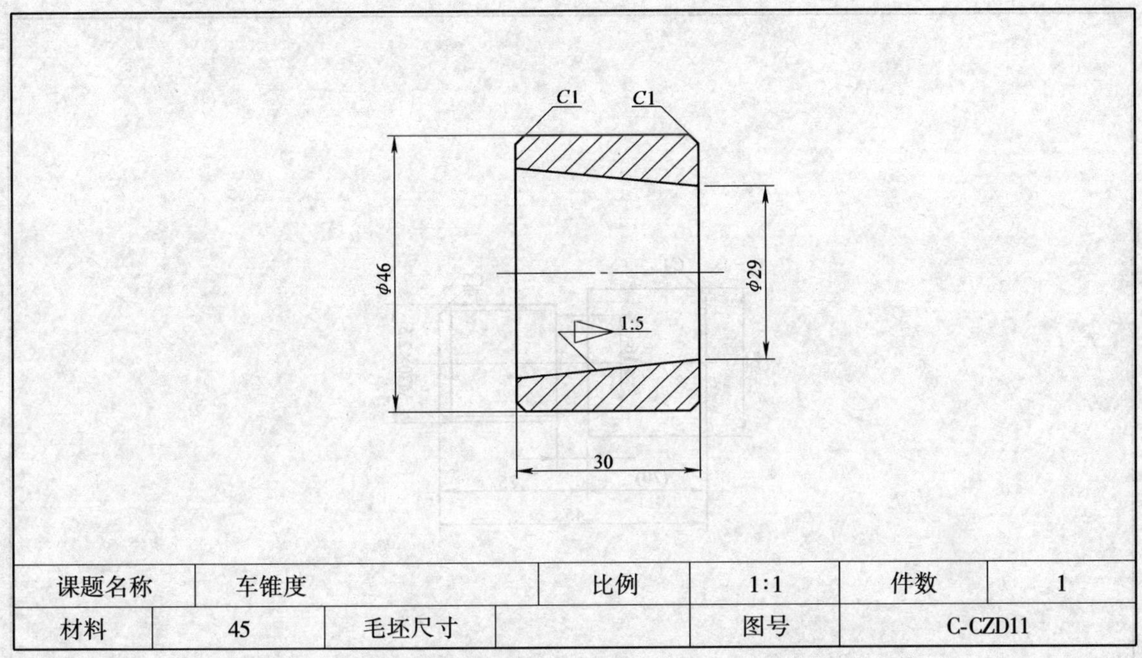

课题名称	车锥度	比例	1∶1	件数	1
材料	45	毛坯尺寸		图号	C-CZD11

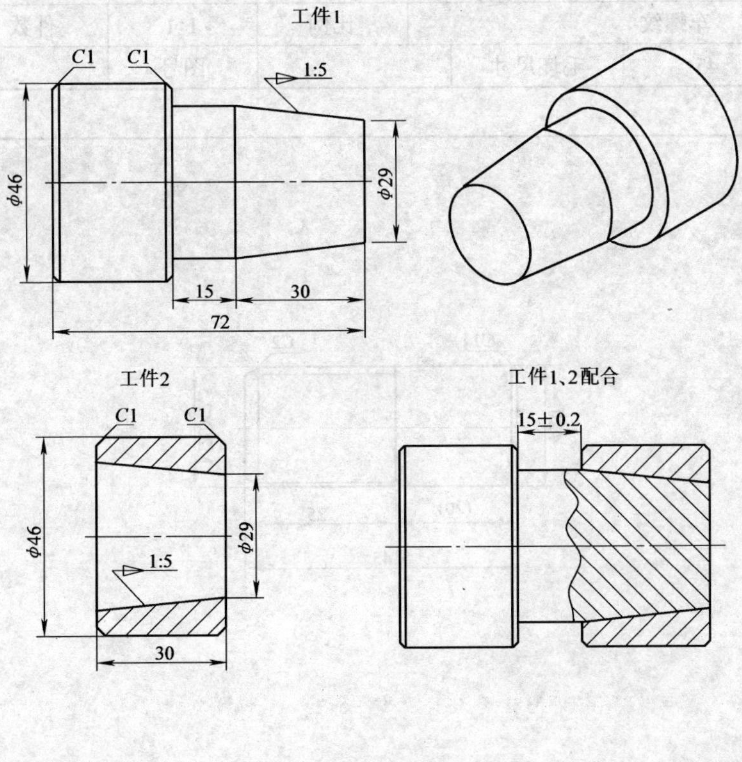

工件1
C1
C1
1:5
φ46
φ29
15
30
72
工件2
C1
C1
φ46
φ29
1:5
30
工件1、2配合
15±0.2

课题名称	车锥度配合	比例	1∶1	件数	1
材料	45	毛坯尺寸		图号	C-CZD13

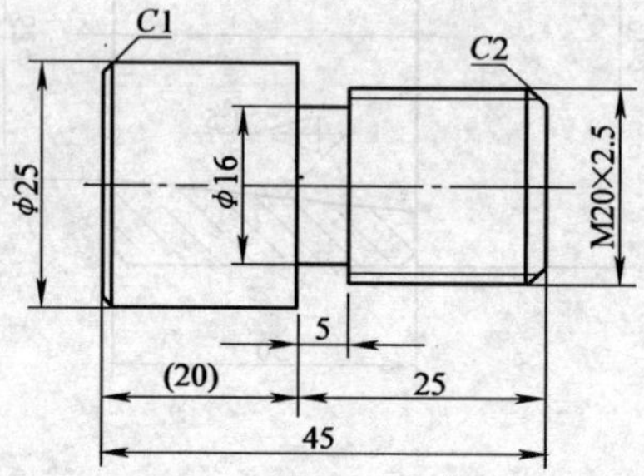

C1
C2
$\phi 25$
$\phi 16$
M20×2.5
5
(20)
25
45

课题名称	车螺纹			比例	1:1	件数	1
材料	45	毛坯尺寸		图号	C-CLW14		

C1
C2
$\phi 20$
M20×2.5
(20)
25
45

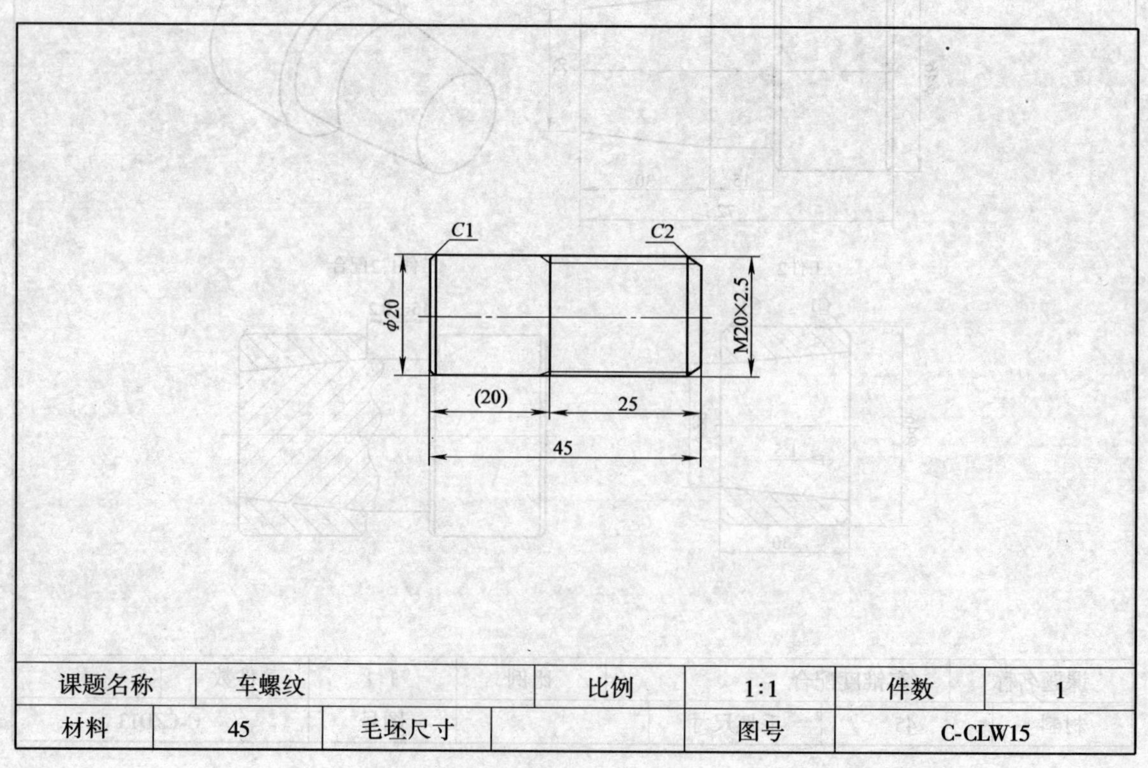

课题名称	车螺纹			比例	1:1	件数	1
材料	45	毛坯尺寸		图号	C-CLW15		

C2
φ25
φ16
M20×2.5
5
15
25
60

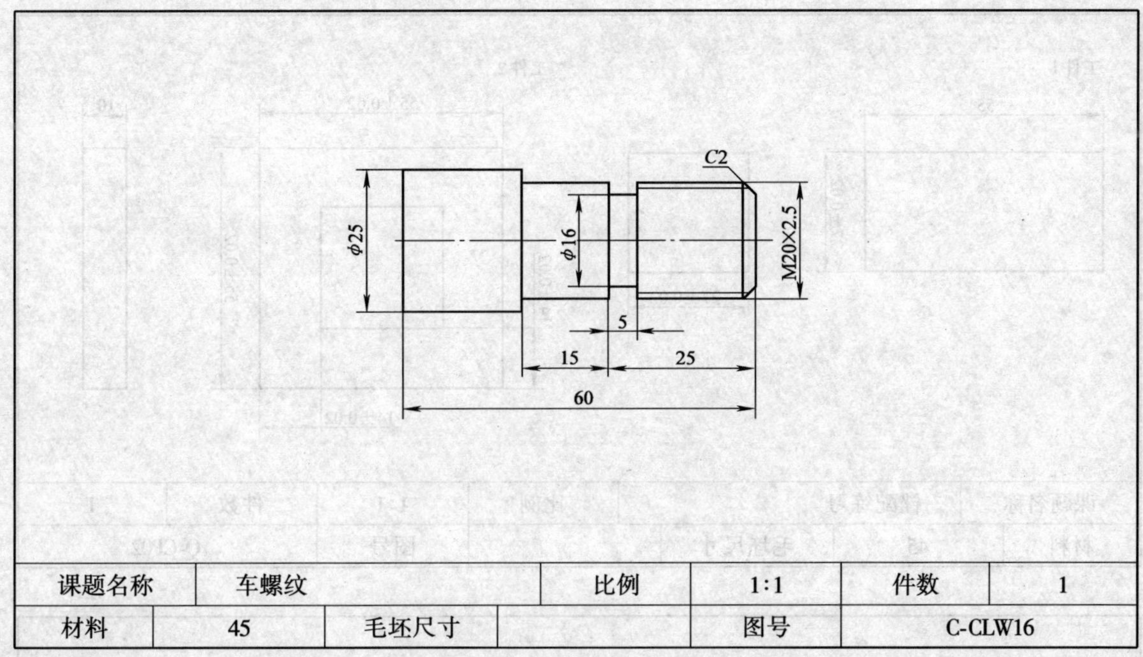

课题名称	车螺纹	比例	1:1	件数	1
材料	45	毛坯尺寸		图号	C-CLW16

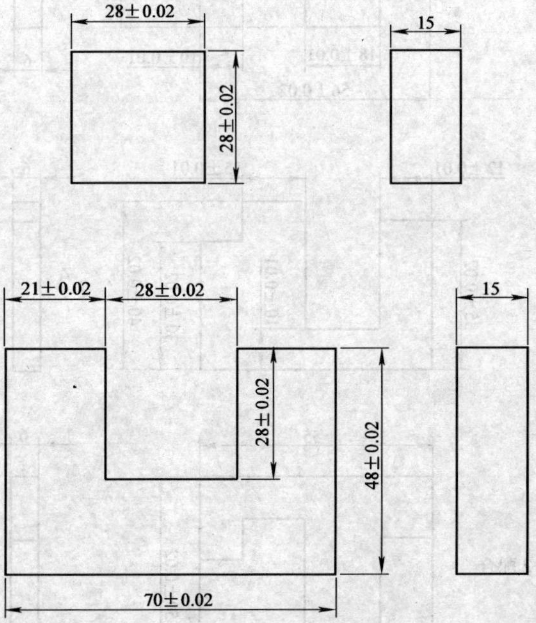

28±0.02
28±0.02
15
21±0.02
28±0.02
15
28±0.02
48±0.02
70±0.02

课题名称	零件锉配	比例	1:1	件数	1
材料	45	毛坯尺寸		图号	Q-CP01

工件1
55
27±0.02
27±0.02
工件2
55±0.02
10
14±0.02
55±0.02
14±0.02

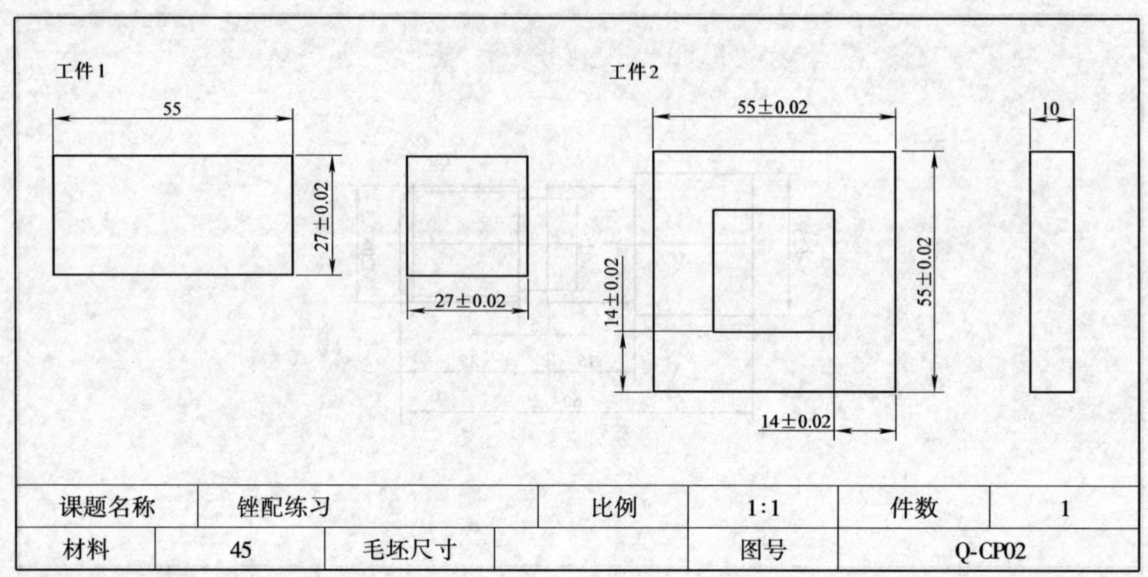

课题名称	锉配练习		比例	1:1	件数	1
材料	45	毛坯尺寸			图号	Q-CP02

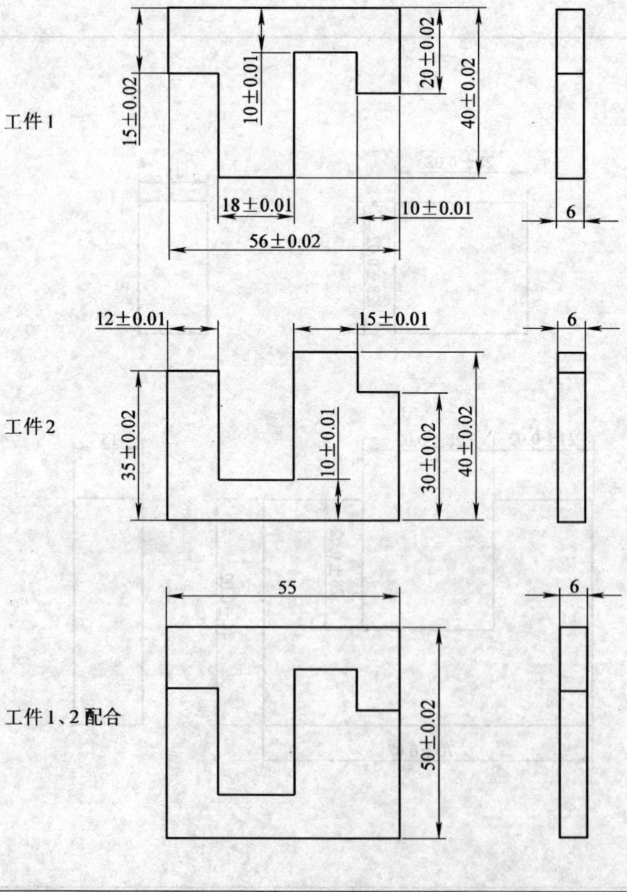

工件1
15±0.02
10±0.01
20±0.02
40±0.02
18±0.01
10±0.01
56±0.02
6
工件2
12±0.01
15±0.01
6
35±0.02
10±0.01
30±0.02
40±0.02
55
6
工件1、2配合
50±0.02

课题名称	零件锉配		比例	1:1	件数	1
材料	45	毛坯尺寸			图号	Q-CP03

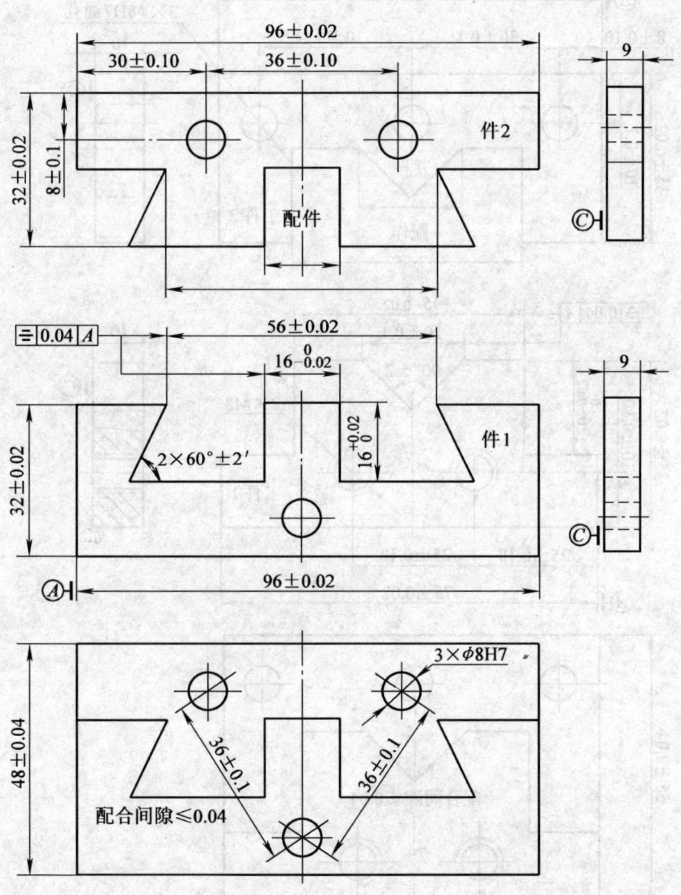

课题名称	凸凹燕尾锉配		比例	1:1	件数	1
材料	45	毛坯尺寸		图号	Q-CP04	

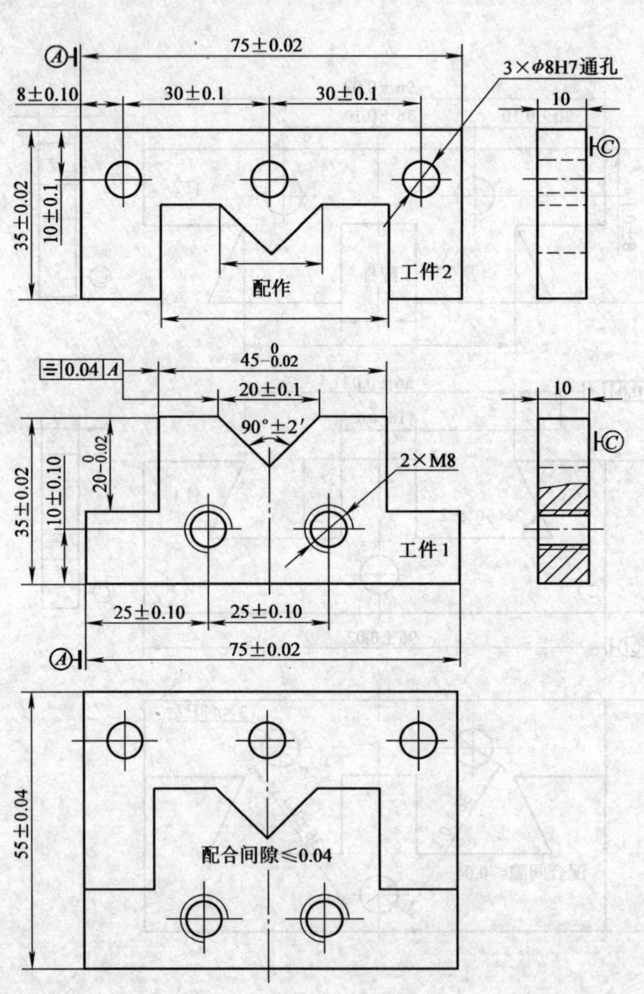

课题名称	凸凹V形锉配	比例	1:1	件数	1
材料	45	毛坯尺寸		图号	Q-CP05

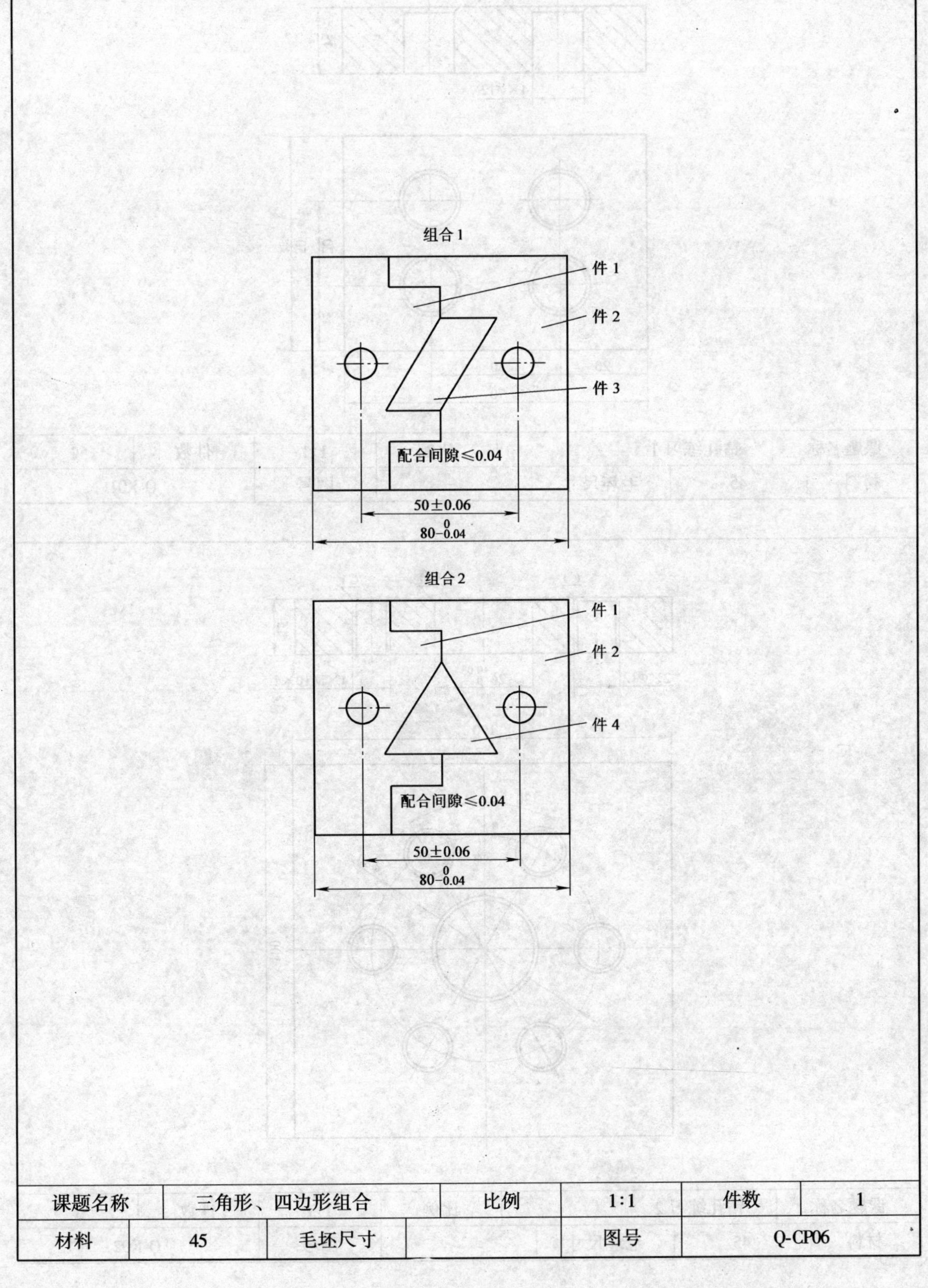

课题名称	三角形、四边形组合		比例	1:1	件数	1
材料	45	毛坯尺寸		图号	Q-CP06	

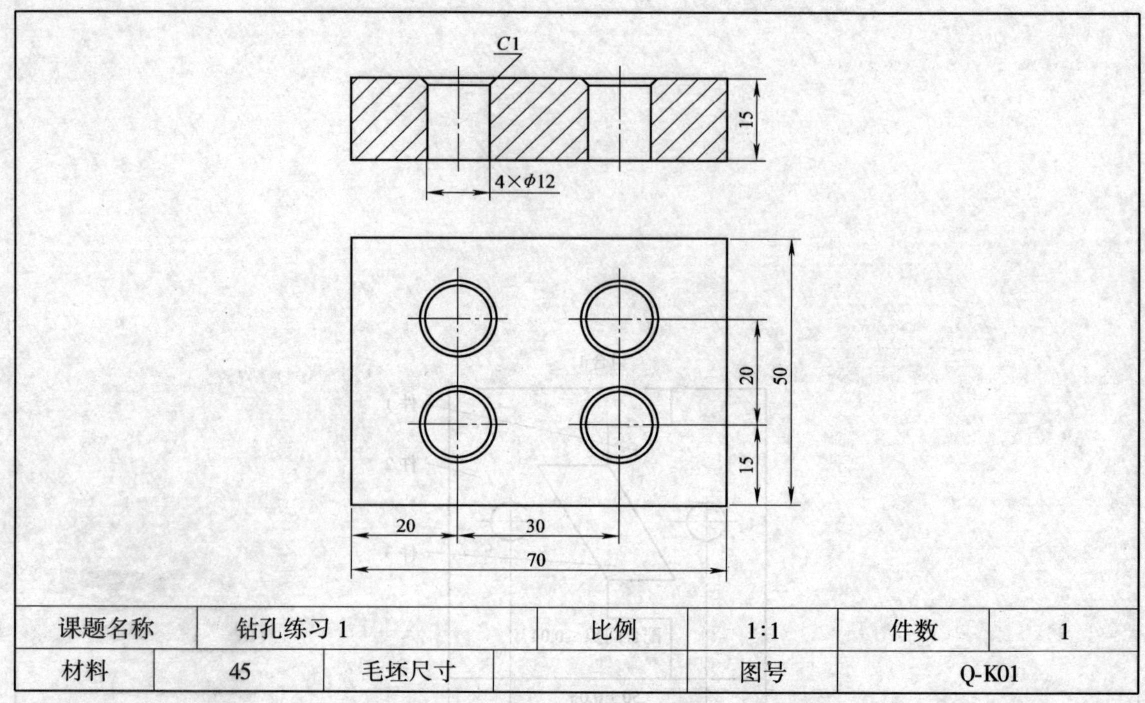

课题名称	钻孔练习 1		比例	1:1	件数	1
材料	45	毛坯尺寸		图号	Q-K01	

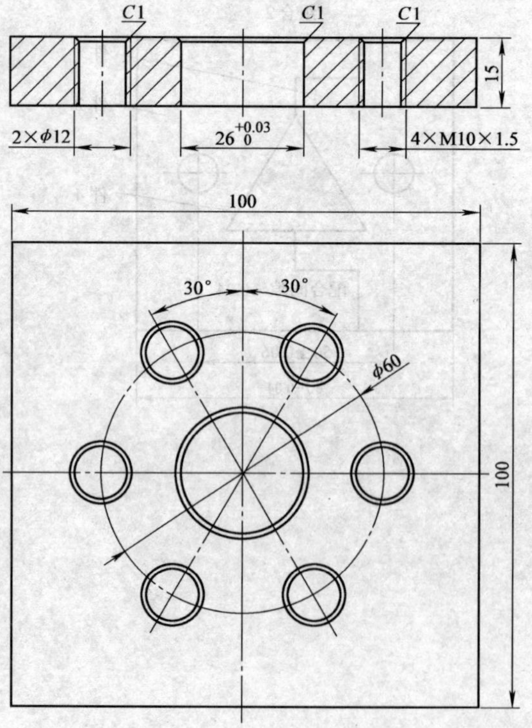

C1 C1 C1

15

2×ϕ12 $26^{+0.03}_{0}$ 4×M10×1.5

100

30° 30°

ϕ60

100

课题名称	钻孔练习 2		比例	1:1	件数	1
材料	45	毛坯尺寸		图号	Q-K02	

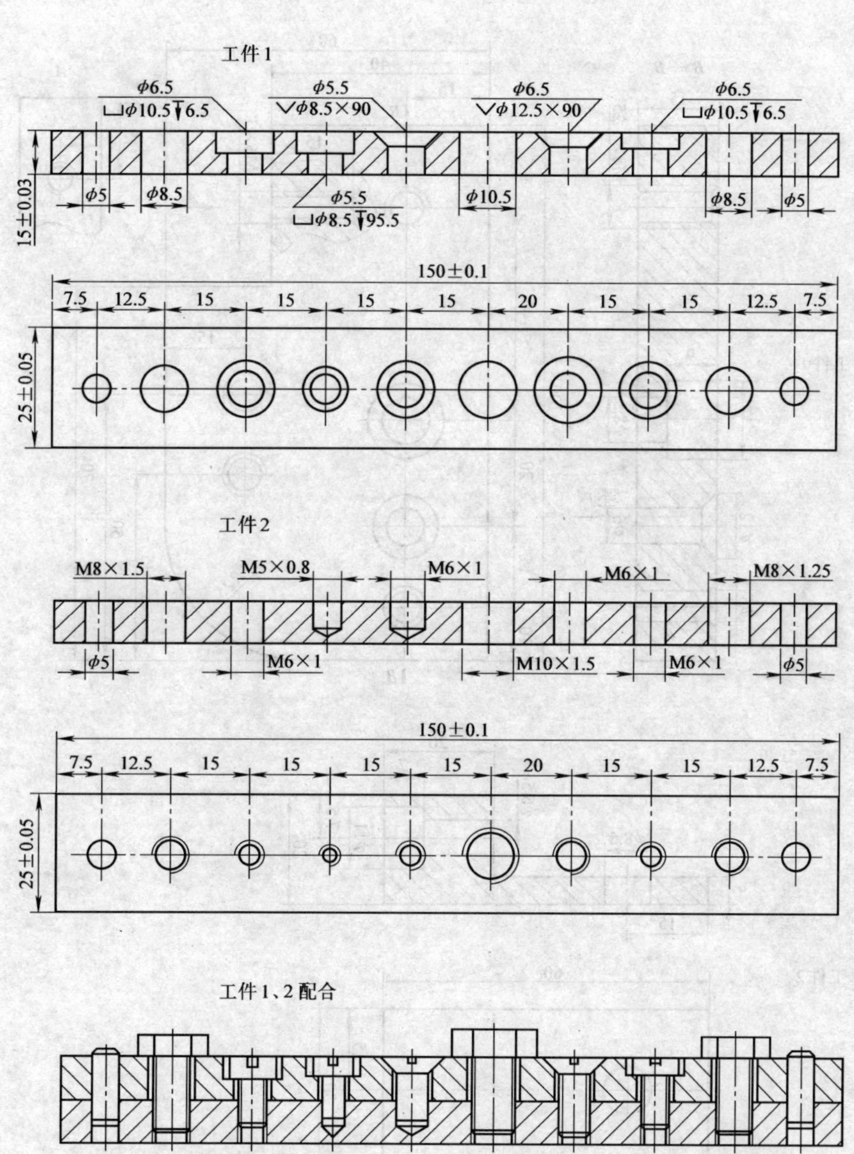

课题名称	孔加工综合练习		比例	1:1	件数	1
材料	45	毛坯尺寸		图号	Q-K03	

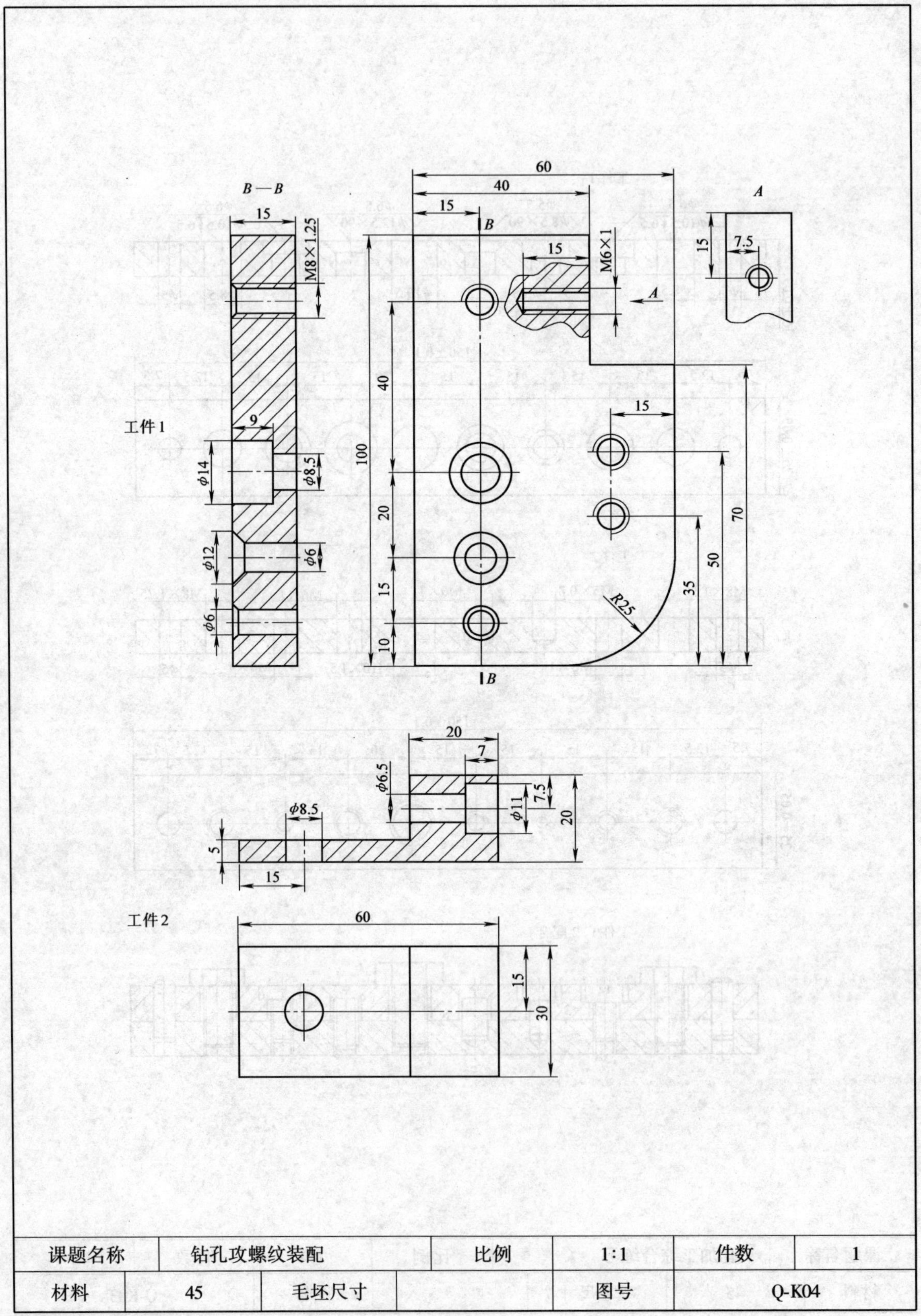

课题名称	钻孔攻螺纹装配	比例	1:1	件数	1
材料	45	毛坯尺寸		图号	Q-K04

工件1

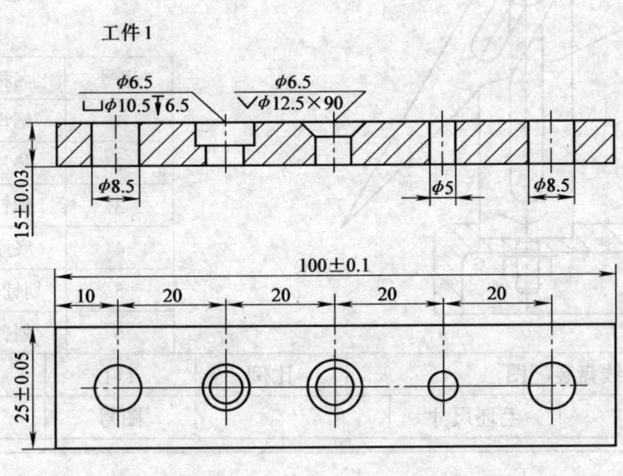

工件2

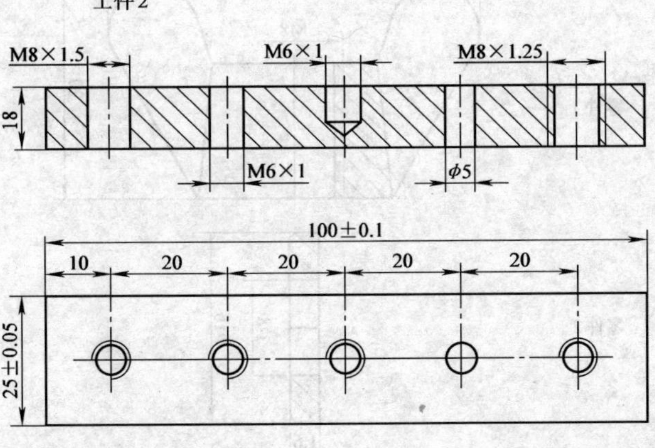

课题名称	孔加工综合练习	比例	1:1	件数	1
材料	45	毛坯尺寸		图号	Q-K05

6
1
2
5
3
4

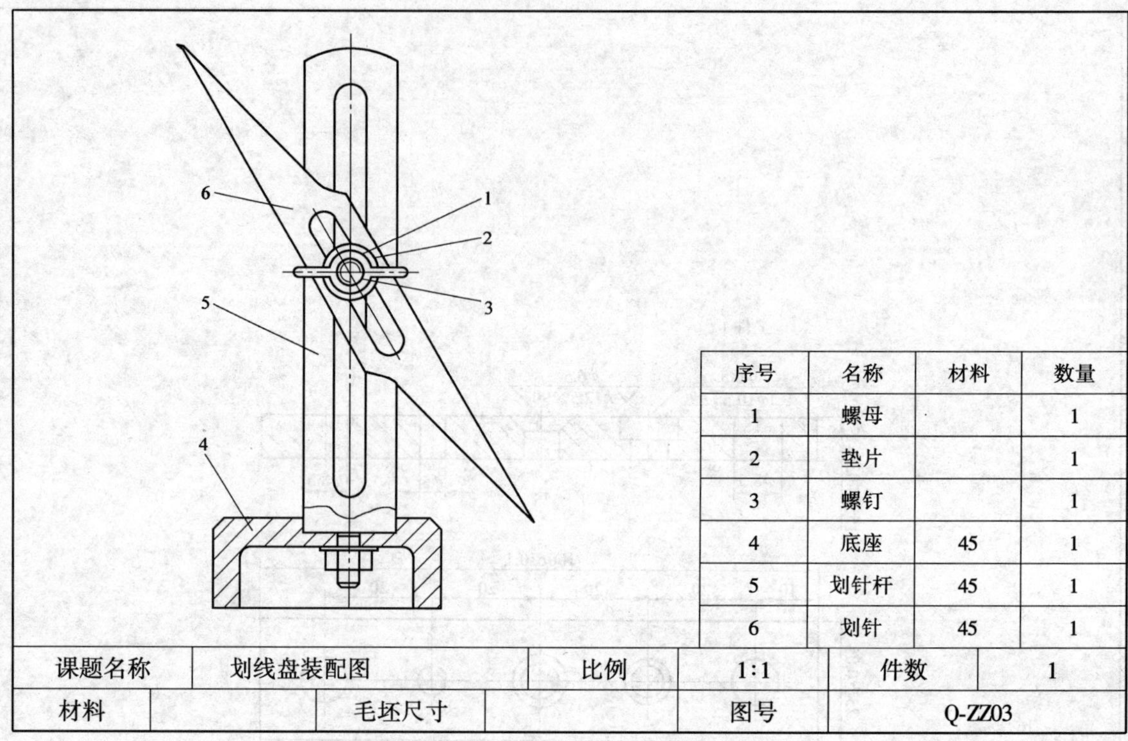

序号	名称	材料	数量
1	螺母		1
2	垫片		1
3	螺钉		1
4	底座	45	1
5	划针杆	45	1
6	划针	45	1

课题名称	划线盘装配图	比例	1:1	件数	1
材料		毛坯尺寸		图号	Q-ZZ03

40
M8
20
零件 1
零件 2
φ8
φ16
1.6
零件 3
R23
φ20
φ15
5
5
26
M8×1.25

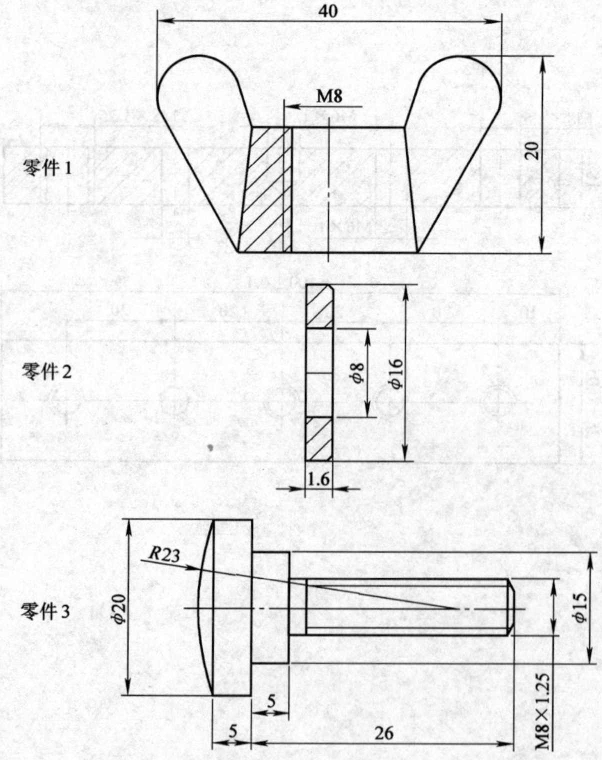

课题名称	划线盘—螺钉、螺母、垫圈	比例	1:1	件数	1
材料	45	毛坯尺寸		图号	Q-ZZ03-1

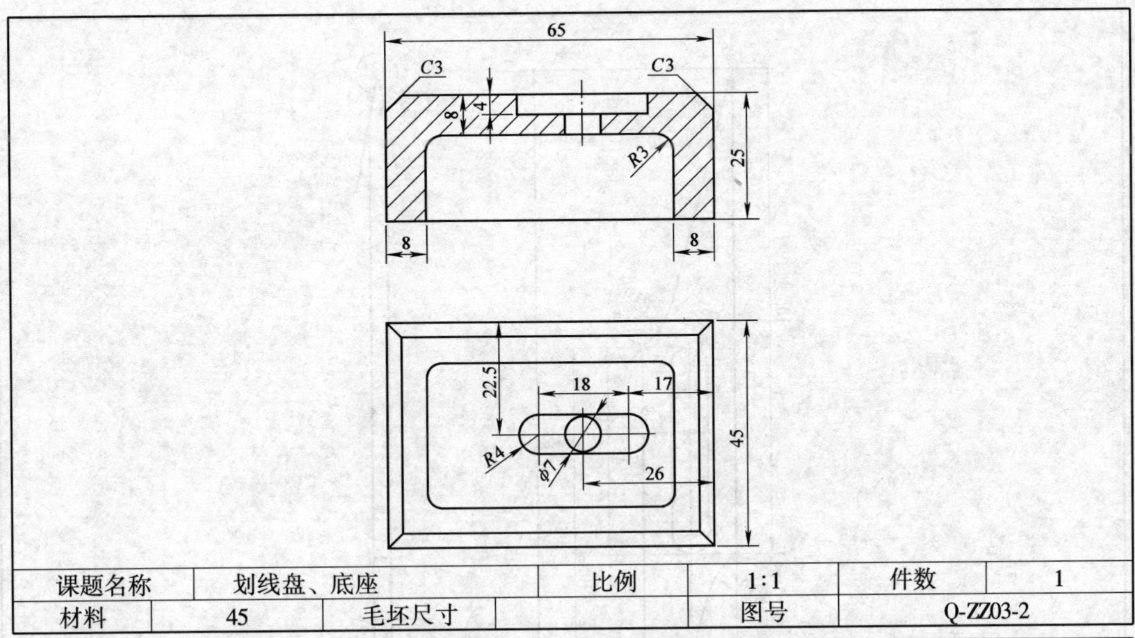

课题名称	划线盘、底座		比例	1:1	件数	1
材料	45	毛坯尺寸		图号	Q-ZZ03-2	

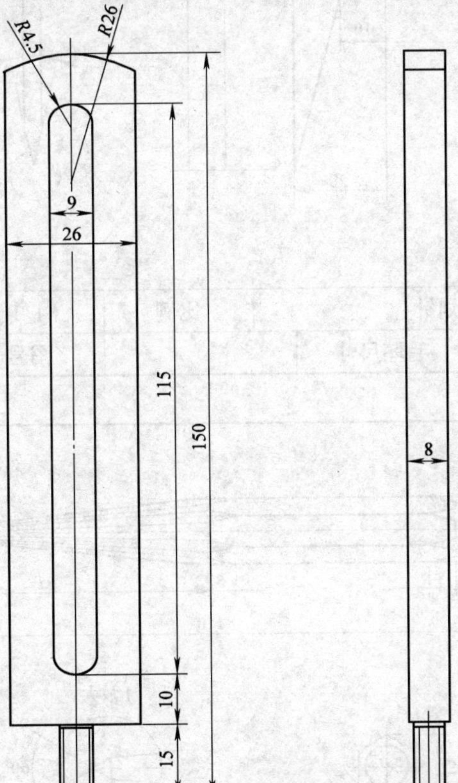

课题名称	划线盘—划针杆		比例	1:1	件数	1
材料	45	毛坯尺寸		图号	Q-ZZ03-3	

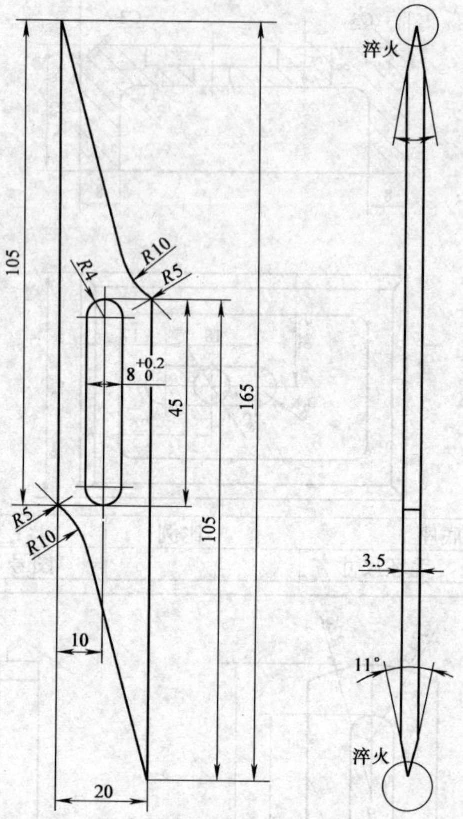

淬火
105
R10
R4
R5
+0.2
8 0
45
165
R5
R10
105
10
20
3.5
11°
淬火

课题名称	划线盘—划针		比例	1:1	件数	1
材料	45	毛坯尺寸		图号	Q-ZZ03-4	

A
φ8
I
φ2
10
5
5
55
110
A
12
I 放大
60°

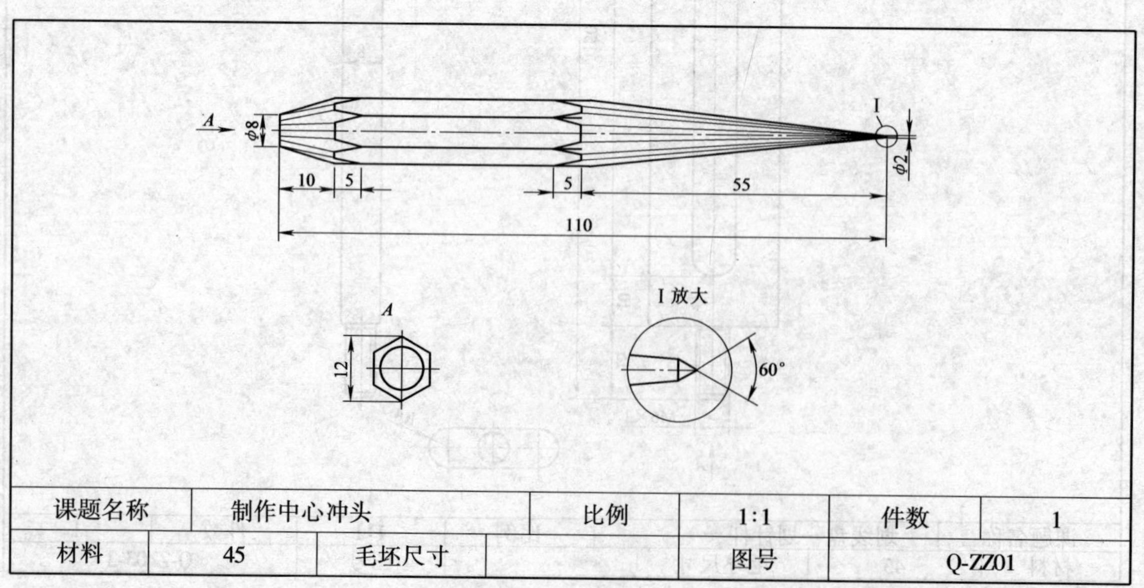

课题名称	制作中心冲头		比例	1:1	件数	1
材料	45	毛坯尺寸		图号	Q-ZZ01	

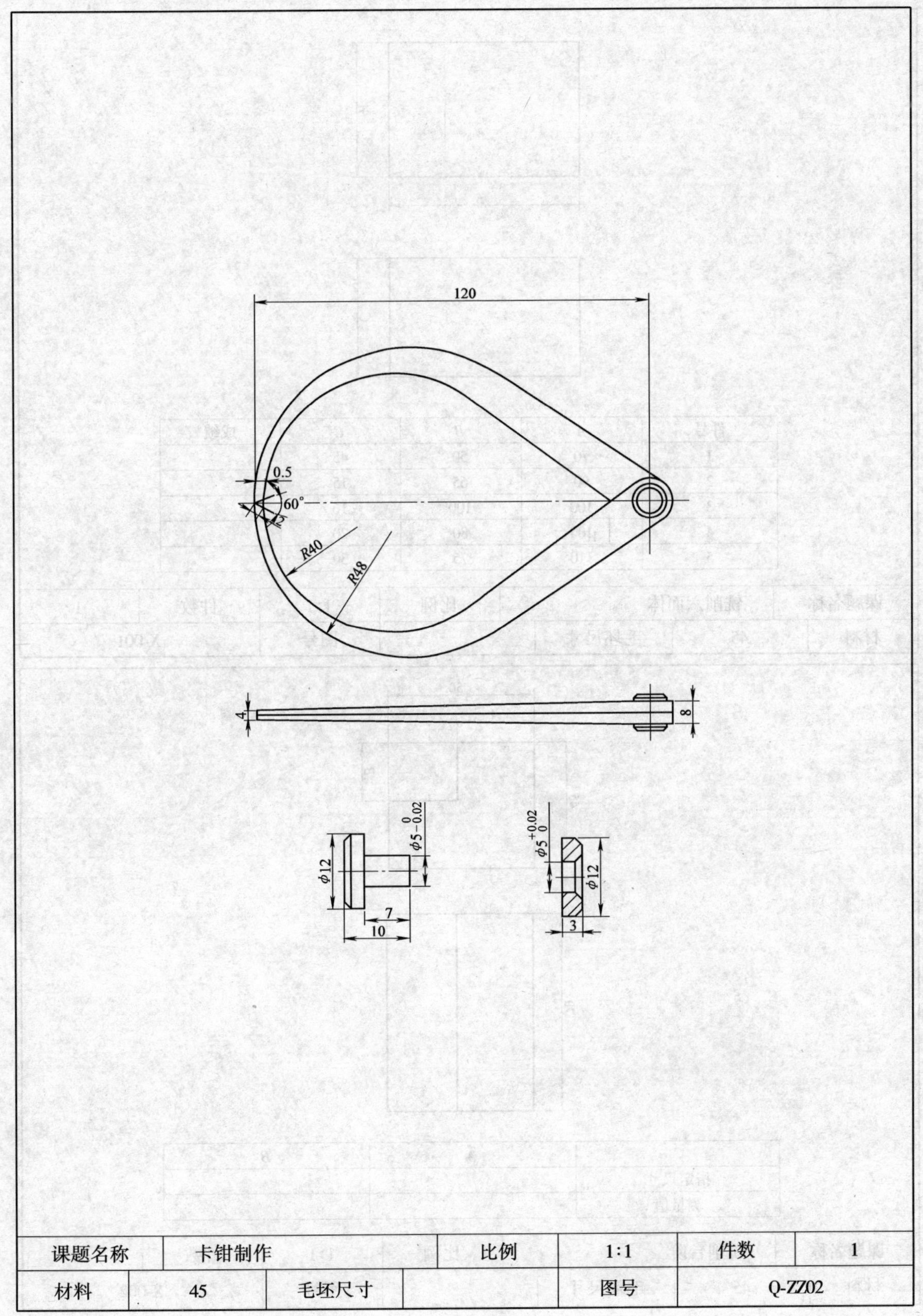

课题名称	卡钳制作	比例	1:1	件数	1
材料	45	毛坯尺寸		图号	Q-ZZ02

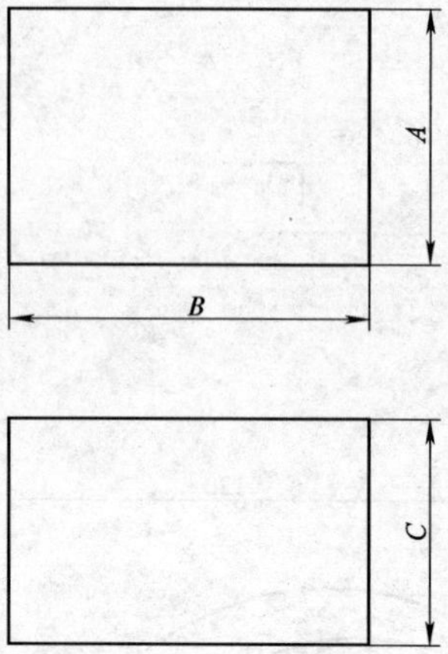

A

B

C

件号	A	B	C	成绩
1	70	50	45	
2	90	65	15	
3	100	100	16	
4	100	80	20	
5	110	75	30	

课题名称	铣削六面体		比例	1:1	件数	1
材料	45	毛坯尺寸		图号	X-001	

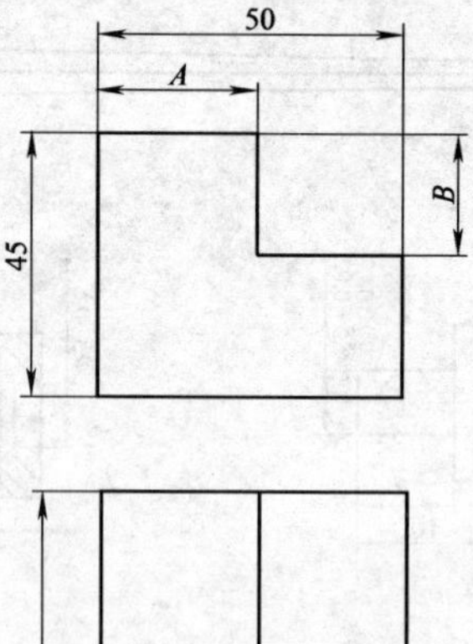

50

A

B

45

70

	A	B
指定尺寸		
测量值		

课题名称	铣削台阶		比例	1:1	件数	1
材料	45	毛坯尺寸		图号	X-002	

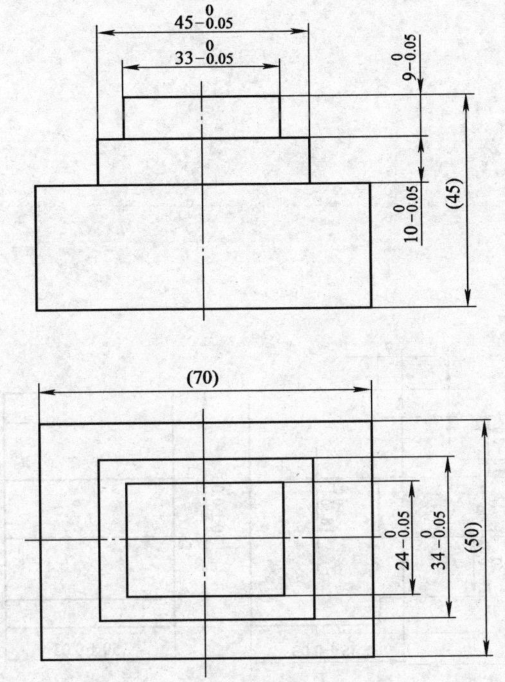

$45_{-0.05}^{\ 0}$ $33_{-0.05}^{\ 0}$ $9_{-0.05}^{\ 0}$ $10_{-0.05}^{\ 0}$ (45)

(70) $24_{-0.05}^{\ 0}$ $34_{-0.05}^{\ 0}$ (50)

课题名称	铣削台阶 2		比例	1:1	件数	1
材料	45	毛坯尺寸		图号	X-003	

工件 1

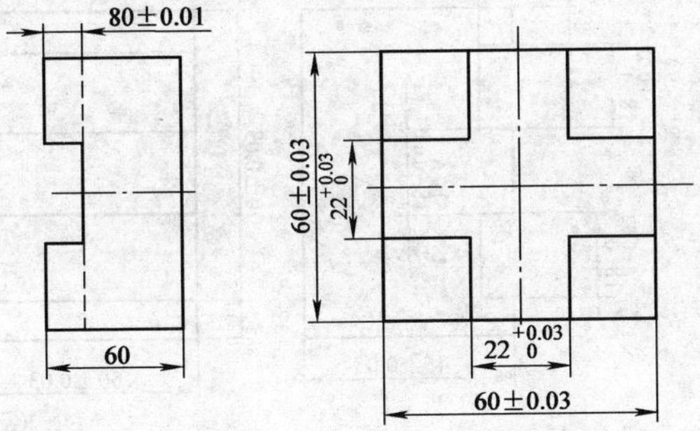

80 ± 0.01 60 60 ± 0.03 $22_{\ 0}^{+0.03}$ $22_{\ 0}^{+0.03}$ 60 ± 0.03

工件 2

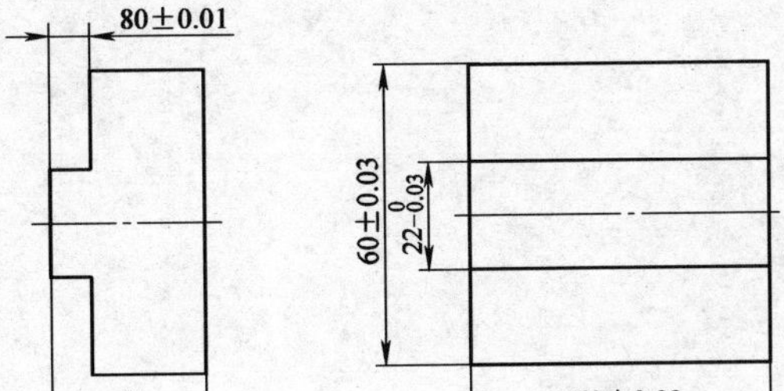

80 ± 0.01 60 60 ± 0.03 $22_{-0.03}^{\ 0}$ 60 ± 0.03

课题名称	铣直槽配合 2		比例	1:1	件数	1
材料	45	毛坯尺寸		图号	X-004	

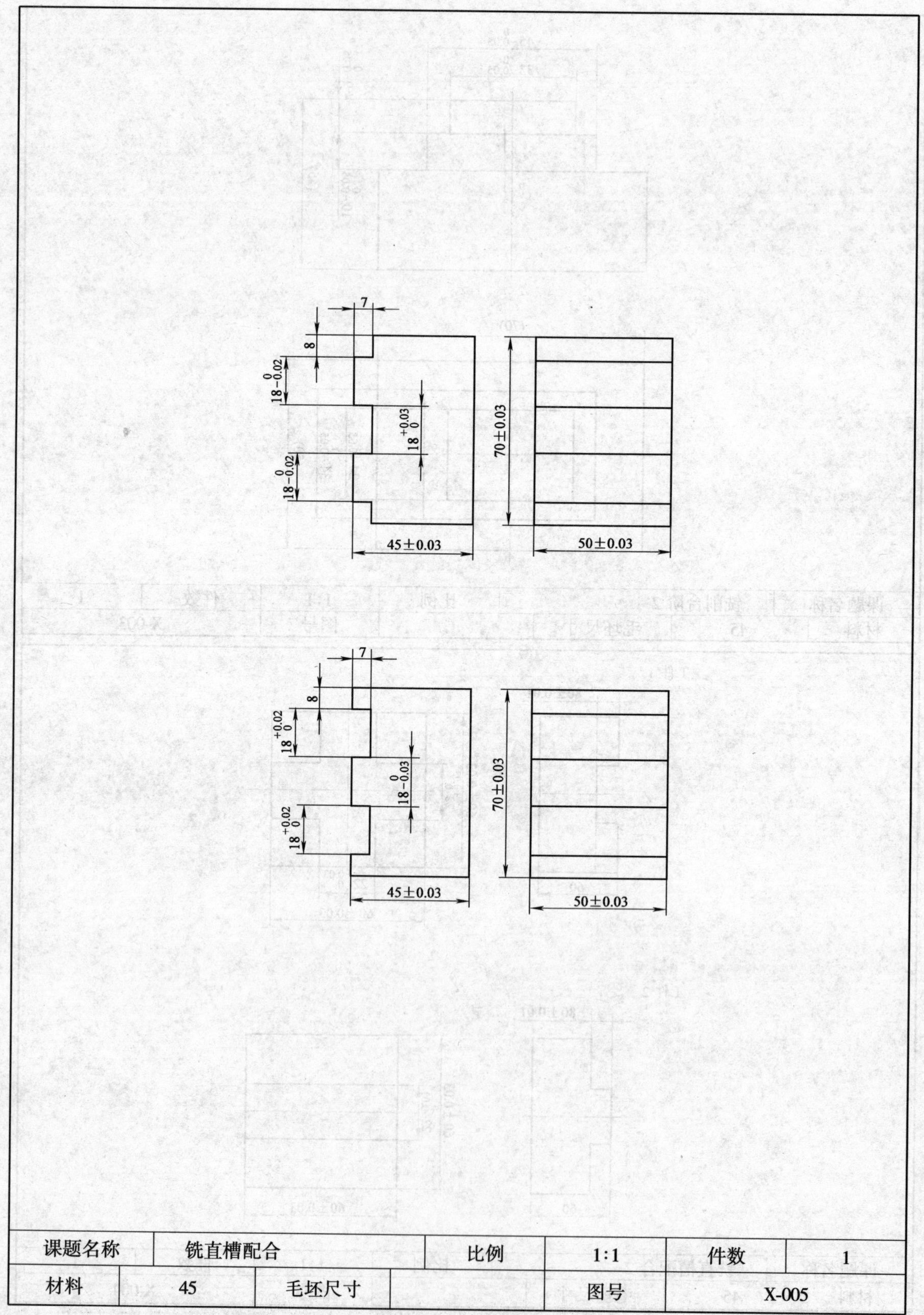

课题名称	铣直槽配合		比例	1:1	件数	1
材料	45	毛坯尺寸		图号	X-005	

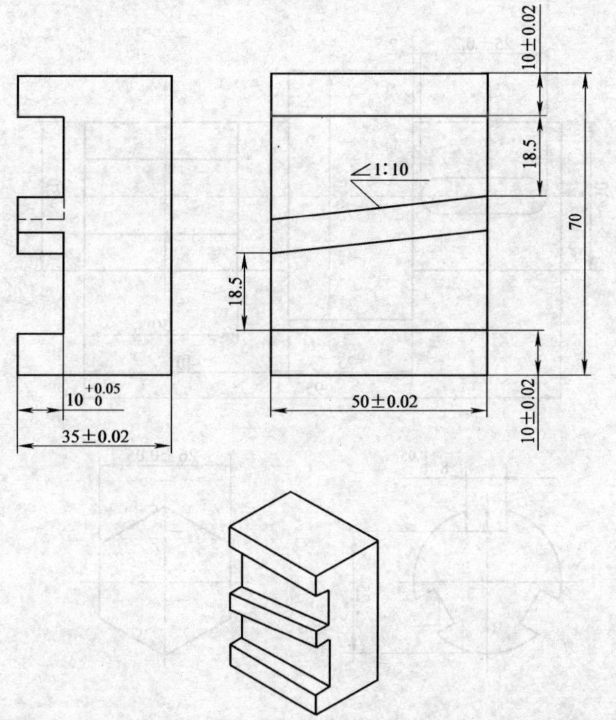

10±0.02

18.5

∠1∶10

70

18.5

$10^{+0.05}_{0}$

50±0.02

10±0.02

35±0.02

课题名称	铣斜槽		比例	1∶1	件数	1
材料	45	毛坯尺寸		图号	X-006	

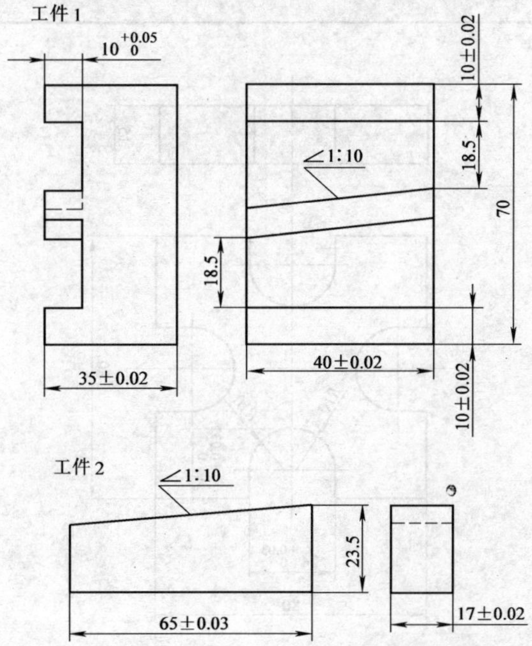

工件 1

$10^{+0.05}_{0}$

10±0.02

18.5

∠1∶10

70

18.5

35±0.02

40±0.02

10±0.02

工件 2

∠1∶10

23.5

65±0.03

17±0.02

课题名称	铣斜槽配合		比例	1∶1	件数	1
材料	45	毛坯尺寸		图号	X-007	

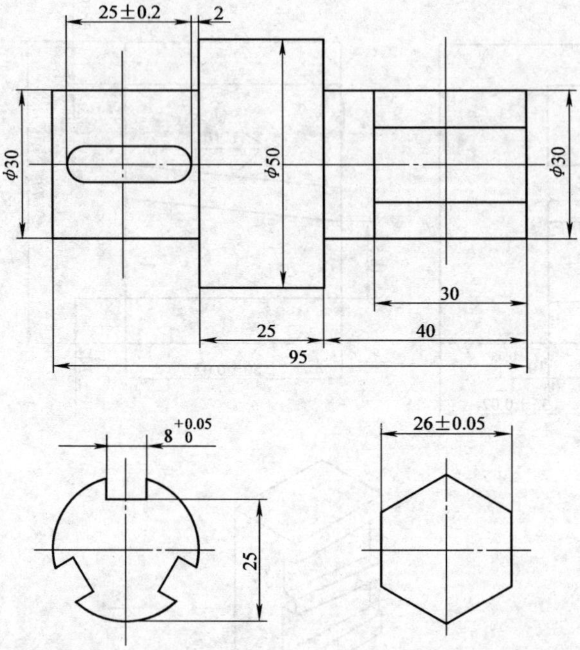

25±0.2
2
φ30
φ50
φ30
30
25
40
95
8 +0.05 0
25
26±0.05

课题名称	铣键槽及铣六面		比例	1∶1	件数	1
材料	45	毛坯尺寸		图号	X-008	

15
R10
R10
80
20 +0.03 0
24 +0.03 0
80

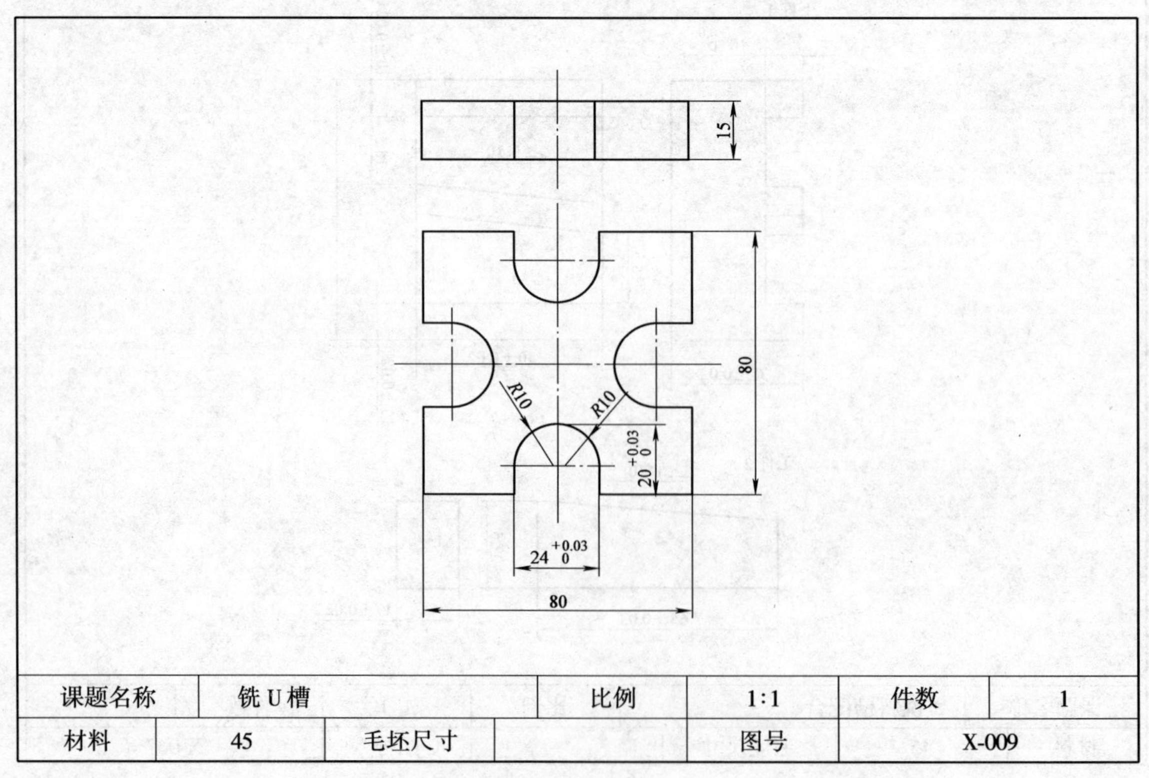

课题名称	铣 U 槽		比例	1∶1	件数	1
材料	45	毛坯尺寸		图号	X-009	

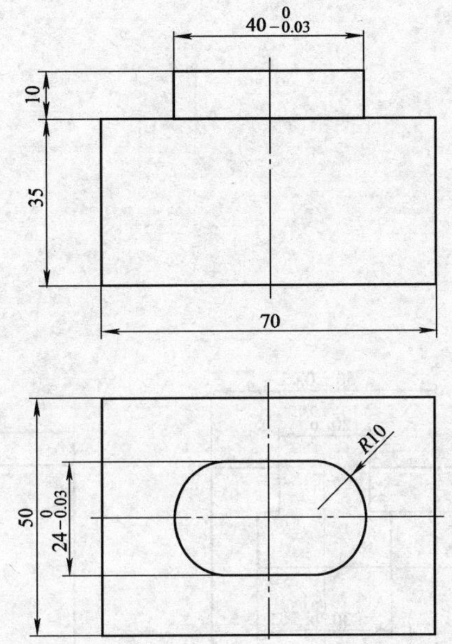

$40^{\ 0}_{-0.03}$
10
35
70
R10
50
$24^{\ 0}_{-0.03}$

课题名称	铣圆弧		比例	1:1	件数	1
材料	45	毛坯尺寸		图号	X-010	

9±0.05
29
50
14
70

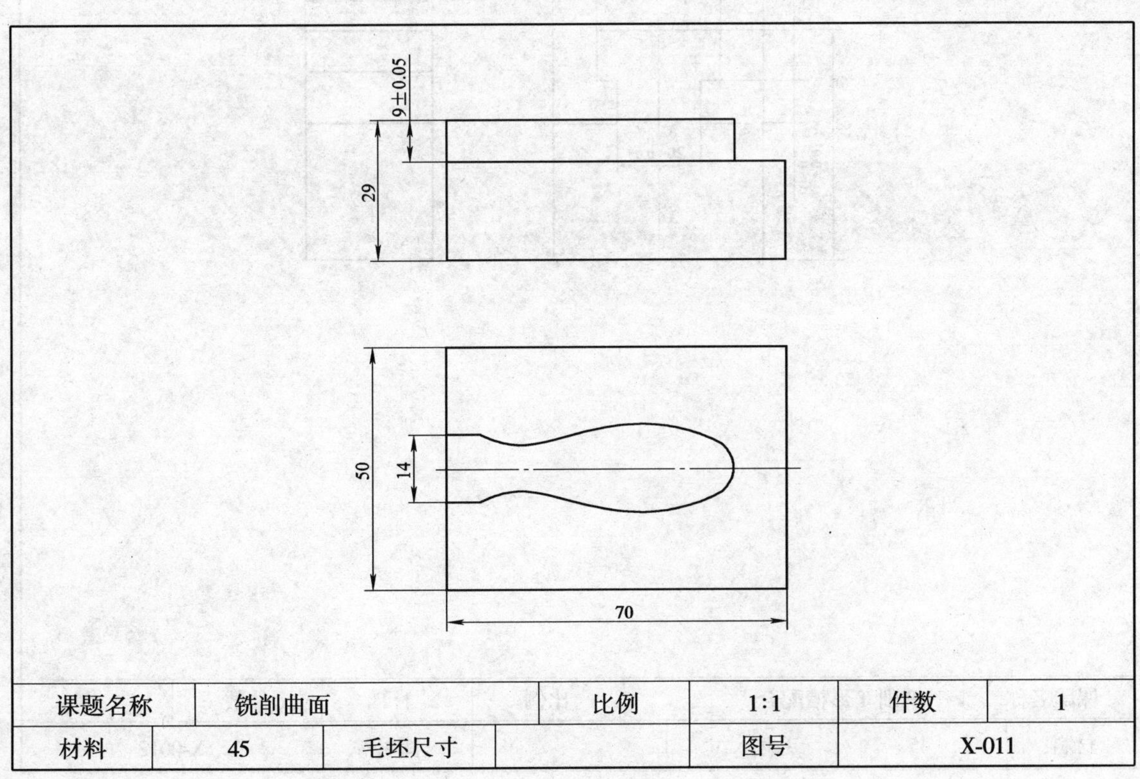

课题名称	铣削曲面		比例	1:1	件数	1
材料	45	毛坯尺寸		图号	X-011	

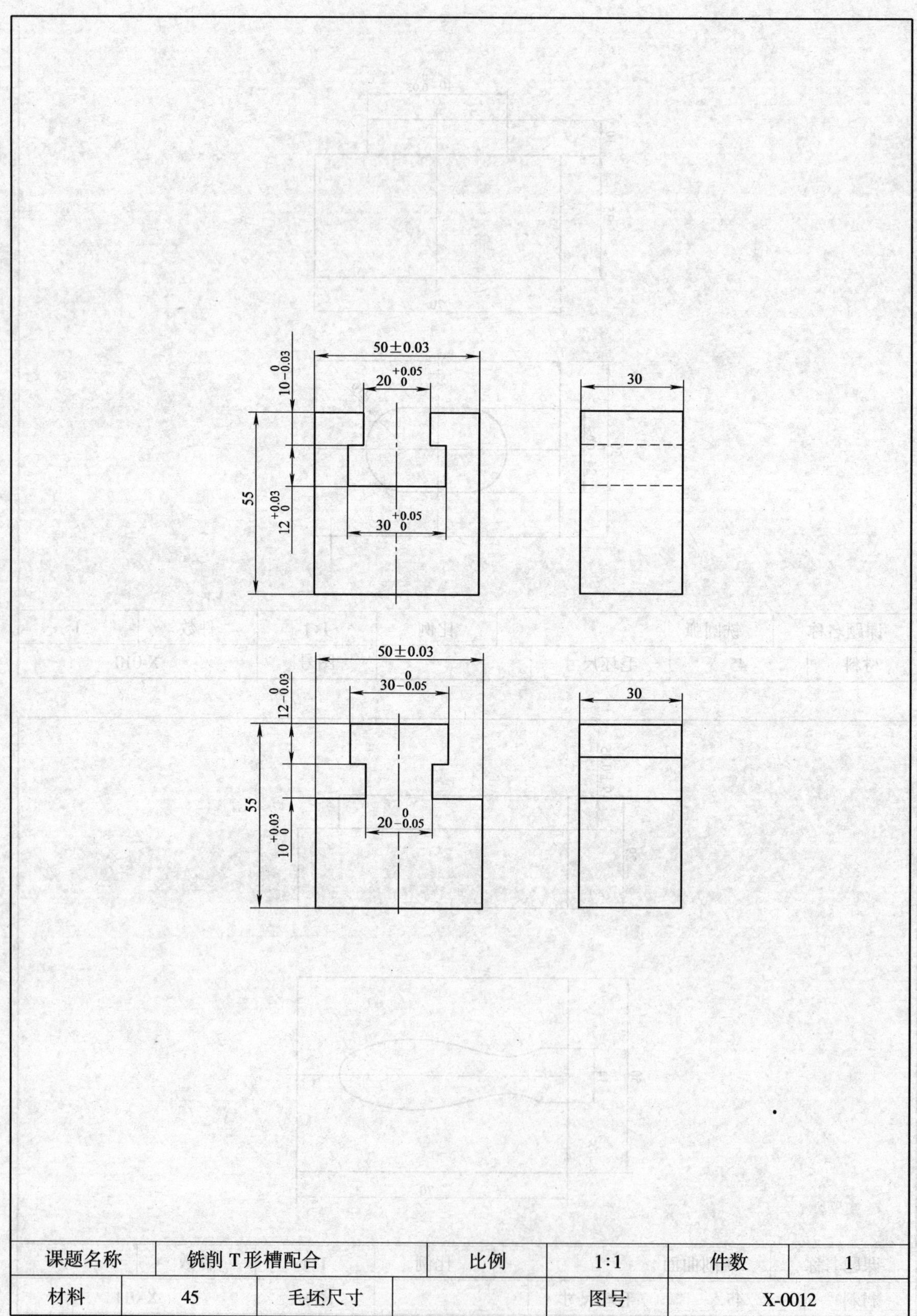

课题名称	铣削 T 形槽配合	比例	1:1	件数	1
材料	45	毛坯尺寸		图号	X-0012

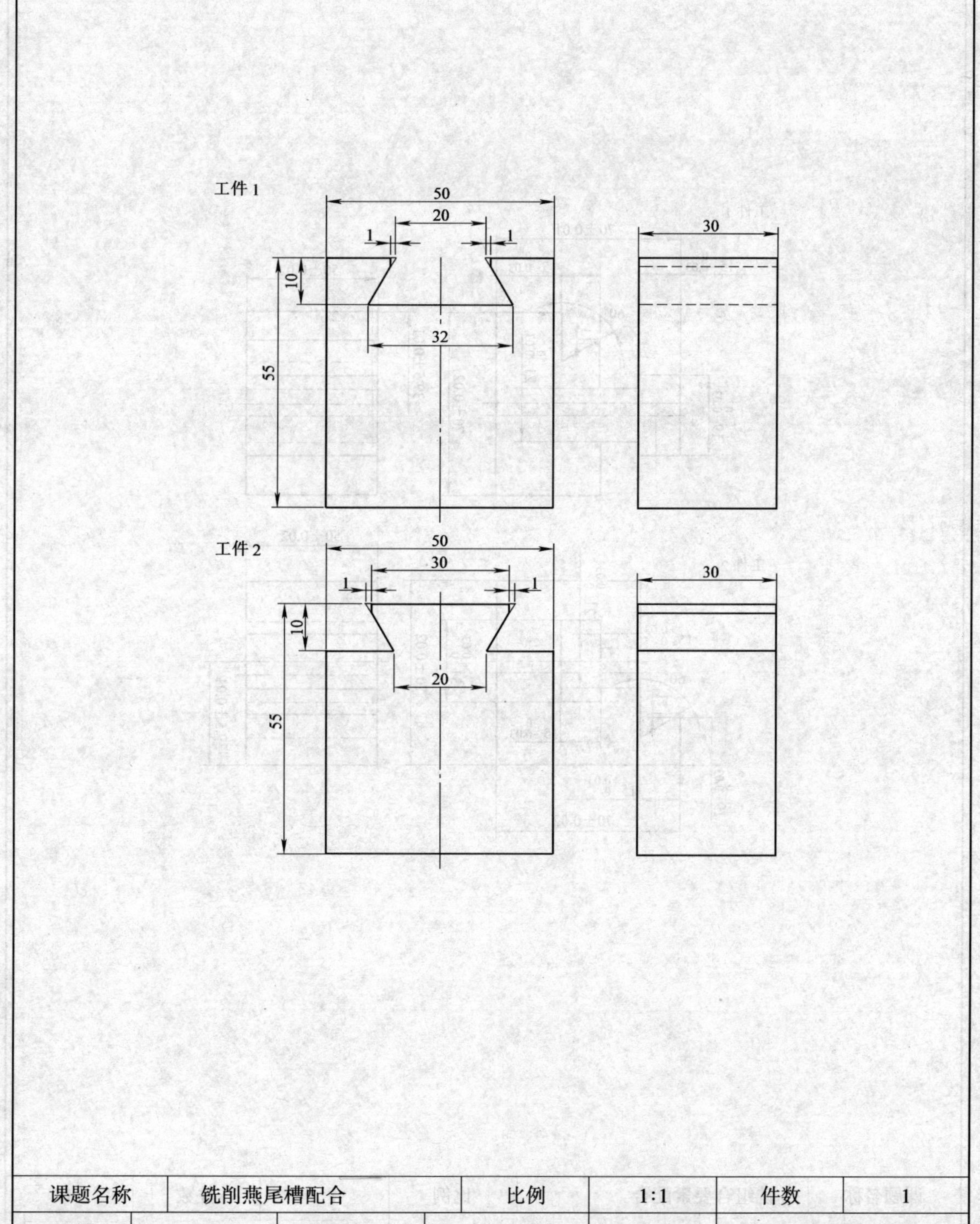

课题名称	铣削燕尾槽配合			比例	1:1	件数	1
材料	45	毛坯尺寸			图号	X-013	

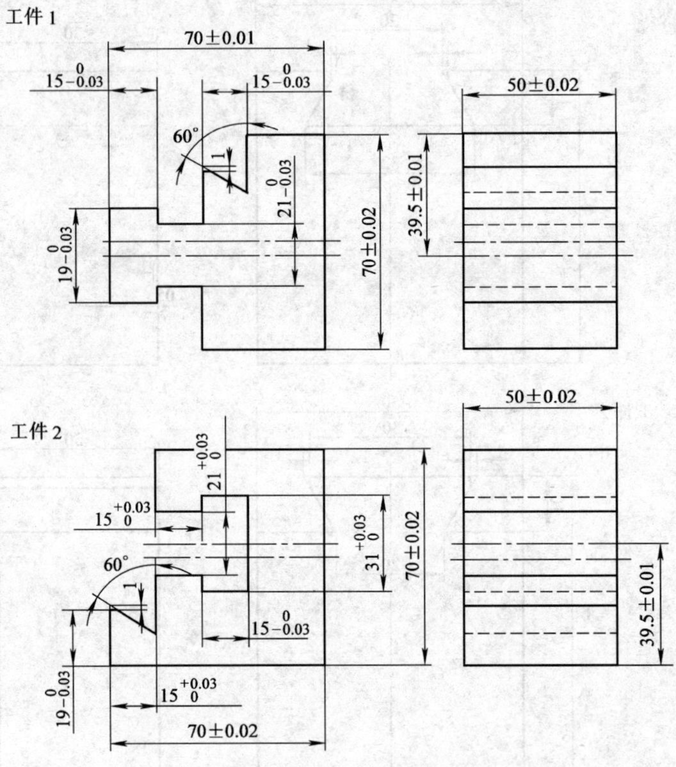

课题名称	铣组合要素配合	比例	1:1	件数	1
材料	45	毛坯尺寸		图号	X-014

工件 1

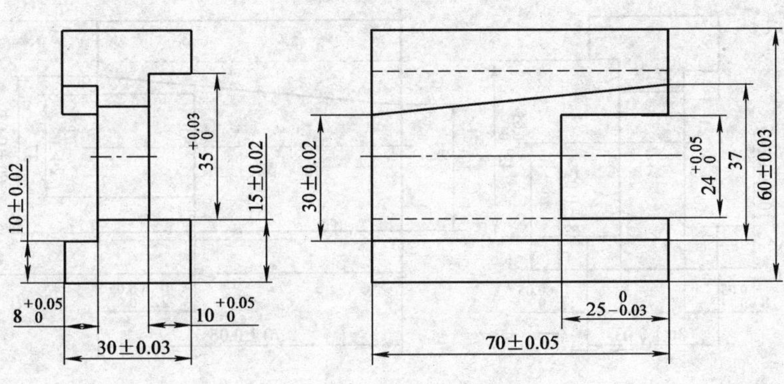

工件 2

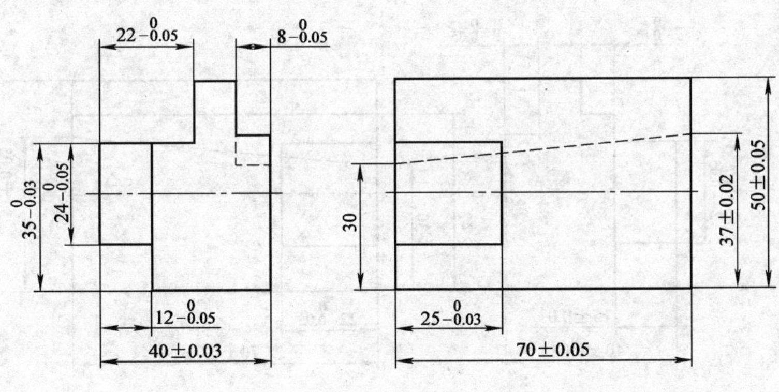

课题名称	铣削组合要素配合		比例	1:1	件数	1
材料	45	毛坯尺寸		图号	X-XZH015	

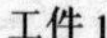

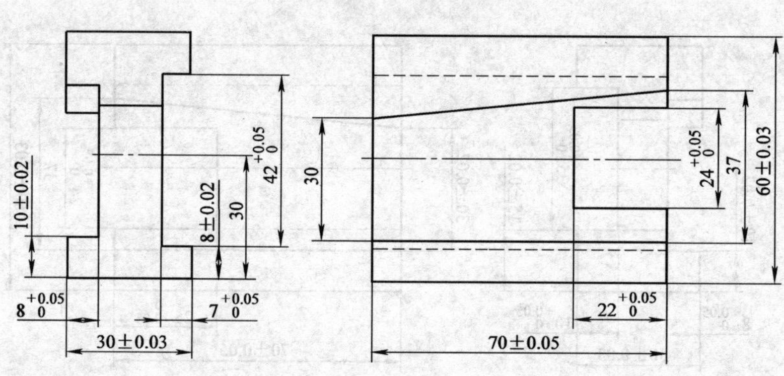

工件 2

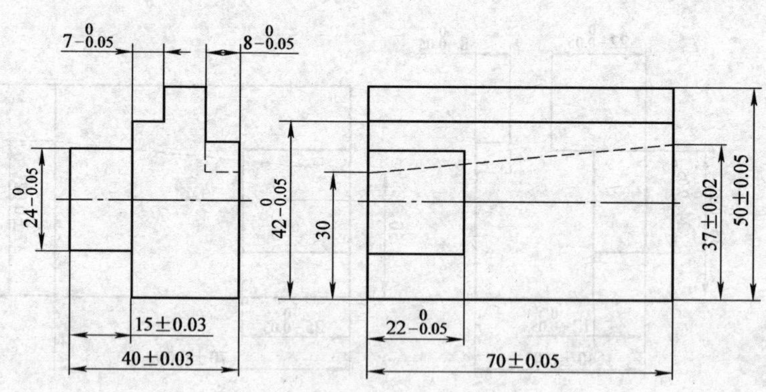

课题名称	铣削组合要素配合	比例	1:1	件数	1
材料	45	毛坯尺寸		图号	X-XZH016